冶金工业建设工程预算定额

（2012 年版）

第十一册　给排水、采暖、通风、除尘管道安装工程

北　京

冶 金 工 业 出 版 社

2013

图书在版编目（CIP）数据

冶金工业建设工程预算定额：2012年版．第十一册，给排水、采暖、通风、除尘管道安装工程/冶金工业建设工程定额总站编．—北京：冶金工业出版社，2013.1
ISBN 978-7-5024-6119-5

Ⅰ．①冶… Ⅱ．①冶… Ⅲ．①冶金工业—给排水系统—建筑安装—建筑预算定额—中国 ②冶金工业—采暖设备—建筑安装—建筑预算定额—中国 ③冶金工业—通风设备—建筑安装—建筑预算定额—中国 ④冶金工业—除尘设备—建筑安装—建筑预算定额—中国 Ⅳ．①TU723.3

中国版本图书馆CIP数据核字（2012）第272986号

出 版 人 谭学余
地　　址 北京北河沿大街嵩祝院北巷39号，邮编100009
电　　话 （010）64027926　电子信箱 yjcbs@cnmip.com.cn
责任编辑 李培禄 卢 敏 美术编辑 彭子赫 版式设计 孙跃红
责任校对 卿文春 刘 情 责任印制 牛晓波
ISBN 978-7-5024-6119-5
冶金工业出版社出版发行；各地新华书店经销；三河市双峰印刷装订有限公司印刷
2013年1月第1版，2013年1月第1次印刷
850mm×1168mm　1/32；13.375印张；359千字；411页
80.00元
冶金工业出版社投稿电话：（010）64027932　投稿信箱：tougao@cnmip.com.cn
冶金工业出版社发行部　电话：（010）64044283　传真：（010）64027893
冶金书店　地址：北京东四西大街46号（100010）　电话：（010）65289081（兼传真）
（本书如有印装质量问题，本社发行部负责退换）

冶金工业建设工程定额总站　文件

冶建定[2012]52 号

关于颁发《冶金工业建设工程预算定额》（2012 年版）的通知

为适应冶金工业建设工程的需要,规范冶金建筑安装工程造价计价行为,指导企业合理确定和有效控制工程造价,由总站组织冶金系统造价专业人员修编的《冶金工业建设工程预算定额》（2012 年版）已经完成。经审查,现予以颁发,自 2012 年 11 月 1 日起施行。原冶金工业建设工程定额总站颁发的《冶金工业建设工程预算定额》（2001 年版）（共十四册）同时停止执行。

本定额由冶金工业建设工程定额总站负责具体解释和日常管理。

冶金工业建设工程定额总站

二〇一二年九月十九日

综 合 组：张德清　林希琤　赵　波　陈　月　张连生　吴永钢　吴新刚　万　缨　乔锡凤　文　荦

　　　　　孙旭东　陈国裕　郭绍君　付文东　郑　云　朱四宝　杨　明　徐战艰　张福山

主 编 单 位：包钢建设部工程造价管理站

副主编单位：中冶东方控股有限公司

参 编 单 位：中国二冶集团有限公司

　　　　　　包钢建安集团有限责任公司

　　　　　　中国一冶集团有限公司

协 编 单 位：鹏业软件股份有限公司

主　　　编：宋丽萍

副 主 编：张俊杰

参 编 人 员：王耀龙　李卫兵　吴永钢　迟明海　章　莉　陈国书

编 辑 排 版：赖勇军

总　说　明

一、《冶金工业建设工程预算定额》(2012 年版)共分十四册,包括:

第一册《土建工程》(上、下册)

第二册《地基处理工程》

第三册《机械设备安装工程》(上、下册)

第四册《电气设备安装工程》

第五册《自动化控制仪表安装工程、消防及安全防范设备安装工程》

第六册《金属结构件制作与安装工程》

第七册《总图运输工程》

第八册《刷油、防腐、保温工程》

第九册《冶金炉窑砌筑工程》

第十册《工艺管道安装工程》

第十一册《给排水、采暖、通风、除尘管道安装工程》

第十二册《冶金施工机械台班费用定额》

第十三册《材料预算价格》

第十四册《冶金工厂建设建筑安装工程费用定额》

二、《冶金工业建设工程预算定额》(2012 年版)(以下简称本定额)是完成规定计量单位分项工程计价所需的人工、材料、施工机械台班的指导性消耗量标准;是统一冶金建筑安装工程预算工程量计算规则、项目划分、计量单位的依据;是编制冶金建筑安装工程施工图预算、招标控制价、确定工程造价的依据;是编制概算定额(指标)、投资估算指标的基础;也可作为制定企业定额和投标报价的基础;其中建筑安装工程的工程量计算规则、项目划分、计量单位、工作内容等也可作为实行工程量清单计价、编制冶金建筑安装工程量清单的基础依据。

三、本定额适用于冶金工厂的生产车间和与之配套的辅助车间、附属生产车间的新建、扩建工程(包括技术改造工程)。

四、本定额是依据国家及冶金行业现行有关产品标准、设计规范、施工及验收规范、技术操作规程、质量评定标准和安全操作规程编制的,同时也参考了有代表性的工程设计、施工资料和其他资料。

五、本定额是按目前冶金施工企业普遍采用的施工方法、机械化装备程度、合理的工期、施工工艺和劳动组织条件,同时也参考了目前冶金建筑市场招投标工程的中标价格行情进行编制的,基本上反映了冶金建筑市场目前的投标价格水平。

六、本定额基价为 2012 年基期市场价格的水平,是建筑安装工程费用定额进行取费的基础。为维护冶金建筑市场正常秩序和参建各方的合法权益,本基价应根据冶金建筑安装工程市场要素(人工、材料、机械)价格的变化情况,进行动态管理。冶金行业各单位的工程造价管理部门,可根据社会发展和施工技术水平的进步,依据典型工程的测算,适时发布不同类型(别)工程的调整系数,对其进行调整,使之与冶金建筑市场的招投标价格行情基本上相适应。

七、本定额是按下列正常的施工条件进行编制的：

1. 设备、材料、成品、半成品、构件完整无损，符合质量标准和设计要求，附有合格证书、实验记录和技术说明书。

2. 安装工程和土建工程之间的交叉作业正常。如施工与生产同时进行时，其降效增加费按人工费的10%计取。

3. 正常的气候、地理条件和施工环境。如在特殊的自然地理条件下进行施工的工程，如高原、高寒、沙漠、沼泽地区以及洞库、水下工程，其增加费用应按省、自治区、直辖市的有关规定执行；如省、自治区、直辖市无规定时，可按有关部门的规定执行。

4. 如在有害身体健康的环境中施工时，其降效增加费按人工费的10%计取。

5. 水、电供应均满足建筑安装工程施工正常使用。

6. 安装地点、建筑物、设备基础、预留孔洞等均符合安装要求。

八、人工工日消耗量的确定：

1. 本定额的人工工日以综合工日表示，包括基本用工和其他用工。

2. 基价中的定额综合工日单价采用2011年市场调查综合取定。其中：建筑工程75元/工日，安装工程80元/工日，包括基本工资、辅助工资和工资性津贴等。

九、材料消耗量的确定：

1. 本定额中的材料消耗量包括直接消耗在建筑安装工作内容中的主要材料、辅助材料和零星材料等,并计入了相应损耗。其内容和范围包括:从工地仓库、现场集中堆放地点或现场加工地点到操作或安装地点的运输损耗、施工操作损耗、施工现场堆放损耗。

2. 凡定额中未注明单价的材料均为主材,本定额基价中不包括其价格,应按"( )"内所列的用量,向材料供应商询价、招标采购或按经建设单位批准认可的工程所在地的市场价格进行采购,计算工程招投标书中的材料价格。

3. 本定额基价的材料单价是采用《冶金工业建设工程预算定额》(2012 年版)第十三册《材料预算价格》取定的,不足部分予以补充。

4. 用量少、对定额基价影响很小的零星材料合并为其他材料费,按占定额基价中材料费的百分比计算,以"元"表示,其费用已计入材料费内。具体占材料费的百分数,详见各册说明。

5. 施工措施性消耗部分,周转性材料按不同施工方法、不同材质分别列出一次使用量和一次摊销量。

6. 主要材料损耗率见各册附录。

十、施工机械台班消耗量的确定:

1. 本定额的机械台班消耗量是按正常合理的机械配备和冶金施工企业的机械化装备程度综合取定的。

2. 凡单位价值在 2000 元以内、使用年限在两年以内的不构成固定资产的工具、用具等未进入定额,已在建筑安装工程费用定额中考虑。

3. 本定额基价中的施工机械使用费是采用《冶金工业建设工程预算定额》(2012年版)第十二册《冶金施工机械台班费用定额》中的台班单价计算的。其中允许在公路上行走的机械,需要交纳车船使用税的机型,机械台班使用费单价中已包括车船使用税、保险费、年检费等其他费用。

4. 零星小型机械对定额影响不大的,合并为其他机械费,按占机械使用费的百分比计算,以"元"表示,其费用已计入机械使用费内。具体占机械费的百分数,详见各册说明。

十一、施工仪器仪表台班消耗量的确定:

1. 本定额的施工仪器仪表消耗量是按冶金施工企业的现场校验仪器仪表配备情况综合取定的,实际与定额不符时,除各章另有说明外,均不作调整。

2. 凡单位价值在2000元以内、使用年限在两年以内的不构成固定资产的施工仪器仪表等未进入定额,已在建筑安装工程费用定额中考虑。

3. 施工仪器仪表台班单价,是按2000年建设部颁发的《全国统一安装工程施工仪器仪表台班费用定额》计算的。

十二、关于水平和垂直运输:

1. 设备:包括自安装现场指定堆放地点运至安装地点的水平和垂直运输。

2. 材料、成品、半成品:包括自施工单位现场仓库或现场指定堆放地点运至建筑安装地点的水平和垂直运输。

3. 垂直运输基准面:室内以室内地平面为基准面,室外以安装现场地平面为基准面。

十三、本定额适用于海拔高程2000m以下、地震烈度七度以下的地区，超过上述情况时，可结合具体情况，由建设单位与施工单位在合同中约定。

十四、本定额中注有"XXX以内"或"XXX以下"者均包括XXX本身，"XXX以外"或"XXX以上"者均不包括XXX本身。

十五、本说明未尽事宜，详见各册和各章、节的说明。

目　　录

第二章　阀门、水位标尺安装

第三章　低压器具、水表组成与安装

第四章　卫生器具制作安装

第五章　供暖器具安装

第六章　小型容器制作安装

第七章　钢板通风管道制作安装

第八章　调节阀制作安装

第九章　风口制作安装

第十章　风帽制作安装

册 说 明

一、本册定额适用于冶金工厂生产车间和与之配套的辅助车间、附属生产设施的新建、扩建、技术改造等给排水、采暖、通风和除尘工程。

二、本册定额符合国家和有关部门发布的现行施工及验收规范。其主要编制依据有：

1.《全国统一安装工程预算定额》(2000 年版)第八册《给排水、采暖、燃气工程》。

2.《内蒙古自治区安装工程预算定额》(2009 年版)第八册《给排水、采暖、燃气工程》。

3.《内蒙古自治区安装工程预算定额》(2009 年版)第九册《通风空调工程》。

4.《冶金工业建设工程预算定额》(2012 年版)第十二册《冶金施工机械台班费用定额》。

5.《冶金工业建设工程预算定额》(2012 年版)第十三册《材料预算价格》。

6.《给排水管道工程施工验收规范》GB 50268—2008。

7.《建筑给水排水及采暖工程施工质量验收规范》GB 50242—2002。

8.全国通用给水、排水标准图集。

9.《通风与空调工程施工质量验收规范》GB 50243—2002。

三、刷油、绝热、防腐蚀工程，执行《冶金工业建设工程预算定额》(2012 年版)第八册《刷油、防腐、保温工程》预算定额相应子目。其中：

1.通风工程风管刷油按其工程量执行相应子目，仅外(或内)面刷油者，定额乘以系数 1.2，内外均刷油者，定额乘以系数 1.1(其法兰加固框、吊托支架已包括在此系数内)；部件刷油按其工程量执行金属结构刷油项目，定额乘以系数 1.15。

2. 风管、部件以及单独列项的支架,其除锈不分锈蚀程度,一律按其第一遍刷油的工程量执行轻锈相应子目。

3. 绝热保温材料不需黏结者,执行相应子目时需减去其中的黏结材料,人工乘以系数0.5。

四、通风、除尘工程:

1. 不包括在风管工程量内而单独列项的各种支架按其工程量执行相应子目。

2. 风道及部件在加工厂预制的,其厂外运费另行计算。

五、关于下列各项费用的规定:

1. 脚手架搭拆费:给排水、采暖、除尘工程按人工费的5%计算,通风工程按人工费的3%计算,其中人工工资占25%。

2. 超高增加费:

(1)给排水、采暖工程定额中操作高度均以3.6m为界,如超过3.6m时,其超过部分(指由3.6m至操作物高度)的定额人工费乘以下列系数:

标高±(m)	3.6~8	3.6~12	3.6~16	3.6~20
超高系数	1.10	1.15	1.20	1.25

(2)通风、除尘工程超高增加费(指操作物高度距离楼地面6m以上的工程)按人工费的15%计算。

3. 采暖工程系统调整费按系统工程人工费的15%计算,其中人工工资占20%;通风、除尘工程系统调整费按系统工程人工费的13%计算,其中人工工资占25%。

4. 给排水、采暖工程设置于管道间、管廊内的管道、阀门、法兰、支架安装,其定额人工乘以系数1.3。

六、通风工程定额中人工、材料、机械凡未按制作和安装列出的,其制作费与安装费的比例可按下表划分:

项 目	制作占比例(%)			安装占比例(%)		
	人工	材料	机械	人工	材料	机械
通风管道制作安装	60	95	95	40	5	5
风帽制作安装	75	80	99	25	20	1
罩类制作安装	78	98	95	22	2	5
空调部件及设备支架制作安装	86	98	95	14	2	5
复合型风管制作安装	60		99	40	100	1

七、拆除工程。关于拆除工程的计算问题,保护性拆除工程应套用本册定额相应的定额子目,按定额基价的70%计取,扣除定额基价中相应的主材费。非保护性拆除工程应套用本册定额相应的定额子目,按定额基价的50%计取,扣除定额基价中相应的主材费。

第一章 管道安装

说　　明

一、界线划分：

1. 给水管道：

（1）室内外界线以建筑物外墙皮 1.5m 为界，入口处设阀门者以阀门为界；

（2）与市政管道界线以水表井为界，无水表井者，以市政管道碰头点为界。

2. 排水管道：

（1）室内外以出户第一个排水检查井为界；

（2）室外管道与市政管道界线以与市政管道碰头点为界。

3. 采暖热源管道：

（1）室内外以入口阀门或建筑物外墙皮 1.5m 为界；

（2）与工业管道界线以锅炉房或泵站外墙皮 1.5m 为界；

（3）工厂车间内采暖管道以采暖系统与工业管道碰头点为界。

二、本章定额包括以下工作内容：

1. 管道及接头零件安装。

2. 水压试验或灌水试验。

3. 室内 DN32 以内钢管包括管卡子及托钩制作安装。

4. 钢管包括弯管制作与安装（伸缩器除外），无论是现场煨制或成品弯管均不得换算。

5. 铸铁排水管、雨水管及塑料排水管均包括管卡及托吊支架、透气帽、雨水漏斗制作与安装。

6. 穿墙及过楼板铁皮套管安装。

三、本章定额不包括以下内容：

1. 室内外管道沟土石方及管道基础,执行《冶金工业建设工程预算定额》(2012 年版)第一册《土建工程》预算定额相应子目。

2. 管道安装中不包括法兰、阀门及伸缩器的制作、安装,按相应子目另行计算。

3. 室内外给水、雨水铸铁管包括接头零件所需的人工,但接头零件价格应另行计算。

4. DN32 以上钢管支架且单件重量在 100kg 以内的,执行《冶金工业建设工程预算定额》(2012 年版)第十册《工艺管道安装工程》预算定额"一般管道支架"子目;单件重量在 100kg 以上的管道支架,执行《冶金工业建设工程预算定额》(2012 年版)第六册《金属结构件制作与安装工程》预算定额相应子目。

5. 过楼板的钢套管的制作、安装工料,按室外钢管(焊接)子目计算。

工程量计算规则

一、各种管道均以施工图所示中心长度,以"10m"为计量单位,不扣除阀门管件所占的长度。

二、镀锌铁皮套管制作以"个"为计量单位,其安装已包括在管道安装定额内,不得另行计算。

三、室内管道公称直径 32mm 以下的安装包括支架在内,不得另行计算;公称直径 32mm 以上的管道安装,支架按章说明另行计算。

四、各种伸缩器制作安装均以"个"为计量单位。方形伸缩器的两臂,合并在管道长度内计算。

五、管道消毒、冲洗、压力试验,管道长度均以"100m"为计量单位,不扣除阀门管件所占的长度。

一、室外管道

1. 镀锌钢管(螺纹连接)

工作内容:切管、套丝、上零件、调直、管道安装、水压试验。

单位:10m

定 额 编 号			11-1-1	11-1-2	11-1-3	11-1-4	11-1-5	11-1-6
项 目			公称直径(mm)					
			15 以内	20 以内	25 以内	32 以内	40 以内	50 以内
基 价 (元)			**42.31**	**43.21**	**45.25**	**47.68**	**55.82**	**66.84**
其中	人 工 费 (元)		39.04	39.04	39.04	39.04	42.64	49.20
	材 料 费 (元)		3.27	4.17	5.57	7.77	12.31	16.16
	机 械 费 (元)		–	–	0.64	0.87	0.87	1.48
名 称	单位	单价(元)	数			量		
人工 综合工日	工日	80.00	0.488	0.488	0.488	0.488	0.533	0.615
材料 镀锌钢管 DN15	m	–	(10.150)	–	–	–	–	–
镀锌钢管 DN20	m	–	–	(10.150)	–	–	–	–
镀锌钢管 DN25	m	–	–	–	(10.150)	–	–	–
镀锌钢管 DN32	m	–	–	–	–	(10.150)	–	–
镀锌钢管 DN40	m	–	–	–	–	–	(10.150)	–
镀锌钢管 DN50	m	–	–	–	–	–	–	(10.150)
室外镀锌钢管接头零件 DN15	个	0.87	1.900	–	–	–	–	–

定 额 编 号			11-1-1	11-1-2	11-1-3	11-1-4	11-1-5	11-1-6
项 目			公称直径（mm）					
			15 以内	20 以内	25 以内	32 以内	40 以内	50 以内
材	室外镀锌钢管接头零件 DN20	个	1.19	–	1.920	–	–	–	–
	室外镀锌钢管接头零件 DN25	个	1.80	–	–	1.920	–	–	–
	室外镀锌钢管接头零件 DN32	个	2.76	–	–	–	1.920	–	–
	室外镀锌钢管接头零件 DN40	个	4.80	–	–	–	–	1.860	–
	室外镀锌钢管接头零件 DN50	个	6.73	–	–	–	–	–	1.850
	钢锯条	根	0.89	0.370	0.420	0.380	0.470	0.640	0.320
	尼龙砂轮片 φ400	片	13.00	–	–	0.010	0.010	0.010	0.040
	汽轮机油（各种规格）	kg	8.80	0.020	0.030	0.030	0.030	0.040	0.030
	铅油	kg	8.50	0.020	0.020	0.020	0.030	0.040	0.040
	线麻	kg	13.70	0.002	0.002	0.002	0.003	0.004	0.004
	水	t	4.00	0.050	0.060	0.080	0.100	0.130	0.160
料	镀锌铁丝 8~12 号	kg	5.36	0.050	0.050	0.060	0.070	0.080	0.090
	破布	kg	4.50	0.100	0.120	0.120	0.130	0.220	0.250
机	管子切断机 φ60mm	台班	19.16	–	–	0.010	0.010	0.010	0.030
械	管子切断套丝机 φ159mm	台班	22.54	–	–	0.020	0.030	0.030	0.040

定 额 编 号			11-1-7	11-1-8	11-1-9	11-1-10	11-1-11
项 目			公称直径（mm）				
			65 以内	80 以内	100 以内	125 以内	150 以内
基 价 （元）			**79.08**	**90.83**	**140.02**	**200.59**	**227.86**
其 中	人 工 费 （元）		52.80	57.04	68.40	88.24	95.44
	材 料 费 （元）		24.64	31.93	51.73	81.79	110.58
	机 械 费 （元）		1.64	1.86	19.89	30.56	21.84
名 称	单位	单价(元)	数		量		
人 工 综合工日	工日	80.00	0.660	0.713	0.855	1.103	1.193
材 料 镀锌钢管 DN65	m	－	(10.150)	－	－	－	－
镀锌钢管 DN80	m	－	－	(10.150)	－	－	－
镀锌钢管 DN100	m	－	－	－	(10.150)	－	－
镀锌钢管 DN125	m	－	－	－	－	(10.150)	－
镀锌钢管 DN150	m	－	－	－	－	－	(10.150)
室外镀锌钢管接头零件 DN65	个	11.54	1.760	－	－	－	－
室外镀锌钢管接头零件 DN80	个	15.74	－	1.720			

单位:10m

定 额 编 号			11-1-7	11-1-8	11-1-9	11-1-10	11-1-11
项 目			公称直径（mm）				
			65 以内	80 以内	100 以内	125 以内	150 以内
材	室外镀锌钢管接头零件 DN100	个	27.87	–	–	1.630	–	–
	室外镀锌钢管接头零件 DN125	个	46.83	–	–	–	1.590	–
	室外镀锌钢管接头零件 DN150	个	68.80	–	–	–	–	1.510
	尼龙砂轮片 φ400	片	13.00	0.070	0.080	0.100	0.120	–
	汽轮机油（各种规格）	kg	8.80	0.030	0.030	0.020	0.020	0.020
	铅油	kg	8.50	0.040	0.050	0.060	0.080	0.100
	线麻	kg	13.70	0.010	0.010	0.010	0.010	0.020
	水	t	4.00	0.220	0.250	0.310	0.390	0.470
料	镀锌铁丝 8～12 号	kg	5.36	0.100	0.120	0.130	0.140	0.160
	破布	kg	4.50	0.280	0.300	0.350	0.380	0.400
	冷却液	kg	9.50	–	–	0.070	0.080	0.090
机	管子切断机 φ150mm	台班	48.07	0.020	0.020	0.020	0.030	–
	管子切断套丝机 φ159mm	台班	22.54	0.030	0.040	–	–	–
械	普通车床 400mm×1000mm	台班	145.61	–	–	0.130	0.200	0.150

2.焊接钢管(螺纹连接)

工作内容:切管、套丝、上零件、调直、管道安装、水压试验。

单位:10m

定　额　编　号			11-1-12	11-1-13	11-1-14	11-1-15	11-1-16	11-1-17
项　　　　目			公称直径（mm）					
			15 以内	20 以内	25 以内	32 以内	40 以内	50 以内
基　　价　（元）			**42.12**	**42.47**	**44.88**	**46.00**	**54.15**	**63.71**
其中	人　工　费　（元）		39.04	39.04	39.04	39.04	42.64	49.20
	材　料　费　（元）		3.08	3.43	5.20	6.09	10.64	13.42
	机　械　费　（元）		–	–	0.64	0.87	0.87	1.09
名　　称	单位	单价(元)	数			量		
人工	综合工日	工日	80.00	0.488	0.488	0.488	0.488	0.533	0.615
材料	焊接钢管 DN15	m	–	(10.150)	–	–	–	–	–
	焊接钢管 DN20	m	–	–	(10.150)	–	–	–	–
	焊接钢管 DN25	m	–	–	–	(10.150)	–	–	–
	焊接钢管 DN32	m	–	–	–	–	(10.150)	–	–
	焊接钢管 DN40	m	–	–	–	–	–	(10.150)	–
	焊接钢管 DN50	m	–	–	–	–	–	–	(10.150)
	焊接钢管接头零件 DN15 室外	个	0.76	1.900	–	–	–	–	–

定　额　编　号			11-1-12	11-1-13	11-1-14	11-1-15	11-1-16	11-1-17
项　　　　目			公称直径（mm）					
			15 以内	20 以内	25 以内	32 以内	40 以内	50 以内
材 料	焊接钢管接头零件 DN20 室外	个	0.80	–	1.920	–	–	–	–
	焊接钢管接头零件 DN25 室外	个	1.60	–	–	1.920	–	–	–
	焊接钢管接头零件 DN32 室外	个	1.88	–	–	–	1.920	–	–
	焊接钢管接头零件 DN40 室外	个	3.94	–	–	–	–	1.860	–
	焊接钢管接头零件 DN50 室外	个	5.24	–	–	–	–	–	1.850
	钢锯条	根	0.89	0.370	0.420	0.380	0.470	0.640	0.320
	汽轮机油（各种规格）	kg	8.80	0.020	0.030	0.030	0.030	0.030	0.030
	铅油	kg	8.50	0.020	0.020	0.020	0.030	0.040	0.040
	线麻	kg	13.70	0.002	0.002	0.002	0.003	0.004	0.004
	水	t	4.00	0.050	0.060	0.080	0.100	0.130	0.160
	破布	kg	4.50	0.100	0.120	0.120	0.130	0.220	0.250
	镀锌铁丝 13～17 号	kg	5.58	0.050	0.050	0.060	0.070	0.080	0.090
	尼龙砂轮片 φ400	片	13.00	–	–	0.010	0.010	0.010	0.040
机 械	管子切断机 φ60mm	台班	19.16	–	–	0.010	0.010	0.010	0.010
	管子切断套丝机 φ159mm	台班	22.54	–	–	0.020	0.030	0.030	0.040

定　额　编　号			11-1-18	11-1-19	11-1-20	11-1-21	11-1-22
项　　　　　目			公称直径（mm）				
			65 以内	80 以内	100 以内	125 以内	150 以内
基　　　价　（元）			**74.28**	**87.37**	**135.25**	**189.99**	**199.08**
其中	人　工　费　（元）		52.80	57.04	68.40	88.24	95.44
	材　料　费　（元）		19.84	28.47	46.96	71.19	81.80
	机　械　费　（元）		1.64	1.86	19.89	30.56	21.84
名　　　称	单位	单价（元）	数		量		
人工 综合工日	工日	80.00	0.660	0.713	0.855	1.103	1.193
材料 焊接钢管 DN65	m	—	(10.150)	—	—	—	—
焊接钢管 DN80	m	—	—	(10.150)	—	—	—
焊接钢管 DN100	m	—	—	—	(10.150)	—	—
焊接钢管 DN125	m	—	—	—	—	(10.150)	—
焊接钢管 DN150	m	—	—	—	—	—	(10.150)
焊接钢管接头零件 DN65 室外	个	8.80	1.760	—	—	—	—
焊接钢管接头零件 DN80 室外	个	13.71	—	1.720	—	—	—

单位：10m

定　额　编　号			11-1-18	11-1-19	11-1-20	11-1-21	11-1-22
项　　　　目			公称直径（mm）				
			65 以内	80 以内	100 以内	125 以内	150 以内
材料	焊接钢管接头零件 DN100 室外	个	24.93	–	–	1.630	–	–
	焊接钢管接头零件 DN125 室外	个	40.14	–	–	–	1.590	–
	焊接钢管接头零件 DN150 室外	个	49.64	–	–	–	–	1.510
	尼龙砂轮片 φ400	片	13.00	0.070	0.080	0.100	0.120	–
	汽轮机油（各种规格）	kg	8.80	0.030	0.030	0.020	0.020	0.020
	铅油	kg	8.50	0.040	0.050	0.060	0.080	0.100
	线麻	kg	13.70	0.010	0.010	0.010	0.010	0.020
	破布	kg	4.50	0.280	0.300	0.350	0.380	0.400
	镀锌铁丝 13～17 号	kg	5.58	0.100	0.120	0.130	0.140	0.180
	水	t	4.00	0.220	0.250	0.310	0.390	0.470
	冷却液	kg	9.50	–	–	0.070	0.080	0.090
机械	管子切断机 φ150mm	台班	48.07	0.020	0.020	0.020	0.030	–
	管子切断套丝机 φ159mm	台班	22.54	0.030	0.040	–	–	–
	普通车床 400mm×1000mm	台班	145.61	–	–	0.130	0.200	0.150

3. 钢管(焊接)

工作内容:切管、坡口、调直、煨弯、挖眼接管、异径管制作、对口、焊接、管道及管件安装、水压试验。

单位:10m

定 额 编 号				11-1-23	11-1-24	11-1-25	11-1-26
项 目				公称直径（mm）			
				32 以内	40 以内	50 以内	65 以内
基 价 (元)				**49.56**	**51.77**	**64.89**	**94.39**
其中	人 工 费 (元)			42.64	44.40	51.60	57.60
	材 料 费 (元)			4.20	4.65	10.57	17.85
	机 械 费 (元)			2.72	2.72	2.72	18.94
名 称		单位	单价(元)	数		量	
人工	综合工日	工日	80.00	0.533	0.555	0.645	0.720
材料	焊接钢管 DN32	m	—	(10.150)	—	—	—
	焊接钢管 DN40	m	—	—	(10.150)	—	—
	焊接钢管 DN50	m	—	—	—	(10.150)	—
	焊接钢管 DN65	m	—	—	—	—	(10.150)
	压制弯头 DN65	个	3.45	—	—	—	0.390
	热轧薄钢板 3.0～4.0	kg	4.67	0.090	0.090	0.090	0.100
	碳钢气焊条	kg	5.85	0.010	0.010	0.020	—
	电焊条 结422 ϕ3.2	kg	6.70	—	—	—	0.390
	氧气	m³	3.60	0.070	0.100	0.510	0.550

定 额 编 号			11-1-23	11-1-24	11-1-25	11-1-26
项 目			公称直径（mm）			
			32 以内	40 以内	50 以内	65 以内
材 料	乙炔气	m³	25.20	0.030	0.030	0.170	0.190
	尼龙砂轮片 φ400	片	13.00	–	–	–	0.030
	钢锯条	根	0.89	0.180	0.220	0.280	–
	棉纱头	kg	6.34	0.010	0.010	0.020	0.080
	尼龙砂轮片 φ100	片	7.60	0.070	0.110	0.140	0.320
	铁丝 8 号	kg	3.50	0.080	0.080	0.080	0.080
	破布	kg	4.50	0.220	0.220	0.250	0.280
	铅油	kg	8.50	0.010	0.010	0.010	0.010
	汽轮机油（各种规格）	kg	8.80	0.050	0.050	0.060	0.080
	水	t	4.00	0.040	0.040	0.060	0.090
	石棉橡胶板 低压 0.8~1.0	kg	13.20	–	–	–	0.010
	电	kW·h	0.85	–	–	0.250	0.590
机 械	直流弧焊机 20kW	台班	84.19	–	–	–	0.180
	弯管机 WC27-108 φ108	台班	90.78	0.030	0.030	0.030	0.030
	管子切断机 φ150mm	台班	48.07	–	–	–	0.010
	电焊条烘干箱 60×50×75cm³	台班	28.84	–	–	–	0.020

定　额　编　号			11-1-27	11-1-28	11-1-29	11-1-30
项　　　目			公称直径（mm）			
			80 以内	100 以内	125 以内	150 以内
基　　价　（元）			**103.32**	**115.86**	**145.68**	**170.62**
其中	人　工　费　（元）		67.20	72.00	88.24	101.44
	材　料　费　（元）		17.18	23.11	39.26	44.45
	机　械　费　（元）		18.94	20.75	18.18	24.73
名　　　称	单位	单价（元）	数		量	
人工 综合工日	工日	80.00	0.840	0.900	1.103	1.268
材料 焊接钢管 DN80	m	–	(10.150)	–	–	–
焊接钢管 DN100	m	–	–	(10.150)	–	–
焊接钢管 DN125	m	–	–	–	(10.150)	–
焊接钢管 DN150	m	–	–	–	–	(10.150)
压制弯头 DN80	个	4.29	0.220	–	–	–
压制弯头 DN100	个	9.76	–	0.260	–	–
压制弯头 DN125	个	16.99	–	–	0.550	–
压制弯头 DN150	个	23.47	–	–	–	0.570
热轧薄钢板 3.0～4.0	kg	4.67	0.100	0.100	0.140	0.140
电焊条 结422 φ3.2	kg	6.70	0.430	0.480	0.810	1.010

定 额 编 号			11-1-27	11-1-28	11-1-29	11-1-30
项 目			公称直径（mm）			
			80 以内	100 以内	125 以内	150 以内
材 料	氧气	m³	3.60	0.500	0.630	0.760	0.970
	乙炔气	m³	25.20	0.170	0.210	0.250	0.330
	尼龙砂轮片 φ400	片	13.00	0.030	0.030	0.400	-
	棉纱头	kg	6.34	0.100	0.230	0.260	0.350
	尼龙砂轮片 φ100	片	7.60	0.300	0.400	0.330	0.420
	铁丝 8 号	kg	3.50	0.080	0.080	0.080	0.080
	破布	kg	4.50	0.300	0.350	0.380	0.400
	铅油	kg	8.50	0.010	0.010	0.020	0.020
	汽轮机油（各种规格）	kg	8.80	0.090	0.090	0.110	0.150
	水	t	4.00	0.090	0.150	0.200	0.250
	石棉橡胶板 低压 0.8~1.0	kg	13.20	0.010	0.040	0.060	0.070
	电	kW·h	0.85	0.590	0.680	0.850	1.100
机 械	直流弧焊机 20kW	台班	84.19	0.180	0.180	0.200	0.280
	弯管机 WC27-108 φ108	台班	90.78	0.030	0.050	-	-
	管子切断机 φ150mm	台班	48.07	0.010	0.010	0.010	-
	电焊条烘干箱 60×50×75cm³	台班	28.84	0.020	0.020	0.030	0.040

定　额　编　号	11-1-31	11-1-32	11-1-33	11-1-34	11-1-35
项　　　　　目	公称直径（mm）				
	200 以内	250 以内	300 以内	350 以内	400 以内
基　　价　（元）	**324.62**	**424.21**	**488.33**	**638.21**	**778.12**
其中　人　工　费（元）	112.24	132.64	154.24	177.04	199.20
材　料　费（元）	69.36	92.76	117.00	207.56	268.51
机　械　费（元）	143.02	198.81	217.09	253.61	310.41

名　　　称	单位	单价(元)	数		量		
人工 综合工日	工日	80.00	1.403	1.658	1.928	2.213	2.490
材 焊接钢管 DN200	m	－	(10.150)	－	－	－	－
焊接钢管 DN250	m	－	－	(10.150)	－	－	－
焊接钢管 DN300	m	－	－	－	(10.150)	－	－
焊接钢管 DN350	m	－	－	－	－	(10.150)	－
焊接钢管 DN400	m	－	－	－	－	－	(10.150)
压制弯头 DN200	个	41.94	0.560	－	－	－	－
压制弯头 DN250	个	78.85	－	0.370	－	－	－
压制弯头 DN300	个	123.75	－	－	0.350	－	－
压制弯头 DN350	个	183.70	－	－	－	0.540	－
料 压制弯头 DN400	个	254.70	－	－	－	－	0.570
热轧薄钢板 3.0～4.0	kg	4.67	0.210	0.210	0.300	0.300	0.380
电焊条 结422 φ3.2	kg	6.70	1.760	3.040	3.590	5.790	6.760

单位:10m

定　额　编　号			11-1-31	11-1-32	11-1-33	11-1-34	11-1-35
项　　　　　目			公称直径（mm）				
			200 以内	250 以内	300 以内	350 以内	400 以内
材料	氧气	m³	3.60	1.470	2.020	2.280	3.180	3.600
	乙炔气	m³	25.20	0.490	0.670	0.750	1.060	1.200
	尼龙砂轮片 φ100	片	7.60	0.690	0.910	1.080	1.940	2.150
	棉纱头	kg	6.34	0.060	0.070	0.090	0.110	0.120
	铁丝 8 号	kg	3.50	0.080	0.080	0.080	0.080	0.080
	破布	kg	4.50	0.480	0.530	0.550	0.580	0.600
	铅油	kg	8.50	0.030	0.040	0.060	0.080	0.100
	汽轮机油（各种规格）	kg	8.80	0.200	0.200	0.200	0.200	0.200
	水	t	4.00	0.450	0.500	0.700	0.900	1.000
	石棉橡胶板 低压 0.8~1.0	kg	13.20	0.090	0.100	0.100	0.120	0.140
	电	kW·h	0.85	1.690	2.110	2.450	3.210	3.720
	等边角钢 边宽60mm 以下	kg	4.00	0.240	0.210	0.280	0.330	0.340
机械	直流弧焊机 20kW	台班	84.19	0.720	0.900	1.050	1.470	1.930
	试压泵 30MPa	台班	149.39	0.020	0.020	0.020	0.020	0.030
	载货汽车 5t	台班	507.79	0.020	0.020	0.030	0.030	0.040
	汽车式起重机 5t	台班	546.38	0.050	0.080	0.080	0.080	0.100
	汽车式起重机 10t	台班	798.48	0.050	0.080	0.080	0.080	0.080
	电焊条烘干箱 60×50×75cm³	台班	28.84	0.070	0.080	0.100	0.140	0.160

4. 承插铸铁给水管（青铅接口）

工作内容：切管、管道及管件安装、挖工作坑、熔化接口材料、接口、水压试验。

单位：10m

定 额 编 号				11-1-36	11-1-37	11-1-38	11-1-39	11-1-40
项 目				公称直径（mm）				
				75 以内	100 以内	150 以内	200 以内	250 以内
基 价 （元）				**243.91**	**309.87**	**373.56**	**516.76**	**712.59**
其中	人 工 费 （元）			79.84	105.60	124.80	147.60	167.44
	材 料 费 （元）			164.07	204.27	245.77	317.77	493.76
	机 械 费 （元）			－	－	2.99	51.39	51.39
名 称		单位	单价（元）	数		量		
人工	综合工日	工日	80.00	0.998	1.320	1.560	1.845	2.093
材料	承插铸铁给水管 DN75	m	－	(10.000)	－	－	－	－
	承插铸铁给水管 DN100	m	－	－	(10.000)	－	－	－
	承插铸铁给水管 DN150	m	－	－	－	(10.000)	－	－
	承插铸铁给水管 DN200	m	－	－	－	－	(10.000)	－
	承插铸铁给水管 DN250	m	－	－	－	－	－	(10.000)
	青铅	kg	13.40	11.260	14.020	16.840	21.670	34.040

单位:10m

定　额　编　号				11-1-36	11-1-37	11-1-38	11-1-39	11-1-40
项　　　　　目				公称直径（mm）				
				75 以内	100 以内	150 以内	200 以内	250 以内
材 料	油麻	kg	5.50	0.410	0.510	0.620	0.800	1.250
	焦炭	kg	1.50	4.760	5.610	6.570	8.430	11.970
	木柴	kg	0.95	0.380	0.480	0.780	0.780	1.290
	水	t	4.00	0.100	0.100	0.300	0.500	0.500
	氧气	m³	3.60	0.110	0.180	0.200	0.350	0.480
	乙炔气	m³	25.20	0.040	0.070	0.080	0.150	0.200
	铁丝 8 号	kg	3.50	0.080	0.080	0.080	0.080	0.080
	破布	kg	4.50	0.290	0.350	0.400	0.480	0.530
	棉纱头	kg	6.34	0.006	0.010	0.014	0.020	0.022
机 械	汽车式起重机 5t	台班	546.38	—	—	—	0.070	0.070
	载货汽车 5t	台班	507.79	—	—	—	0.020	0.020
	试压泵 30MPa	台班	149.39	—	—	0.020	0.020	0.020

定　额　编　号				11-1-41	11-1-42	11-1-43	11-1-44	11-1-45
项　　　　目				公称直径（mm）				
				300 以内	350 以内	400 以内	450 以内	500 以内
基　　　价　（元）				**866.58**	**852.24**	**961.38**	**1142.68**	**1316.33**
其中	人　工　费　（元）			177.04	181.20	195.60	264.64	285.60
	材　料　费　（元）			585.60	567.10	644.55	751.73	904.42
	机　械　费　（元）			103.94	103.94	121.23	126.31	126.31
	名　　　称	单位	单价(元)	数		量		
人工	综合工日	工日	80.00	2.213	2.265	2.445	3.308	3.570
材料	承插铸铁给水管 DN300	m	－	(10.000)	－	－	－	－
	承插铸铁给水管 DN350	m	－	－	(10.000)	－	－	－
	承插铸铁给水管 DN400	m	－	－	－	(10.000)	－	－
	承插铸铁给水管 DN450	m	－	－	－	－	(10.000)	－
	承插铸铁给水管 DN500	m	－	－	－	－	－	(10.000)
	青铅	kg	13.40	40.220	38.750	43.970	51.300	62.000

定 额 编 号				11-1-41	11-1-42	11-1-43	11-1-44	11-1-45
项 目				公称直径（mm）				
				300 以内	350 以内	400 以内	450 以内	500 以内
材 料	油麻	kg	5.50	1.480	1.420	1.610	1.880	2.280
	焦炭	kg	1.50	14.550	13.770	15.930	18.330	20.700
	木柴	kg	0.95	1.720	1.550	1.720	1.890	2.060
	水	t	4.00	1.000	1.000	1.400	1.800	2.200
	氧气	m³	3.60	0.580	0.770	0.860	0.990	1.090
	乙炔气	m³	25.20	0.240	0.320	0.360	0.410	0.450
	铁丝 8 号	kg	3.50	0.080	0.080	0.080	0.080	0.080
	破布	kg	4.50	0.550	0.580	0.600	0.680	0.770
	棉纱头	kg	6.34	0.025	0.030	0.034	0.038	0.042
机 械	汽车式起重机 16t	台班	1071.52	0.080	0.080	0.090	0.090	0.090
	载货汽车 5t	台班	507.79	0.030	0.030	0.040	0.050	0.050
	试压泵 30MPa	台班	149.39	0.020	0.020	0.030	0.030	0.030

5. 承插铸铁给水管(膨胀水泥接口)

工作内容:管口除沥青、切管、管道及管件安装、挖工作坑、调制接口材料、接口养护、水压试验。

单位:10m

定 额 编 号			11-1-46	11-1-47	11-1-48	11-1-49	11-1-50
项 目			公称直径(mm)				
			75 以内	100 以内	150 以内	200 以内	250 以内
基 价 (元)			**76.24**	**99.90**	**126.96**	**200.13**	**217.27**
其中	人 工 费 (元)		68.40	89.44	110.40	129.04	139.20
	材 料 费 (元)		7.84	10.46	13.57	19.70	26.68
	机 械 费 (元)		—	—	2.99	51.39	51.39
名 称	单位	单价(元)	数		量		
人工 综合工日	工日	80.00	0.855	1.118	1.380	1.613	1.740
材料 承插铸铁给水管 DN75	m	—	(10.000)	—	—	—	—
承插铸铁给水管 DN100	m	—	—	(10.000)	—	—	—
承插铸铁给水管 DN150	m	—	—	—	(10.000)	—	—
承插铸铁给水管 DN200	m	—	—	—	—	(10.000)	—
承插铸铁给水管 DN250	m	—	—	—	—	—	(10.000)
硅酸盐膨胀水泥	kg	0.47	3.170	3.940	4.730	6.080	9.550

单位:10m

定 额 编 号				11-1-46	11-1-47	11-1-48	11-1-49	11-1-50
项 目				公称直径(mm)				
				75 以内	100 以内	150 以内	200 以内	250 以内
材 料	油麻	kg	5.50	0.410	0.510	0.620	0.800	1.250
	氧气	m³	3.60	0.110	0.180	0.200	0.350	0.480
	乙炔气	m³	25.20	0.040	0.070	0.080	0.150	0.200
	水	t	4.00	0.100	0.100	0.300	0.500	0.500
	铁丝 8 号	kg	3.50	0.080	0.080	0.080	0.080	0.080
	破布	kg	4.50	0.290	0.350	0.400	0.480	0.530
	棉纱头	kg	6.34	0.006	0.009	0.014	0.018	0.022
	热轧薄钢板 3.0~4.0	kg	4.67	0.066	0.080	0.110	0.250	0.400
	铁砂布 0~2 号	张	1.68	0.200	0.400	0.700	0.900	1.000
	草绳	kg	0.95	0.020	0.040	0.150	0.180	0.210
机 械	汽车式起重机 5t	台班	546.38	-	-	-	0.070	0.070
	载货汽车 5t	台班	507.79	-	-	-	0.020	0.020
	试压泵 30MPa	台班	149.39	-	-	0.020	0.020	0.020

定 额 编 号			11-1-51	11-1-52	11-1-53	11-1-54	11-1-55
项 目			公称直径（mm）				
			300 以内	350 以内	400 以内	450 以内	500 以内
基 价 （元）			**283.98**	**294.44**	**328.36**	**403.37**	**434.51**
其中	人 工 费 （元）		145.20	147.60	154.24	211.84	228.64
	材 料 费 （元）		34.84	42.90	52.89	65.22	79.56
	机 械 费 （元）		103.94	103.94	121.23	126.31	126.31
名 称	单位	单价（元）	数		量		
人工 综合工日	工日	80.00	1.815	1.845	1.928	2.648	2.858
材料 承插铸铁给水管 DN300	m	—	(10.000)	—	—	—	—
承插铸铁给水管 DN350	m	—	—	(10.000)	—	—	—
承插铸铁给水管 DN400	m	—	—	—	(10.000)	—	—
承插铸铁给水管 DN450	m	—	—	—	—	(10.000)	—
承插铸铁给水管 DN500	m	—	—	—	—	—	(10.000)
硅酸盐膨胀水泥	kg	0.47	10.870	11.280	12.340	14.400	17.410

定　额　编　号				11-1-51	11-1-52	11-1-53	11-1-54	11-1-55
项　　　　目				公称直径（mm）				
				300 以内	350 以内	400 以内	450 以内	500 以内
材料	油麻	kg	5.50	1.420	1.480	1.610	1.880	2.280
	氧气	m³	3.60	0.580	0.770	0.860	0.990	1.090
	乙炔气	m³	25.20	0.240	0.320	0.360	0.410	0.450
	水	t	4.00	1.000	1.000	1.400	1.800	2.200
	铁丝 8 号	kg	3.50	0.080	0.080	0.080	0.080	0.080
	破布	kg	4.50	0.550	0.580	0.600	0.680	0.770
	棉纱头	kg	6.34	0.025	0.030	0.034	0.034	0.042
	热轧薄钢板 3.0～4.0	kg	4.67	0.950	1.800	2.800	4.000	5.000
	铁砂布 0～2 号	张	1.68	1.250	1.500	1.960	2.000	3.000
	草绳	kg	0.95	0.350	0.650	0.950	1.500	2.500
机械	汽车式起重机 16t	台班	1071.52	0.080	0.080	0.090	0.090	0.090
	载货汽车 5t	台班	507.79	0.030	0.030	0.040	0.050	0.050
	试压泵 30MPa	台班	149.39	0.020	0.020	0.030	0.030	0.030

6. 承插铸铁给水管（石棉水泥接口）

工作内容：管口除沥青、切管、管道及管件安装、挖工作坑、调制接口材料、接口养护、水压试验。　　　　单位：10m

定　额　编　号			11-1-56	11-1-57	11-1-58	11-1-59	11-1-60
项　　　　目			公称直径（mm）				
			75 以内	100 以内	150 以内	200 以内	250 以内
基　　　价　　（元）			**86.56**	**113.65**	**137.09**	**215.59**	**239.85**
其中	人　工　费　（元）		74.40	97.84	115.20	136.24	148.80
	材　料　费　（元）		12.16	15.81	18.90	27.96	39.66
	机　械　费　（元）		－	－	2.99	51.39	51.39
名　　　称	单位	单价（元）	数		量		
人工 综合工日	工日	80.00	0.930	1.223	1.440	1.703	1.860
材料 承插铸铁给水管 DN75	m	－	(10.000)	－	－	－	－
承插铸铁给水管 DN100	m	－	－	(10.000)	－	－	－
承插铸铁给水管 DN150	m	－	－	－	(10.000)	－	－
承插铸铁给水管 DN200	m	－	－	－	－	(10.000)	－
承插铸铁给水管 DN250	m	－	－	－	－	－	(10.000)
石棉绒	kg	5.70	0.890	1.100	1.320	1.700	2.670
普通硅酸盐水泥 42.5	kg	0.36	2.070	2.570	3.090	3.970	6.240

续前   单位:10m

定　　额　　编　　号				11-1-56	11-1-57	11-1-58	11-1-59	11-1-60
项　　　　　　　目				公称直径（mm）				
				75 以内	100 以内	150 以内	200 以内	250 以内
材	油麻	kg	5.50	0.410	0.510	0.620	0.800	1.250
	氧气	m³	3.60	0.110	0.180	0.200	0.350	0.480
	乙炔气	m³	25.20	0.040	0.070	0.080	0.150	0.200
	铁丝 8 号	kg	3.50	0.080	0.080	0.080	0.080	0.080
	破布	kg	4.50	0.290	0.350	0.400	0.480	0.530
	棉纱头	kg	6.34	0.006	0.009	0.014	0.018	0.022
	水	t	4.00	0.100	0.100	0.030	0.500	0.500
	热轧薄钢板 3.0~4.0	kg	4.67	0.066	0.080	0.110	0.250	0.400
料	铁砂布 0~2 号	张	1.68	0.200	0.400	0.700	0.900	1.000
	草绳	kg	0.95	0.020	0.040	0.150	0.180	0.210
机	汽车式起重机 5t	台班	546.38	-	-	-	0.070	0.070
	载货汽车 5t	台班	507.79	-	-	-	0.020	0.020
械	试压泵 30MPa	台班	149.39	-	-	0.020	0.020	0.020

定 额 编 号			11-1-61	11-1-62	11-1-63	11-1-64	11-1-65
项 目			公称直径（mm）				
			300 以内	350 以内	400 以内	450 以内	500 以内
基 价 （元）			**310.75**	**322.44**	**360.09**	**442.19**	**479.14**
其中	人 工 费 （元）		157.20	160.24	169.20	231.04	249.60
	材 料 费 （元）		49.61	58.26	69.66	84.84	103.23
	机 械 费 （元）		103.94	103.94	121.23	126.31	126.31
名 称	单位	单价(元)	数		量		
人工	综合工日	工日	80.00	1.965	2.003	2.115	2.888	3.120
材料	承插铸铁给水管 DN300	m	－	(10.000)	－	－	－	－
	承插铸铁给水管 DN350	m	－	－	(10.000)	－	－	－
	承插铸铁给水管 DN400	m	－	－	－	(10.000)	－	－
	承插铸铁给水管 DN450	m	－	－	－	－	(10.000)	－
	承插铸铁给水管 DN500	m	－	－	－	－	－	(10.000)
	石棉绒	kg	5.70	3.040	3.160	3.450	4.030	4.870
	普通硅酸盐水泥 42.5	kg	0.36	7.100	7.370	8.060	9.400	11.370

定 额 编 号			11-1-61	11-1-62	11-1-63	11-1-64	11-1-65
项 目			公称直径（mm）				
			300 以内	350 以内	400 以内	450 以内	500 以内
材	油麻	kg	5.50	1.420	1.480	1.610	1.880	2.280
	氧气	m³	3.60	0.580	0.770	0.860	0.990	1.090
	乙炔气	m³	25.20	0.240	0.320	0.360	0.410	0.450
	铁丝 8 号	kg	3.50	0.080	0.080	0.080	0.080	0.080
	破布	kg	4.50	0.550	0.580	0.600	0.680	0.770
	棉纱头	kg	6.34	0.025	0.030	0.034	0.038	0.042
	水	t	4.00	1.000	1.000	1.400	1.800	2.200
	热轧薄钢板 3.0～4.0	kg	4.67	0.950	1.800	2.800	4.000	5.000
料	铁砂布 0～2 号	张	1.68	1.250	1.500	1.960	2.000	3.000
	草绳	kg	0.95	0.350	0.650	0.950	1.500	2.500
机	汽车式起重机 16t	台班	1071.52	0.080	0.080	0.090	0.090	0.090
	载货汽车 5t	台班	507.79	0.030	0.030	0.040	0.050	0.050
械	试压泵 30MPa	台班	149.39	0.020	0.020	0.030	0.030	0.030

7. 承插铸铁给水管（胶圈接口）

工作内容：切管、上胶圈、接口、管道安装、水压试验。

单位：10m

定 额 编 号				11-1-66	11-1-67	11-1-68	11-1-69
项 目				公称直径（mm）			
				100 以内	150 以内	200 以内	250 以内
基 价 （元）				**108.44**	**142.59**	**224.94**	**271.98**
其中	人 工 费 （元）			74.40	99.60	121.20	153.60
	材 料 费 （元）			34.04	40.00	52.35	66.99
	机 械 费 （元）			—	2.99	51.39	51.39
名 称		单位	单价（元）	数		量	
人工	综合工日	工日	80.00	0.930	1.245	1.515	1.920
材料	承插铸铁给水管 DN100	m	—	(10.000)	—	—	—
	承插铸铁给水管 DN150	m	—	—	(10.000)	—	—
	承插铸铁给水管 DN200	m	—	—	—	(10.000)	—
	承插铸铁给水管 DN250	m	—	—	—	—	(10.000)
	橡胶圈（给水）DN100	个	9.84	3.350	—	—	—
	橡胶圈（给水）DN150	个	12.88	—	2.960	—	—
	橡胶圈（给水）DN200	个	18.80	—	—	2.640	—
	橡胶圈（给水）DN250	个	23.37	—	—	—	2.750
	水	t	4.00	0.100	0.300	0.500	0.500
	破布	kg	4.50	0.150	0.150	0.160	0.160
机械	汽车式起重机 5t	台班	546.38	—	—	0.070	0.070
	载货汽车 5t	台班	507.79	—	—	0.020	0.020
	试压泵 30MPa	台班	149.39	—	0.020	0.020	0.020

定　额　编　号			11-1-70	11-1-71	11-1-72	11-1-73	11-1-74
项　　　　　目			公称直径（mm）				
			300 以内	350 以内	400 以内	450 以内	500 以内
基　　　价　（元）			**363.89**	**328.79**	**366.86**	**454.47**	**499.79**
其中	人　工　费　（元）		157.20	160.24	169.20	231.04	249.60
	材　料　费　（元）		102.75	64.61	76.43	97.12	123.88
	机　械　费　（元）		103.94	103.94	121.23	126.31	126.31
名　　　称	单位	单价（元）	数				量
人工 综合工日	工日	80.00	1.965	2.003	2.115	2.888	3.120
材料 承插铸铁给水管 DN300	m	—	（10.000）	—	—	—	—
承插铸铁给水管 DN350	m	—	—	（10.000）	—	—	—
承插铸铁给水管 DN400	m	—	—	—	（10.000）	—	—
承插铸铁给水管 DN450	m	—	—	—	—	（10.000）	—
承插铸铁给水管 DN500	m	—	—	—	—	—	（10.000）
橡胶圈（给水）DN300	个	29.31	3.340	—	—	—	—
橡胶圈（给水）DN350	个	35.78	—	1.670	—	—	—
橡胶圈（给水）DN400	个	41.90	—	—	1.670	—	—
橡胶圈（给水）DN450	个	53.33	—	—	—	1.670	—
橡胶圈（给水）DN500	个	68.40	—	—	—	—	1.670
料 水	t	4.00	1.000	1.000	1.400	1.800	2.200
破布	kg	4.50	0.190	0.190	0.190	0.190	0.190
机 汽车式起重机 16t	台班	1071.52	0.080	0.080	0.090	0.090	0.090
载货汽车 5t	台班	507.79	0.030	0.030	0.040	0.050	0.050
械 试压泵 30MPa	台班	149.39	0.020	0.020	0.030	0.030	0.030

8. 承插铸铁排水管(石棉水泥接口)

工作内容:切管、管道及管件安装、调制接口材料、接口养护、水压试验。

单位:10m

定 额 编 号			11-1-75	11-1-76	11-1-77	11-1-78	11-1-79	11-1-80
项 目			公称直径(mm)					
			50 以内	75 以内	100 以内	125 以内	150 以内	200 以内
基 价 (元)			**87.36**	**110.28**	**139.00**	**163.95**	**176.90**	**235.43**
其中	人 工 费 (元)		66.64	81.60	99.60	112.24	113.44	135.04
	材 料 费 (元)		20.72	28.68	39.40	51.71	63.46	100.39
	机 械 费 (元)		—	—	—	—	—	—
名 称	单位	单价(元)	数		量			
人工 综合工日	工日	80.00	0.833	1.020	1.245	1.403	1.418	1.688
材料 承插铸铁排水管 DN50	m	—	(10.300)	—	—	—	—	—
承插铸铁排水管 DN75	m	—	—	(10.300)	—	—	—	—
承插铸铁排水管 DN100	m	—	—	—	(10.300)	—	—	—
承插铸铁排水管 DN125	m	—	—	—	—	(10.300)	—	—
承插铸铁排水管 DN150	m	—	—	—	—	—	(10.300)	—
承插铸铁排水管 DN200	m	—	—	—	—	—	—	(10.300)

定　额　编　号			11-1-75	11-1-76	11-1-77	11-1-78	11-1-79	11-1-80
项　　　目			公称直径（mm）					
			50 以内	75 以内	100 以内	125 以内	150 以内	200 以内
材料	排水铸铁接轮 DN50	个	9.04	1.000	–	–	–	–	–
	排水铸铁接轮 DN75	个	13.32	–	1.000	–	–	–	–
	排水铸铁接轮 DN100	个	19.54	–	–	1.000	–	–	–
	排水铸铁接轮 DN125	个	25.94	–	–	–	1.000	–	–
	排水铸铁接轮 DN150	个	32.74	–	–	–	–	1.000	–
	排水铸铁接轮 DN200	个	55.77	–	–	–	–	–	1.000
	普通硅酸盐水泥 42.5	kg	0.36	1.890	2.800	3.780	5.040	5.880	8.190
	石棉绒	kg	5.70	0.810	1.200	1.620	2.160	2.520	3.510
	油麻	kg	5.50	0.400	0.590	0.880	1.080	1.260	1.770
	氧气	m³	3.60	0.300	0.300	0.300	0.400	0.500	0.800
	乙炔气	m³	25.20	0.120	0.120	0.120	0.150	0.190	0.310
	水	t	4.00	0.020	0.040	0.080	0.120	0.180	0.310

9. 承插铸铁排水管（水泥接口）

工作内容: 切管、管道及管件安装、调制接口材料、接口养护、水压试验。

单位:10m

定　额　编　号			11-1-81	11-1-82	11-1-83	11-1-84	11-1-85	11-1-86
项　　　　　目			公称直径（mm）					
			50 以内	75 以内	100 以内	125 以内	150 以内	200 以内
基　　　价　（元）			**75.54**	**94.48**	**118.96**	**139.63**	**150.53**	**201.03**
其中	人　工　费　（元）		59.44	72.64	88.80	100.24	101.44	120.64
	材　料　费　（元）		16.10	21.84	30.16	39.39	49.09	80.39
	机　械　费　（元）		–	–	–	–	–	–
名　　　称	单位	单价(元)	数			量		
人工 综合工日	工日	80.00	0.743	0.908	1.110	1.253	1.268	1.508
材料 承插铸铁排水管 DN50	m	–	(10.300)	–	–	–	–	–
承插铸铁排水管 DN75	m	–	–	(10.300)	–	–	–	–
承插铸铁排水管 DN100	m	–	–	–	(10.300)	–	–	–
承插铸铁排水管 DN125	m	–	–	–	–	(10.300)	–	–
承插铸铁排水管 DN150	m	–	–	–	–	–	(10.300)	–

定 额 编 号			11-1-81	11-1-82	11-1-83	11-1-84	11-1-85	11-1-86
项 目			公称直径（mm）					
			50 以内	75 以内	100 以内	125 以内	150 以内	200 以内
材 料	承插铸铁排水管 DN200	m	–	–	–	–	–	–	(10.300)
	排水铸铁接轮 DN50	个	9.04	1.000	–	–	–	–	–
	排水铸铁接轮 DN75	个	13.32	–	1.000	–	–	–	–
	排水铸铁接轮 DN100	个	19.54	–	–	1.000	–	–	–
	排水铸铁接轮 DN125	个	25.94	–	–	–	1.000	–	–
	排水铸铁接轮 DN150	个	32.74	–	–	–	–	1.000	–
	排水铸铁接轮 DN200	个	55.77	–	–	–	–	–	1.000
	普通硅酸盐水泥 42.5	kg	0.36	1.890	2.800	3.780	5.040	5.880	8.190
	油麻	kg	5.50	0.400	0.590	0.880	1.080	1.260	1.770
	氧气	m³	3.60	0.300	0.300	0.300	0.400	0.500	0.800
	乙炔气	m³	25.20	0.120	0.120	0.120	0.150	0.190	0.310
	水	t	4.00	0.020	0.040	0.080	0.120	0.180	0.310

二、室内管道

1. 镀锌钢管(螺纹连接)

工作内容: 打堵洞眼、切管、套丝、上零件、调直、栽钩卡及管件安装、水压试验。

单位:10m

定 额 编 号			11-1-87	11-1-88	11-1-89	11-1-90	11-1-91	11-1-92
项 目			公称直径(mm)					
			15 以内	20 以内	25 以内	32 以内	40 以内	50 以内
基 价(元)			**140.43**	**138.43**	**173.22**	**175.41**	**197.71**	**219.84**
其中	人 工 费(元)		109.84	109.84	132.00	132.00	157.20	160.80
	材 料 费(元)		30.59	28.59	40.16	42.35	39.45	56.09
	机 械 费(元)		–	–	1.06	1.06	1.06	2.95
名 称	单位	单价(元)	数			量		
人工 综合工日	工日	80.00	1.373	1.373	1.650	1.650	1.965	2.010
材料 镀锌钢管 DN15	m	–	(10.200)	–	–	–	–	–
镀锌钢管 DN20	m	–	–	(10.200)	–	–	–	–
镀锌钢管 DN25	m	–	–	–	(10.200)	–	–	–
镀锌钢管 DN32	m	–	–	–	–	(10.200)	–	–
镀锌钢管 DN40	m	–	–	–	–	–	(10.200)	–
镀锌钢管 DN50	m	–	–	–	–	–	–	(10.200)
室内镀锌钢管接头零件 DN15	个	1.20	16.370	–	–	–	–	–
室内镀锌钢管接头零件 DN20	个	1.42	–	11.520	–	–	–	–
室内镀锌钢管接头零件 DN25	个	2.76	–	–	9.780	–	–	–
室内镀锌钢管接头零件 DN32	个	3.65	–	–	–	8.030	–	–

单位:10m

定 额 编 号			11-1-87	11-1-88	11-1-89	11-1-90	11-1-91	11-1-92
项 目			公称直径（mm）					
			15 以内	20 以内	25 以内	32 以内	40 以内	50 以内
材料	室内镀锌钢管接头零件 DN40	个	4.42	–	–	–	–	7.160	–
	室内镀锌钢管接头零件 DN50	个	7.32	–	–	–	–	–	6.510
	钢锯条	根	0.89	3.790	3.410	2.550	2.410	2.670	1.330
	尼龙砂轮片 φ400	片	13.00	–	–	0.050	0.050	0.050	0.150
	汽轮机油（各种规格）	kg	8.80	0.230	0.170	0.170	0.160	0.170	0.200
	铅油	kg	8.50	0.140	0.120	0.130	0.120	0.140	0.140
	线麻	kg	13.70	0.014	0.012	0.013	0.012	0.014	0.014
	管子托钩 DN15	个	0.66	1.460	–	–	–	–	–
	管子托钩 DN20	个	0.88	–	1.440	–	–	–	–
	管子托钩 DN25	个	1.10	–	–	1.160	1.160	–	–
	管卡子(单立管) DN25	个	0.55	1.640	1.290	2.060	–	–	–
	管卡子(单立管) DN50	个	1.32	–	–	–	2.060	–	–
	普通硅酸盐水泥 42.5	kg	0.36	1.340	3.710	4.200	4.500	0.690	0.390
	河砂	m³	42.00	0.010	0.010	0.010	0.010	0.002	0.001
	镀锌铁丝 8~12 号	kg	5.36	0.140	0.390	0.440	0.150	0.010	0.040
	破布	kg	4.50	0.100	0.100	0.100	0.100	0.220	0.250
	水	t	4.00	0.050	0.060	0.080	0.090	0.130	0.160
机械	管子切断机 φ60mm	台班	19.16	–	–	0.020	0.020	0.020	0.060
	管子切断套丝机 φ159mm	台班	22.54	–	–	0.030	0.030	0.030	0.080

定　额　编　号			11-1-93	11-1-94	11-1-95	11-1-96	11-1-97
项　　　　目			公称直径（mm）				
			65 以内	80 以内	100 以内	125 以内	150 以内
基　　　价　（元）			**234.59**	**255.52**	**316.32**	**347.53**	**422.70**
其 中	人　工　费　（元）		164.40	174.00	197.44	219.04	250.80
	材　料　费　（元）		65.76	76.86	98.51	112.98	154.43
	机　械　费　（元）		4.43	4.66	20.37	15.51	17.47
名　　　　称	单位	单价（元）	数		量		
人工 综合工日	工日	80.00	2.055	2.175	2.468	2.738	3.135
材 料	镀锌钢管 DN65	m	－	(10.200)	－	－	－	－
	镀锌钢管 DN80	m	－	－	(10.200)	－	－	－
	镀锌钢管 DN100	m	－	－	－	(10.200)	－	－
	镀锌钢管 DN125	m	－	－	－	－	(10.200)	－
	镀锌钢管 DN150	m	－	－	－	－	－	(10.200)
	室内镀锌钢管接头零件 DN65	个	13.49	4.250	－	－	－	－
	室内镀锌钢管接头零件 DN80	个	17.61	－	3.910	－	－	－
	室内镀锌钢管接头零件 DN100	个	32.95	－	－	2.680	－	－

单位:10m

定 额 编 号			11-1-93	11-1-94	11-1-95	11-1-96	11-1-97
项 目			公称直径（mm）				
			65 以内	80 以内	100 以内	125 以内	150 以内
材料	室内镀锌钢管接头零件 DN125	个	45.00	–	–	–	2.300	–
	室内镀锌钢管接头零件 DN150	个	64.00	–	–	–	–	2.300
	尼龙砂轮片 φ400	片	13.00	0.220	0.210	0.210	0.190	–
	汽轮机油（各种规格）	kg	8.80	0.130	0.110	0.040	0.030	0.030
	铅油	kg	8.50	0.120	0.120	0.110	0.110	0.160
	线麻	kg	13.70	0.015	0.020	0.020	0.020	0.020
	普通硅酸盐水泥 42.5	kg	0.36	1.430	1.490	0.990	1.740	0.630
	河砂	m³	42.00	0.004	0.004	0.002	0.004	0.002
	镀锌铁丝 8~12 号	kg	5.36	0.100	0.030	0.070	0.080	0.020
	破布	kg	4.50	0.280	0.300	0.350	0.380	0.400
	水	t	4.00	0.180	0.200	0.310	0.390	0.470
	冷却液	kg	9.50	–	–	0.240	0.110	0.130
机械	管子切断机 φ150mm	台班	48.07	0.050	0.050	0.030	0.050	–
	管子切断套丝机 φ159mm	台班	22.54	0.090	0.100	–	–	–
	普通车床 400mm×1000mm	台班	145.61	–	–	0.130	0.090	0.120

2. 焊接钢管(螺纹连接)

工作内容: 打堵洞眼、切管、套丝、上零件、调直、栽钩卡、管道及管件安装、水压试验。

单位:10m

定　额　编　号				11-1-98	11-1-99	11-1-100	11-1-101	11-1-102	11-1-103
项　　　　　目				公称直径（mm）					
				15 以内	20 以内	25 以内	32 以内	40 以内	50 以内
基　　　价　　（元）				**128.19**	**136.38**	**175.43**	**178.63**	**200.59**	**212.50**
其中	人　工　费（元）			109.84	109.84	132.00	132.00	157.20	160.80
	材　料　费（元）			18.35	26.54	42.37	45.57	41.95	48.33
	机　械　费（元）			–	–	1.06	1.06	1.44	3.37
名　　　　　称		单位	单价（元）	数			量		
人工	综合工日	工日	80.00	1.373	1.373	1.650	1.650	1.965	2.010
材料	焊接钢管 DN15	m	–	(10.200)	–	–	–	–	–
	焊接钢管 DN20	m	–	–	(10.200)	–	–	–	–
	焊接钢管 DN25	m	–	–	–	(10.200)	–	–	–
	焊接钢管 DN32	m	–	–	–	–	(10.200)	–	–
	焊接钢管 DN40	m	–	–	–	–	–	(10.200)	–
	焊接钢管 DN50	m	–	–	–	–	–	–	(10.200)
	焊接钢管接头零件 DN15 室内	个	0.68	16.960	–	–	–	–	–
	焊接钢管接头零件 DN20 室内	个	0.92	–	16.190	–	–	–	–
	焊接钢管接头零件 DN25 室内	个	1.80	–	–	15.140	–	–	–
	焊接钢管接头零件 DN32 室内	个	2.53	–	–	–	10.880	–	–
	焊接钢管接头零件 DN40 室内	个	3.80	–	–	–	–	7.840	–
	焊接钢管接头零件 DN50 室内	个	5.99	–	–	–	–	–	6.210

单位:10m

定 额 编 号			11-1-98	11-1-99	11-1-100	11-1-101	11-1-102	11-1-103
项 目			公称直径（mm）					
			15 以内	20 以内	25 以内	32 以内	40 以内	50 以内
材 料	钢锯条	根	0.89	2.180	3.130	3.190	3.410	3.380	1.290
	尼龙砂轮片 φ400	片	13.00	－	－	0.060	0.070	0.070	0.150
	汽轮机油（各种规格）	kg	8.80	0.160	0.200	0.130	0.150	0.140	0.140
	铅油	kg	8.50	0.110	0.150	0.170	0.160	0.170	0.140
	线麻	kg	13.70	0.010	0.015	0.017	0.016	0.016	0.014
	管子托钩 DN15	个	0.66	1.100	－	－	－	－	－
	管子托钩 DN20	个	0.88	－	1.370	－	－	－	－
	管子托钩 DN25	个	1.10	－	－	1.050	1.050	－	－
	管卡子(单立管) DN25	个	0.55	0.710	2.190	1.930	－	－	－
	管卡子(单立管) DN50	个	1.32	－	－	－	1.930	－	－
	破布	kg	4.50	0.100	0.120	0.120	0.130	0.200	0.250
	镀锌铁丝 8～12 号	kg	5.36	0.050	0.050	0.060	0.070	0.080	0.090
	普通硅酸盐水泥 42.5	kg	0.36	0.780	4.840	3.890	3.890	－	－
	河砂	m³	42.00	0.002	0.010	0.010	0.010	－	－
	水	t	4.00	0.050	0.060	0.080	0.100	0.130	0.160
	氧气	m³	3.60	－	－	0.260	0.360	0.270	0.250
	乙炔气	m³	25.20	－	－	0.100	0.120	0.100	0.090
机 械	管子切断机 φ60mm	台班	19.16	－	－	0.020	0.020	0.040	0.070
	管子切断套丝机 φ159mm	台班	22.54	－	－	0.030	0.030	0.030	0.090

定　额　编　号			11-1-104	11-1-105	11-1-106	11-1-107	11-1-108
项　　　　　目			公称直径（mm）				
			65 以内	80 以内	100 以内	125 以内	150 以内
基　　　价（元）			**223.92**	**244.02**	**325.06**	**390.59**	**448.97**
其中	人　工　费（元）		164.40	174.00	197.44	219.04	250.80
	材　料　费（元）		54.19	65.81	110.17	128.87	163.75
	机　械　费（元）		5.33	4.21	17.45	42.68	34.42
名　　　　称	单位	单价（元）	数				量
人工 综合工日	工日	80.00	2.055	2.175	2.468	2.738	3.135
材料 焊接钢管 DN65	m	－	(10.200)	－	－	－	－
焊接钢管 DN80	m	－	－	(10.200)	－	－	－
焊接钢管 DN100	m	－	－	－	(10.200)	－	－
焊接钢管 DN125	m	－	－	－	－	(10.200)	－
焊接钢管 DN150	m	－	－	－	－	－	(10.200)
焊接钢管接头零件 DN65 室内	个	9.80	4.350	－	－	－	－
焊接钢管接头零件 DN80 室内	个	15.40	－	3.540	－	－	－
焊接钢管接头零件 DN100 室内	个	27.32	－	－	3.500	－	－

定 额 编 号			11-1-104	11-1-105	11-1-106	11-1-107	11-1-108
项 目			公称直径（mm）				
			65 以内	80 以内	100 以内	125 以内	150 以内
材	焊接钢管接头零件 DN125 室内	个	44.10	–	–	–	2.600	–
	焊接钢管接头零件 DN150 室内	个	56.60	–	–	–	–	2.600
	尼龙砂轮片 φ400	片	13.00	0.230	0.210	0.260	0.230	0.230
	氧气	m³	3.60	0.260	0.240	0.310	0.310	0.380
	乙炔气	m³	25.20	0.100	0.090	0.120	0.120	0.150
	汽轮机油（各种规格）	kg	8.80	0.130	0.140	0.050	0.030	0.030
	铅油	kg	8.50	0.120	0.110	0.140	0.140	0.190
	线麻	kg	13.70	0.020	0.020	0.014	0.020	0.030
	破布	kg	4.50	0.280	0.300	0.350	0.380	0.400
料	镀锌铁丝 8～12 号	kg	5.36	0.100	0.120	0.180	0.140	0.180
	水	t	4.00	0.220	0.250	0.310	0.390	0.470
	冷却液	kg	9.50	–	–	0.150	0.140	0.160
机	管子切断机 φ150mm	台班	48.07	0.050	0.050	0.060	0.070	0.080
	管子切断套丝机 φ159mm	台班	22.54	0.130	0.080	–	–	–
械	普通车床 400mm×1000mm	台班	145.61	–	–	0.100	0.270	0.210

3. 钢管(焊接)

工作内容:留堵洞眼、切管、坡口、调直、煨弯、挖眼接管、异形管制作、对口、焊接、管道及管件安装、水压试验。

单位:10m

定 额 编 号				11-1-109	11-1-110	11-1-111	11-1-112	11-1-113	11-1-114
项 目				公称直径（mm）					
				32 以内	40 以内	50 以内	65 以内	80 以内	100 以内
基 价 （元）				**114.99**	**126.90**	**147.44**	**212.83**	**243.84**	**315.43**
其中	人 工 费 （元）			99.60	108.64	119.44	134.40	152.40	188.40
	材 料 费 （元）			7.42	9.45	18.34	31.73	36.93	52.52
	机 械 费 （元）			7.97	8.81	9.66	46.70	54.51	74.51
名 称		单位	单价（元）	数			量		
人工	综合工日	工日	80.00	1.245	1.358	1.493	1.680	1.905	2.355
材料	焊接钢管 DN32	m	–	(10.200)	–	–	–	–	–
	焊接钢管 DN40	m	–	–	(10.200)	–	–	–	–
	焊接钢管 DN50	m	–	–	–	(10.200)	–	–	–
	焊接钢管 DN65	m	–	–	–	–	(10.200)	–	–
	焊接钢管 DN80	m	–	–	–	–	–	(10.200)	–
	焊接钢管 DN100	m	–	–	–	–	–	–	(10.200)
	压制弯头 DN65	个	3.45	–	–	–	0.700	–	–
	压制弯头 DN80	个	4.29	–	–	–	–	0.740	–
	压制弯头 DN100	个	9.76	–	–	–	–	–	0.990
	热轧薄钢板 3.0～4.0	kg	4.67	0.090	0.090	0.090	0.100	0.100	0.100

续前

定 额 编 号			11-1-109	11-1-110	11-1-111	11-1-112	11-1-113	11-1-114
项 目			公称直径（mm）					
			32 以内	40 以内	50 以内	65 以内	80 以内	100 以内
材 料	碳钢气焊条	kg	5.85	0.020	0.020	0.020	0.020	–	–
	电焊条 结422 φ2.5	kg	5.04	0.008	0.010	0.010	0.810	0.920	1.240
	氧气	m³	3.60	0.240	0.340	1.010	1.320	1.410	1.740
	乙炔气	m³	25.20	0.080	0.120	0.340	0.450	0.470	0.590
	尼龙砂轮片 φ400	片	13.00	–	–	–	0.100	0.110	0.150
	钢锯条	根	0.89	0.660	0.880	1.080	–	–	–
	棉纱头	kg	6.34	0.024	0.024	0.035	0.046	0.058	0.070
	铁丝8号	kg	3.50	0.080	0.080	0.080	0.080	0.080	0.080
	破布	kg	4.50	0.220	0.220	0.250	0.280	0.300	0.350
	铅油	kg	8.50	0.010	0.010	0.010	0.020	0.020	0.020
	汽轮机油（各种规格）	kg	8.80	0.040	0.050	0.060	0.080	0.100	0.100
	水	t	4.00	0.040	0.040	0.060	0.090	0.100	0.150
	尼龙砂轮片 φ100	片	7.60	0.150	0.180	0.220	0.410	0.760	1.010
	电	kW·h	0.85	0.250	0.420	0.510	1.270	1.270	1.690
机 械	直流弧焊机 20kW	台班	84.19	0.030	0.040	0.050	0.470	0.520	0.690
	管子切断机 φ150mm	台班	48.07	–	–	–	0.030	0.080	0.060
	弯管机 WC27－108 φ108	台班	90.78	0.060	0.060	0.060	0.050	0.060	0.130
	电焊条烘干箱 60×50×75cm³	台班	28.84	–	–	–	0.040	0.050	0.060

定 额 编 号			11-1-115	11-1-116	11-1-117	11-1-118	11-1-119
项 目			公称直径（mm）				
			125 以内	150 以内	200 以内	250 以内	300 以内
基 价（元）			**352.27**	**408.62**	**649.14**	**915.00**	**1138.05**
其中	人 工 费（元）		208.80	237.04	285.60	364.24	433.20
	材 料 费（元）		71.58	90.98	158.92	267.12	377.93
	机 械 费（元）		71.89	80.60	204.62	283.64	326.92
名 称	单位	单价（元）	数			量	
人工 综合工日	工日	80.00	2.610	2.963	3.570	4.553	5.415
材料	焊接钢管 DN125	m	–	(10.200)	–	–	–	–
	焊接钢管 DN150	m	–	–	(10.200)	–	–	–
	焊接钢管 DN200	m	–	–	–	(10.200)	–	–
	焊接钢管 DN250	m	–	–	–	–	(10.200)	–
	焊接钢管 DN300	m	–	–	–	–	–	(10.200)
	压制弯头 DN125	个	16.99	1.750	–	–	–	–
	压制弯头 DN150	个	23.47	–	1.800	–	–	–
	压制弯头 DN200	个	41.94	–	–	1.850	–	–
	压制弯头 DN250	个	78.85	–	–	–	1.900	–
	压制弯头 DN300	个	123.75	–	–	–	–	1.910
	热轧薄钢板 3.0~4.0	kg	4.67	0.140	0.140	0.210	0.210	0.210
	电焊条 结 422 φ2.5	kg	5.04	1.680	2.040	3.780	5.130	8.870

定 额 编 号			11-1-115	11-1-116	11-1-117	11-1-118	11-1-119
项 目			公称直径（mm）				
			125 以内	150 以内	200 以内	250 以内	300 以内
材料	氧气	m³	3.60	1.570	1.970	3.270	4.830	5.470
	乙炔气	m³	25.20	0.530	0.670	1.150	1.760	1.820
	尼龙砂轮片 φ400	片	13.00	0.370	-	-	-	-
	棉纱头	kg	6.34	0.070	0.080	0.070	0.140	0.170
	铁丝 8 号	kg	3.50	0.080	0.080	0.080	0.080	0.080
	破布	kg	4.50	0.380	0.440	0.480	0.530	0.550
	铅油	kg	8.50	0.030	0.040	0.050	0.050	0.050
	汽轮机油（各种规格）	kg	8.80	0.150	0.150	0.170	0.200	0.200
	水	t	4.00	0.200	0.250	0.350	0.450	0.450
	尼龙砂轮片 φ100	片	7.60	0.340	0.850	1.490	2.230	2.280
	电	kW·h	0.85	1.780	2.280	3.550	4.990	6.090
机械	直流弧焊机 20kW	台班	84.19	0.790	0.930	1.540	2.160	2.600
	管子切断机 φ150mm	台班	48.07	0.070	-	-	-	-
	电动卷扬机（单筒慢速）50kN	台班	145.07	-	-	0.210	0.270	0.270
	试压泵 30MPa	台班	149.39	-	-	0.020	0.020	0.020
	载货汽车 5t	台班	507.79	-	-	0.020	0.020	0.030
	汽车式起重机 5t	台班	546.38	-	-	0.050	0.080	0.080
	电焊条烘干箱 60×50×75cm³	台班	28.84	0.070	0.080	0.140	0.200	0.240

4. 承插铸铁给水管（青铅接口）

工作内容:切管、管道及管件安装、熔化接口材料、接口、水压试验。

单位:10m

	定　额　编　号			11-1-120	11-1-121	11-1-122	11-1-123	11-1-124	11-1-125
	项　　　　目			公称直径（mm）					
				75 以内	100 以内	150 以内	200 以内	250 以内	300 以内
	基　　价　（元）			**371.14**	**522.35**	**781.55**	**984.58**	**1317.98**	**1573.41**
其	人　工　费　（元）			99.60	153.04	205.20	205.20	223.20	281.44
中	材　料　费　（元）			271.54	369.31	573.36	740.85	1042.47	1234.58
	机　械　费　（元）			－	－	2.99	38.53	52.31	57.39
	名　　　称	单位	单价（元）	数			量		
人工	综合工日	工日	80.00	1.245	1.913	2.565	2.565	2.790	3.518
材料	承插铸铁给水管 DN75	m	－	(10.000)	－	－	－	－	－
	承插铸铁给水管 DN100	m	－	－	(10.000)	－	－	－	－
	承插铸铁给水管 DN150	m	－	－	－	(10.000)	－	－	－
	承插铸铁给水管 DN200	m	－	－	－	－	(10.000)	－	－
	承插铸铁给水管 DN250	m	－	－	－	－	－	(10.000)	－
	承插铸铁给水管 DN300	m	－	－	－	－	－	－	(10.000)

定　额　编　号			11-1-120	11-1-121	11-1-122	11-1-123	11-1-124	11-1-125
项　　　　目			公称直径（mm）					
			75 以内	100 以内	150 以内	200 以内	250 以内	300 以内
材	青铅	kg	13.40	18.720	25.470	39.600	50.950	72.230	85.330
	油麻	kg	5.50	0.690	0.930	1.450	1.870	2.650	3.130
	焦炭	kg	1.50	7.910	10.200	15.440	19.820	25.400	30.880
	木柴	kg	0.95	0.630	0.860	1.830	1.830	2.740	3.650
	氧气	m³	3.60	0.180	0.330	0.470	0.830	1.020	1.220
	乙炔气	m³	25.20	0.070	0.130	0.190	0.350	0.430	0.510
	铁丝 8 号	kg	3.50	0.080	0.080	0.080	0.080	0.080	0.080
	破布	kg	4.50	0.290	0.350	0.400	0.480	0.530	0.550
料	棉纱头	kg	6.34	0.006	0.009	0.014	0.018	0.022	0.025
	水	t	4.00	0.100	0.100	0.300	0.500	0.500	1.000
机	电动卷扬机(单筒慢速) 50kN	台班	145.07	-	-	-	0.210	0.270	0.270
	载货汽车 5t	台班	507.79	-	-	-	0.010	0.020	0.030
械	试压泵 30MPa	台班	149.39	-	-	0.020	0.020	0.020	0.020

5.承插铸铁给水管(膨胀水泥接口)

工作内容:管口除沥青、切管、管道及管件安装、调制接口材料、接口养护、水压试验。

单位:10m

定 额 编 号			11-1-126	11-1-127	11-1-128	11-1-129	11-1-130	11-1-131
项 目			公称直径(mm)					
			75 以内	100 以内	150 以内	200 以内	250 以内	300 以内
基 价 (元)			**83.35**	**126.30**	**182.68**	**228.54**	**262.52**	**395.61**
其中	人 工 费 (元)		72.64	111.04	156.64	156.64	166.80	285.60
	材 料 费 (元)		10.71	15.26	23.05	33.37	43.41	52.62
	机 械 费 (元)		–	–	2.99	38.53	52.31	57.39
名 称	单位	单价(元)	数			量		
人工 综合工日	工日	80.00	0.908	1.388	1.958	1.958	2.085	3.570
材料 承插铸铁给水管 DN75	m	–	(10.000)	–	–	–	–	–
承插铸铁给水管 DN100	m	–	–	(10.000)	–	–	–	–
承插铸铁给水管 DN150	m	–	–	–	(10.000)	–	–	–
承插铸铁给水管 DN200	m	–	–	–	–	(10.000)	–	–
承插铸铁给水管 DN250	m	–	–	–	–	–	(10.000)	–

定 额 编 号			11-1-126	11-1-127	11-1-128	11-1-129	11-1-130	11-1-131
项 目			公称直径（mm）					
			75 以内	100 以内	150 以内	200 以内	250 以内	300 以内
材	承插铸铁给水管 DN300	m	–	–	–	–	–	–	(10.000)
	硅酸盐膨胀水泥	kg	0.47	5.270	7.160	11.130	14.300	20.260	23.940
	油麻	kg	5.50	0.690	0.930	1.450	1.870	2.650	3.130
	氧气	m³	3.60	0.180	0.330	0.470	0.830	1.020	1.220
	乙炔气	m³	25.20	0.070	0.130	0.190	0.350	0.430	0.510
	铁丝 8 号	kg	3.50	0.080	0.080	0.080	0.080	0.080	0.080
	破布	kg	4.50	0.290	0.350	0.400	0.480	0.530	0.550
料	棉纱头	kg	6.34	0.006	0.009	0.014	0.018	0.022	0.025
	水	t	4.00	0.100	0.100	0.300	0.500	0.500	1.000
机	电动卷扬机(单筒慢速) 50kN	台班	145.07	–	–	–	0.210	0.270	0.270
	载货汽车 5t	台班	507.79	–	–	–	0.010	0.020	0.030
械	试压泵 30MPa	台班	149.39	–	–	0.020	0.020	0.020	0.020

6. 承插铸铁给水管(石棉水泥接口)

工作内容:管口除沥青、切管、管道及管件安装、调制接口材料、接口养护、水压试验。　　　　单位:10m

定　额　编　号			11-1-132	11-1-133	11-1-134	11-1-135	11-1-136	11-1-137
项　　　　　目			公称直径(mm)					
			75 以内	100 以内	150 以内	200 以内	250 以内	300 以内
基　　价　(元)			**104.25**	**157.61**	**215.79**	**268.94**	**303.34**	**364.58**
其中	人　工　费　(元)		86.40	132.64	174.64	177.60	180.00	222.00
	材　料　费　(元)		17.85	24.97	38.16	52.81	71.03	85.19
	机　械　费　(元)		–	–	2.99	38.53	52.31	57.39
名　　　称	单位	单价(元)	数			量		
人工 综合工日	工日	80.00	1.080	1.658	2.183	2.220	2.250	2.775
材料 承插铸铁给水管 DN75	m	–	(10.000)	–	–	–	–	–
承插铸铁给水管 DN100	m	–	–	(10.000)	–	–	–	–
承插铸铁给水管 DN150	m	–	–	–	(10.000)	–	–	–
承插铸铁给水管 DN200	m	–	–	–	–	(10.000)	–	–
承插铸铁给水管 DN250	m	–	–	–	–	–	(10.000)	–
承插铸铁给水管 DN300	m	–	–	–	–	–	–	(10.000)

定 额 编 号			11-1-132	11-1-133	11-1-134	11-1-135	11-1-136	11-1-137
项 目			公称直径(mm)					
			75 以内	100 以内	150 以内	200 以内	250 以内	300 以内
材 料	普通硅酸盐水泥 42.5	kg	0.36	3.440	4.670	7.260	9.340	13.240	15.640
	石棉绒	kg	5.70	1.470	2.000	3.110	4.000	5.680	6.700
	油麻	kg	5.50	0.690	0.930	1.450	1.870	2.650	3.130
	氧气	m³	3.60	0.180	0.330	0.470	0.830	1.020	1.220
	乙炔气	m³	25.20	0.070	0.130	0.190	0.350	0.430	0.510
	铁丝 8 号	kg	3.50	0.080	0.080	0.080	0.080	0.080	0.080
	破布	kg	4.50	0.290	0.350	0.400	0.480	0.530	0.550
	棉纱头	kg	6.34	0.006	0.009	0.014	0.018	0.022	0.025
	水	t	4.00	0.100	0.100	0.300	0.500	0.500	1.000
机 械	电动卷扬机(单筒慢速) 50kN	台班	145.07	–	–	–	0.210	0.270	0.270
	载货汽车 5t	台班	507.79	–	–	–	0.010	0.020	0.030
	试压泵 30MPa	台班	149.39	–	–	0.020	0.020	0.020	0.020

7. 承插铸铁排水管（石棉水泥接口）

工作内容：留堵洞眼、切管、栽管卡、管道及管件安装、调制接口材料、接口养护、灌水试验。 单位：10m

定 额 编 号			11-1-138	11-1-139	11-1-140	11-1-141	11-1-142	11-1-143
项 目			公称直径（mm）					
			50 以内	75 以内	100 以内	150 以内	200 以内	250 以内
基 价 （元）			**232.73**	**352.51**	**541.85**	**525.67**	**649.03**	**338.50**
其中	人 工 费 （元）		134.40	160.80	207.60	220.24	239.44	267.60
	材 料 费 （元）		98.33	191.71	334.25	305.43	409.59	70.90
	机 械 费 （元）		—	—	—	—	—	—
名 称	单位	单价(元)	数			量		
人工 综合工日	工日	80.00	1.680	2.010	2.595	2.753	2.993	3.345
材料 承插铸铁排水管 DN50	m	—	(8.800)	—	—	—	—	—
承插铸铁排水管 DN75	m	—	—	(9.300)	—	—	—	—
承插铸铁排水管 DN100	m	—	—	—	(8.900)	—	—	—
承插铸铁排水管 DN150	m	—	—	—	—	(9.600)	—	—
承插铸铁排水管 DN200	m	—	—	—	—	—	(9.800)	—
承插铸铁排水管 DN250	m	—	—	—	—	—	—	(10.130)
铸铁管接头零件 DN250 室内排水	个	—	—	—	—	—	—	(2.100)
铸铁管接头零件 DN50 室内	个	10.18	6.570	—	—	—	—	—
铸铁管接头零件 DN75 室内	个	16.29	—	9.040	—	—	—	—
铸铁管接头零件 DN100 室内	个	26.07	—	—	10.550	—	—	—
铸铁管接头零件 DN150 室内	个	49.41	—	—	—	5.070	—	—
料 铸铁管接头零件 DN200 室内	个	93.87	—	—	—	—	3.750	—

续前

定 额 编 号			11-1-138	11-1-139	11-1-140	11-1-141	11-1-142	11-1-143
项 目			公称直径（mm）					
			50以内	75以内	100以内	150以内	200以内	250以内
材	普通硅酸盐水泥42.5	kg	0.36	2.460	5.040	8.340	8.340	9.800	13.030
	石棉绒	kg	5.70	0.620	1.350	2.240	2.240	2.620	5.060
	油麻	kg	5.50	1.330	2.290	3.040	3.010	3.250	2.660
	角钢立管卡 DN50	副	3.05	2.500	—	—	—	—	—
	角钢立管卡 DN75	副	3.05	—	2.500	—	—	—	—
	角钢立管卡 DN100	副	3.50	—	—	3.000	—	—	—
	角钢立管卡 DN150	副	3.55	—	—	—	1.300	—	—
	透气帽（铅丝球）DN50	个	2.50	0.010	—	—	—	—	—
	透气帽（铅丝球）DN75	个	3.50	—	0.080	—	—	—	—
	透气帽（铅丝球）DN100	个	5.30	—	—	0.200	—	—	—
	透气帽（铅丝球）DN150	个	9.10	—	—	—	0.200	—	—
	破布	kg	4.50	0.220	0.280	0.310	0.380	0.470	0.470
	普通硅酸盐水泥32.5	kg	0.33	4.840	4.880	4.720	1.830	2.090	2.200
	河砂	m³	42.00	0.011	0.012	0.012	0.009	0.006	0.006
	镀锌铁丝 8~12号	kg	5.36	0.380	0.250	0.180	0.040	0.030	—
	水	t	4.00	0.020	0.090	0.090	0.280	0.510	0.600
	氧气	m³	3.60	0.500	0.690	0.760	0.890	1.180	1.250
料	乙炔气	m³	25.20	0.190	0.260	0.290	0.340	0.450	0.490
	铁丝 8号	kg	3.50	0.080	0.080	0.080	0.080	0.080	0.080
	棉纱头	kg	6.34	0.004	0.007	0.008	0.013	0.018	0.018

8. 承插铸铁排水管(水泥接口)

工作内容:留堵洞眼、切管、裁管卡、管道及管件安装、调制接口材料、接口养护、灌水试验。

单位:10m

定 额 编 号			11-1-144	11-1-145	11-1-146	11-1-147	11-1-148	11-1-149
项 目			公称直径(mm)					
			50 以内	75 以内	100 以内	150 以内	200 以内	250 以内
基 价 (元)			**229.56**	**345.77**	**530.22**	**514.39**	**635.78**	**311.98**
其中	人 工 费 (元)		134.40	160.80	207.60	220.24	239.44	267.60
	材 料 费 (元)		95.16	184.97	322.62	294.15	396.34	44.38
	机 械 费 (元)		–	–	–	–	–	–
名 称	单位	单价(元)	数			量		
人工 综合工日	工日	80.00	1.680	2.010	2.595	2.753	2.993	3.345
材料 承插铸铁排水管 DN50	m	–	(8.800)	–	–	–	–	–
承插铸铁排水管 DN75	m	–	–	(9.300)	–	–	–	–
承插铸铁排水管 DN100	m	–	–	–	(8.900)	–	–	–
承插铸铁排水管 DN150	m	–	–	–	–	(9.600)	–	–
承插铸铁排水管 DN200	m	–	–	–	–	–	(9.800)	–
承插铸铁排水管 DN250	m	–	–	–	–	–	–	(10.130)
铸铁管接头零件 DN250 室内排水	个	–	–	–	–	–	–	(2.100)
铸铁管接头零件 DN50 室内	个	10.18	6.570	–	–	–	–	–
铸铁管接头零件 DN75 室内	个	16.29	–	9.040	–	–	–	–
铸铁管接头零件 DN100 室内	个	26.07	–	–	10.550	–	–	–
料 铸铁管接头零件 DN150 室内	个	49.41	–	–	–	5.070	–	–
铸铁管接头零件 DN200 室内	个	93.87	–	–	–	–	3.750	–

单位:10m

定 额 编 号			11-1-144	11-1-145	11-1-146	11-1-147	11-1-148	11-1-149
项 目			公称直径（mm）					
			50 以内	75 以内	100 以内	150 以内	200 以内	250 以内
材	普通硅酸盐水泥 42.5	kg	0.36	3.520	7.820	11.920	11.920	14.000	19.480
	油麻	kg	5.50	1.330	2.290	3.040	3.010	3.250	2.660
	角钢立管卡 DN50	副	3.05	2.500	–	–	–	–	–
	角钢立管卡 DN75	副	3.05	–	2.500	–	–	–	–
	角钢立管卡 DN100	副	3.50	–	–	3.000	–	–	–
	角钢立管卡 DN150	副	3.55	–	–	–	1.300	–	–
	透气帽（铅丝球）DN50	个	2.50	0.010	–	–	–	–	–
	透气帽（铅丝球）DN75	个	3.50	–	0.080	–	–	–	–
	透气帽（铅丝球）DN100	个	5.30	–	–	0.200	–	–	–
	透气帽（铅丝球）DN150	个	9.10	–	–	–	0.200	–	–
	普通硅酸盐水泥 32.5	kg	0.33	4.800	4.880	4.720	1.830	2.090	2.200
	河砂	m³	42.00	0.011	0.011	0.011	0.018	0.008	0.006
	镀锌铁丝 8～12 号	kg	5.36	0.380	0.250	0.160	0.010	–	–
	水	t	4.00	0.020	0.090	0.090	0.280	0.510	0.600
	氧气	m³	3.60	0.500	0.690	0.760	0.890	1.180	1.250
料	乙炔气	m³	25.20	0.190	0.260	0.290	0.340	0.460	0.490
	铁丝 8 号	kg	3.50	0.080	0.080	0.080	0.080	0.080	0.080
	破布	kg	4.50	0.220	0.280	0.310	0.380	0.470	0.470
	棉纱头	kg	6.34	0.004	0.007	0.009	0.010	0.018	0.018

9. 柔性抗震铸铁排水管(柔性接口)

工作内容:留堵洞口、光洁管口、切管、栽管卡、管道及管件安装、紧固螺栓、灌水试验。

单位:10m

定 额 编 号			11-1-150	11-1-151	11-1-152	11-1-153	11-1-154
项 目			公称直径(mm)				
			50 以内	75 以内	100 以内	150 以内	200 以内
基 价 (元)			**390.49**	**655.28**	**942.32**	**1074.53**	**1264.41**
其中	人 工 费 (元)		134.40	160.80	207.60	220.24	239.44
	材 料 费 (元)		256.09	494.48	734.72	854.29	1024.97
	机 械 费 (元)		—	—	—	—	—
名 称	单位	单价(元)	数		量		
人工 综合工日	工日	80.00	1.680	2.010	2.595	2.753	2.993
材料 柔性抗震铸铁排水管 DN50	m	—	(8.800)	—	—	—	—
柔性抗震铸铁排水管 DN75	m	—	—	(9.300)	—	—	—
柔性抗震铸铁排水管 DN100	m	—	—	—	(8.900)	—	—
柔性抗震铸铁排水管 DN150	m	—	—	—	—	(9.600)	—
柔性抗震铸铁排水管 DN200	m	—	—	—	—	—	(9.800)
柔性铸铁管接头零件 DN50 室内	个	11.95	6.570	—	—	—	—
柔性铸铁管接头零件 DN75 室内	个	19.28	—	9.040	—	—	—
柔性铸铁管接头零件 DN100 室内	个	30.94	—	—	10.550	—	—
柔性铸铁管接头零件 DN150 室内	个	53.12	—	—	—	5.070	—

定 额 编 号			11-1-150	11-1-151	11-1-152	11-1-153	11-1-154
项　　　　　　目			公称直径（mm）				
			50 以内	75 以内	100 以内	150 以内	200 以内
材	柔性铸铁管接头零件 DN200 室内	个	102.47	–	–	–	–	3.750
	橡胶密封圈（室内排水）D50	个	3.40	16.660	–	–	–	–
	橡胶密封圈（室内排水）D75	个	4.50	–	22.870	–	–	–
	橡胶密封圈（室内排水）DN100	个	5.00	–	–	25.340	–	–
	橡胶密封圈（室内排水）DN150	个	9.60	–	–	–	17.690	–
	橡胶密封圈（室内排水）DN200	个	17.40	–	–	–	–	14.790
	法兰压盖 DN50 室内排水	个	5.04	16.660	–	–	–	–
	法兰压盖 DN75 室内排水	个	6.61	–	22.870	–	–	–
	法兰压盖 DN100 室内排水	个	7.74	–	–	25.340	–	–
	法兰压盖 DN150 室内排水	个	17.39	–	–	–	17.690	–
	法兰压盖 DN200 室内排水	个	19.97	–	–	–	–	14.790
料	精制六角带帽螺栓带垫 M8×14~75	套	0.35	51.480	–	–	–	–
	精制六角带帽螺栓带垫 M10×30~75	套	0.63	–	70.670	–	–	–
	精制六角带帽螺栓带垫 M12×14~75	套	0.76	–	–	78.300	–	–
	精制六角带帽螺栓带垫 M14×90	套	1.58	–	–	–	54.660	45.700

定 额 编 号			11-1-150	11-1-151	11-1-152	11-1-153	11-1-154
项 目			公称直径（mm）				
			50 以内	75 以内	100 以内	150 以内	200 以内
材	角钢立管卡 DN50	副	3.05	2.500	–	–	–	–
	角钢立管卡 DN75	副	3.05	–	2.500	–	–	–
	角钢立管卡 DN100	副	3.50	–	–	3.000	–	–
	角钢立管卡 DN150	副	3.55	–	–	–	1.300	–
	透气帽（铅丝球）DN50	个	2.50	0.010	–	–	–	–
	透气帽（铅丝球）DN75	个	3.50	–	0.080	–	–	–
	透气帽（铅丝球）DN100	个	5.30	–	–	0.200	–	–
	透气帽（铅丝球）DN150	个	9.10	–	–	–	0.200	–
	普通硅酸盐水泥 32.5	kg	0.33	4.840	4.880	4.720	1.830	2.090
	河砂	m³	42.00	0.011	0.012	0.012	0.009	0.006
	镀锌铁丝 8～12 号	kg	5.36	0.380	0.250	0.180	0.040	0.030
	水	t	4.00	0.020	0.090	0.090	0.280	0.510
	氧气	m³	3.60	0.430	0.620	0.690	0.770	1.000
	乙炔气	m³	25.20	0.170	0.240	0.270	0.300	0.260
料	铁丝 8 号	kg	3.50	0.080	0.080	0.080	0.080	0.080
	破布	kg	4.50	0.220	0.280	0.310	0.380	0.470
	棉纱头	kg	6.34	0.004	0.007	0.008	0.013	0.018

10. 承插塑料排水管（零件粘接）

工作内容：切管、调制、对口、熔化接口材料、粘接、管道、管件及管卡安装、灌水试验。

单位：10m

定　额　编　号				11-1-155	11-1-156	11-1-157	11-1-158
项　　　　目				公称直径（mm）			
				50 以内	75 以内	100 以内	150 以内
基　　　价（元）				**106.38**	**146.06**	**170.42**	**226.18**
其中	人　工　费（元）			91.84	124.80	139.20	196.24
	材　料　费（元）			13.36	20.08	30.04	28.76
	机　械　费（元）			1.18	1.18	1.18	1.18
名　　称		单位	单价（元）	数			量
人工	综合工日	工日	80.00	1.148	1.560	1.740	2.453
材料	承插塑料排水管 DN50	m	—	(9.670)	—	—	—
	承插塑料排水管 DN75	m	—	—	(9.630)	—	—
	承插塑料排水管 DN100	m	—	—	—	(8.520)	—
	承插塑料排水管 DN150	m	—	—	—	—	(9.470)
	承插塑料排水管件 DN50	m	—	(9.020)	—	—	—
	承插塑料排水管件 DN75	m	—	—	(10.760)	—	—
	承插塑料排水管件 DN100	m	—	—	—	(11.380)	—
	承插塑料排水管件 DN150	m	—	—	—	—	(6.980)
料	聚氯乙烯热熔密封胶	kg	16.49	0.110	0.190	0.220	0.250
	丙酮 95%	kg	10.80	0.170	0.280	0.330	0.370

续前

定 额 编 号			11-1-155	11-1-156	11-1-157	11-1-158
项 目			公称直径（mm）			
			50 以内	75 以内	100 以内	150 以内
材	钢锯条	根	0.89	0.510	1.870	4.380	3.520
	透气帽（铅丝球）DN50	个	2.50	0.260	–	–	–
	透气帽（铅丝球）DN75	个	3.50	–	0.500	–	–
	透气帽（铅丝球）DN100	个	5.30	–	–	0.500	–
	透气帽（铅丝球）DN150	个	9.10	–	–	–	0.300
	铁砂布 0 ~ 2 号	张	1.68	0.700	0.700	0.900	0.900
	棉纱头	kg	6.34	0.210	0.290	0.300	0.290
	膨胀螺栓 M12	套	0.21	2.740	3.160	–	–
	膨胀螺栓 M16	套	0.36	–	–	4.320	–
	膨胀螺栓 M18 × 200	套	0.36	–	–	–	3.000
	精制六角带帽螺栓 M6 ~ 12 × 12 ~ 50	套	0.15	5.200	5.400	7.000	5.800
料	扁钢 边宽59mm 以下	kg	4.10	0.600	0.760	1.600	1.130
	水	t	4.00	0.160	0.220	0.310	0.470
	电焊条 结 422 ϕ2.5	kg	5.04	0.020	0.020	0.030	0.020
	镀锌铁丝 8 ~ 12 号	kg	5.36	0.050	0.080	0.080	0.080
	电	kW · h	0.85	1.500	1.760	2.240	2.860
机械	立式钻床 ϕ25mm	台班	118.20	0.010	0.010	0.010	0.010

11．承插铸铁雨水管（石棉水泥接口）

工作内容：留堵洞眼、栽管卡、管道及管件安装、调制接口材料、接口养护、灌水试验。

单位：10m

定　额　编　号			11-1-159	11-1-160	11-1-161	11-1-162	11-1-163
项　　　　　　　目			公称直径（mm）				
			100 以内	150 以内	200 以内	250 以内	300 以内
基　　　价　（元）			**173.41**	**217.19**	**288.03**	**377.47**	**469.89**
其中	人　工　费　（元）		123.04	142.24	182.40	229.20	306.64
	材　料　费　（元）		50.37	71.96	72.18	95.96	105.86
	机　械　费　（元）		–	2.99	33.45	52.31	57.39
名　　　　称	单位	单价（元）	数				量
人工 综合工日	工日	80.00	1.538	1.778	2.280	2.865	3.833
材料 承插铸铁给水管 DN100	m	–	(10.000)	–	–	–	–
承插铸铁给水管 DN150	m	–	–	(10.000)	–	–	–
承插铸铁给水管 DN200	m	–	–	–	(10.000)	–	–
承插铸铁给水管 DN250	m	–	–	–	–	(10.000)	–
承插铸铁给水管 DN300	m	–	–	–	–	–	(10.000)
普通硅酸盐水泥 42.5	kg	0.36	7.030	10.460	12.930	18.070	19.560
油麻	kg	5.50	1.410	2.090	2.590	3.620	3.920
料 石棉绒	kg	5.70	3.010	4.280	5.540	7.750	8.380
氧气	m³	3.60	0.490	0.670	1.160	1.390	1.530

定 额 编 号			11-1-159	11-1-160	11-1-161	11-1-162	11-1-163
项 目			公称直径（mm）				
			100 以内	150 以内	200 以内	250 以内	300 以内
材 料	乙炔气	m³	25.20	0.200	0.280	0.480	0.580	0.640
	水	t	4.00	0.100	0.300	0.500	0.500	1.000
	角钢立管卡 DN100	副	3.50	2.860	–	–	–	–
	角钢立管卡 DN150	副	3.55	–	3.140	–	–	–
	角钢立管卡 DN200	副	3.75	–	–	0.070	–	–
	角钢立管卡 DN250	副	3.86	–	–	–	0.070	–
	角钢立管卡 DN300	副	3.88	–	–	–	–	0.070
	普通硅酸盐水泥 32.5	kg	0.33	4.840	14.650	1.580	1.580	1.580
	河砂	m³	42.00	0.013	0.037	0.001	0.001	0.001
	镀锌铁丝 8～12 号	kg	5.36	0.310	0.360	0.010	0.020	0.020
	铁丝 8 号	kg	3.50	0.080	0.080	0.080	0.080	0.080
	破布	kg	4.50	0.350	0.400	0.480	0.530	0.550
	棉纱头	kg	6.34	0.009	0.014	0.018	0.022	0.025
机 械	电动卷扬机（单筒慢速）50kN	台班	145.07	–	–	0.210	0.270	0.270
	载货汽车 5t	台班	507.79	–	–	–	0.020	0.030
	试压泵 30MPa	台班	149.39	–	0.020	0.020	0.020	0.020

12. 承插铸铁雨水管（水泥接口）

工作内容：留堵洞眼、切管、裁管卡、管道及管件安装、调制接口材料、接口养护、灌水试验。 单位：10m

	定 额 编 号			11-1-164	11-1-165	11-1-166	11-1-167	11-1-168
	项 目			公称直径（mm）				
				100 以内	150 以内	200 以内	250 以内	300 以内
	基 价 （元）			**156.32**	**192.78**	**256.87**	**333.38**	**422.12**
其中	人 工 费 （元）			123.04	142.24	182.40	229.20	306.64
	材 料 费 （元）			33.28	47.55	41.02	51.87	58.09
	机 械 费 （元）			－	2.99	33.45	52.31	57.39
	名 称	单位	单价（元）	数			量	
人工	综合工日	工日	80.00	1.538	1.778	2.280	2.865	3.833
材料	承插铸铁给水管 DN100	m	－	(10.000)	－	－	－	－
	承插铸铁给水管 DN150	m	－	－	(10.000)	－	－	－
	承插铸铁给水管 DN200	m	－	－	－	(10.000)	－	－
	承插铸铁给水管 DN250	m	－	－	－	－	(10.000)	－
	承插铸铁给水管 DN300	m	－	－	－	－	－	(10.000)
	普通硅酸盐水泥 42.5	kg	0.36	7.210	10.430	14.090	18.310	19.560
	油麻	kg	5.50	1.410	2.090	2.590	3.620	3.920
	氧气	m³	3.60	0.490	0.670	1.160	1.390	1.530

续前

定 额 编 号			11-1-164	11-1-165	11-1-166	11-1-167	11-1-168
项 目			公称直径（mm）				
			100 以内	150 以内	200 以内	250 以内	300 以内
材 料	乙炔气	m³	25.20	0.200	0.280	0.480	0.580	0.640
	水	t	4.00	0.100	0.300	0.500	0.500	1.000
	普通硅酸盐水泥 32.5	kg	0.33	4.840	14.650	1.580	1.580	1.580
	角钢立管卡 DN100	副	3.50	2.860	–	–	–	–
	角钢立管卡 DN150	副	3.55	–	3.140	–	–	–
	角钢立管卡 DN200	副	3.75	–	–	0.070	–	–
	角钢立管卡 DN250	副	3.86	–	–	–	0.070	–
	角钢立管卡 DN300	副	3.88	–	–	–	–	0.070
	河砂	m³	42.00	0.013	0.037	0.001	0.001	0.001
	镀锌铁丝 8～12 号	kg	5.36	0.310	0.360	0.010	0.020	0.020
	铁丝 8 号	kg	3.50	0.080	0.080	0.080	0.080	0.080
	破布	kg	4.50	0.350	0.400	0.480	0.530	0.550
	棉纱头	kg	6.34	0.009	0.014	0.018	0.022	0.025
机 械	电动卷扬机（单筒慢速）50kN	台班	145.07	–	–	0.210	0.270	0.270
	载货汽车 5t	台班	507.79	–	–	–	0.020	0.030
	试压泵 30MPa	台班	149.39		0.020	0.020	0.020	0.020

13. 镀锌铁皮套管制作

工作内容: 下料、卷制、咬口。

单位:个

定　额　编　号				11-1-169	11-1-170	11-1-171	11-1-172	11-1-173	11-1-174
项　　　　　目				公称直径（mm）					
				25 以内	32 以内	40 以内	50 以内	65 以内	80 以内
基　　　价　（元）				**2.65**	**4.82**	**4.82**	**4.82**	**7.27**	**7.27**
其中	人　工　费　（元）			1.84	3.60	3.60	3.60	5.44	5.44
	材　料　费　（元）			0.81	1.22	1.22	1.22	1.83	1.83
	机　械　费　（元）			–	–	–	–	–	–
	名　　称	单位	单价(元)	数			量		
人工	综合工日	工日	80.00	0.023	0.045	0.045	0.045	0.068	0.068
材料	镀锌钢板 $\delta=0.5$	m^2	20.37	0.040	0.060	0.060	0.060	0.090	0.090

定　额　编　号	11-1-175	11-1-176	11-1-177
项　　　　　　　目	公称直径（mm）		
	100 以内	125 以内	150 以内
基　　　价　（元）	**7.27**	**8.88**	**8.88**
其中　人　工　费（元）	5.44	6.64	6.64
材　料　费（元）	1.83	2.24	2.24
机　械　费（元）	－	－	－

	名　　　　称	单位	单价(元)	数		量
人工	综合工日	工日	80.00	0.068	0.083	0.083
材料	镀锌钢板 $\delta=0.5$	m²	20.37	0.090	0.110	0.110

三、法兰安装

1. 铸铁法兰 (螺纹连接)

工作内容: 切管、套丝、制垫、加垫、上法兰、组对、紧螺丝、水压试验。　　　　　　　　　　　　　单位: 副

定额编号			11-1-178	11-1-179	11-1-180	11-1-181	11-1-182
项目			公称直径 (mm)				
			20 以内	25 以内	32 以内	40 以内	50 以内
基价 (元)			**8.22**	**9.18**	**10.38**	**13.22**	**15.20**
其中	人工费 (元)		7.20	7.84	9.04	11.44	13.20
	材料费 (元)		1.02	1.34	1.34	1.78	2.00
	机械费 (元)		–	–	–	–	–
名称	单位	单价(元)	数		量		
人工 综合工日	工日	80.00	0.090	0.098	0.113	0.143	0.165
材料 铸铁法兰	副	–	(1.000)	(1.000)	(1.000)	(1.000)	(1.000)
石棉橡胶板 低压 0.8~1.0	kg	13.20	0.020	0.040	0.040	0.060	0.070
清油	kg	8.80	0.010	0.010	0.010	0.010	0.010
铅油	kg	8.50	0.040	0.040	0.040	0.050	0.060
线麻	kg	13.70	0.010	0.010	0.010	0.010	0.010
破布	kg	4.50	0.010	0.010	0.010	0.020	0.020
砂纸	张	1.00	0.150	0.200	0.200	0.250	0.250

定 额 编 号			11-1-183	11-1-184	11-1-185	11-1-186	11-1-187
项 目			公称直径（mm）				
			65 以内	80 以内	100 以内	125 以内	150 以内
基 价 （元）			**23.61**	**30.44**	**48.69**	**90.50**	**159.72**
其中	人 工 费 （元）		21.04	27.04	44.40	85.20	153.04
	材 料 费 （元）		2.57	3.40	4.29	5.30	6.68
	机 械 费 （元）		—	—	—	—	—
名 称	单位	单价(元)	数			量	
人工 综合工日	工日	80.00	0.263	0.338	0.555	1.065	1.913
材料 铸铁法兰	副	—	(1.000)	(1.000)	(1.000)	(1.000)	(1.000)
石棉橡胶板 低压 0.8～1.0	kg	13.20	0.090	0.130	0.170	0.230	0.280
清油	kg	8.80	0.020	0.020	0.030	0.030	0.050
铅油	kg	8.50	0.080	0.110	0.130	0.150	0.170
线麻	kg	13.70	0.010	0.010	0.010	0.010	0.020
破布	kg	4.50	0.020	0.020	0.030	0.030	0.050
砂纸	张	1.00	0.300	0.350	0.400	0.450	0.600

2. 碳钢法兰(焊接)

工作内容:切口、坡口、焊接、制垫、加垫、安装组对、紧螺栓、水压试验。

定 额 编 号			11-1-188	11-1-189	11-1-190	11-1-191	11-1-192
项 目			公称直径（mm）				
			32 以内	40 以内	50 以内	65 以内	80 以内
基 价 （元）			**35.78**	**37.84**	**39.89**	**59.14**	**67.07**
其中	人 工 费 （元）		16.80	16.80	17.44	27.04	27.04
	材 料 费 （元）		8.04	10.10	10.66	12.74	20.67
	机 械 费 （元）		10.94	10.94	11.79	19.36	19.36
名 称	单位	单价(元)	数			量	
人工 综合工日	工日	80.00	0.210	0.210	0.218	0.338	0.338
材料 碳钢法兰	片	–	(2.000)	(2.000)	(2.000)	(2.000)	(2.000)
精制六角带帽螺栓带垫 M14×14~75	套	1.30	4.120	–	–	–	–
精制六角带帽螺栓带垫 M16×65~80	套	1.62	–	4.120	4.120	4.120	8.240
电焊条 结422 φ3.2	kg	6.70	0.140	0.170	0.210	0.420	0.490
氧气	m³	3.60	0.020	0.030	0.040	0.060	0.060
乙炔气	m³	25.20	0.010	0.010	0.010	0.020	0.020
石棉橡胶板 低压 0.8~1.0	kg	13.20	0.040	0.060	0.070	0.090	0.130
汽轮机油（各种规格）	kg	8.80	0.050	0.070	0.070	0.070	0.070
铅油	kg	8.50	0.030	0.030	0.040	0.050	0.070
棉纱头	kg	6.34	0.010	0.020	0.020	0.020	0.020
破布	kg	4.50	0.010	0.010	0.020	0.020	0.020
清油	kg	8.80	0.010	0.010	0.010	0.010	0.020
机械 直流弧焊机 20kW	台班	84.19	0.130	0.130	0.140	0.230	0.230

定　额　编　号			11-1-193	11-1-194	11-1-195	11-1-196
项　　　　目			公称直径（mm）			
			100 以内	125 以内	150 以内	200 以内
基　　价　（元）			**83.59**	**94.38**	**109.55**	**198.20**
其中	人　工　费　（元）		30.00	37.84	39.04	69.04
	材　料　费　（元）		30.86	32.97	45.25	73.59
	机　械　费　（元）		22.73	23.57	25.26	55.57
名　　　　称	单位	单价(元)	数		量	
人工	综合工日	工日	80.00	0.375	0.473	0.488	0.863
材料	碳钢法兰	片	–	(2.000)	(2.000)	(2.000)	(2.000)
	精制六角带帽螺栓带垫 M16×85~140	套	2.62	8.240	8.240	–	–
	精制六角带帽螺栓带垫 M20×85~100	套	3.86	–	–	8.240	12.360
	电焊条 结422 φ3.2	kg	6.70	0.590	0.720	0.880	2.350
	氧气	m³	3.60	0.070	0.100	0.120	0.170
	乙炔气	m³	25.20	0.020	0.030	0.030	0.060
	石棉橡胶板 低压 0.8~1.0	kg	13.20	0.170	0.230	0.280	0.330
	汽轮机油（各种规格）	kg	8.80	0.100	0.100	0.100	0.150
	铅油	kg	8.50	0.110	0.120	0.140	0.200
	棉纱头	kg	6.34	0.030	0.030	0.030	0.030
	破布	kg	4.50	0.030	0.030	0.030	0.040
	清油	kg	8.80	0.020	0.020	0.030	0.030
机械	直流弧焊机 20kW	台班	84.19	0.270	0.280	0.300	0.660

定　额　编　号				11-1-197	11-1-198	11-1-199	11-1-200	11-1-201
项　　　　　目				公称直径（mm）				
				250 以内	300 以内	350 以内	400 以内	500 以内
基　　价　（元）				**288.46**	**340.60**	**422.33**	**520.42**	**676.67**
其中	人　工　费　（元）			93.04	117.04	161.44	161.44	184.80
	材　料　费　（元）			116.28	123.37	157.34	233.54	343.70
	机　械　费　（元）			79.14	100.19	103.55	125.44	148.17
名　　　称		单位	单价(元)	数		量		
人工	综合工日	工日	80.00	1.163	1.463	2.018	2.018	2.310
材料	碳钢法兰	片	－	(2.000)	(2.000)	(2.000)	(2.000)	(2.000)
	精制六角带帽螺栓带垫 M22×90~120	套	5.80	12.360	12.360	16.480	－	－
	精制六角带帽螺栓带垫 M27×120~140	套	9.20	－	－	－	16.480	－
	精制六角带帽螺栓带垫 M30×130~160	套	11.84	－	－	－	－	20.600
	电焊条 结422 ϕ3.2	kg	6.70	4.880	5.790	6.850	9.350	11.570
	氧气	m³	3.60	0.260	0.290	0.340	0.390	0.490
	乙炔气	m³	25.20	0.090	0.090	0.110	0.130	0.160
	石棉橡胶板 低压 0.8~1.0	kg	13.20	0.370	0.400	0.540	0.690	0.810
	汽轮机油（各种规格）	kg	8.80	0.150	0.150	0.200	0.200	0.200
	铅油	kg	8.50	0.200	0.250	0.250	0.300	0.330
	棉纱头	kg	6.34	0.040	0.050	0.050	0.060	0.060
	破布	kg	4.50	0.040	0.040	0.040	0.060	0.070
	清油	kg	8.80	0.040	0.040	0.040	0.060	0.060
机械	直流弧焊机 20kW	台班	84.19	0.940	1.190	1.230	1.490	1.760

四、伸缩器制作安装

1.螺纹连接法兰式套筒伸缩器安装

工作内容:切管、套丝、检修盘根、制垫、加垫、安装、水压试验。

单位:个

定　额　编　号			11-1-202	11-1-203	11-1-204	11-1-205
项　　　　目			公称直径（mm）			
			25 以内	32 以内	40 以内	50 以内
基　　　价　（元）			**18.48**	**18.62**	**25.34**	**34.65**
其中	人　工　费　（元）		18.00	18.00	24.64	31.20
	材　料　费　（元）		0.48	0.62	0.70	3.45
	机　械　费　（元）		－	－	－	－
名　　称	单位	单价（元）	数		量	
人工 综合工日	工日	80.00	0.225	0.225	0.308	0.390
材料 螺纹套筒伸缩器	个	－	(1.000)	(1.000)	(1.000)	－
螺纹法兰套筒伸缩器 DN50	个	－	－	－	－	(1.000)
线麻	kg	13.70	0.010	0.010	0.010	0.020
石棉松绳 φ13～19	kg	9.70	0.010	0.010	0.010	0.020
石棉橡胶板 低压 0.8～1.0	kg	13.20	－	－	－	0.140
汽轮机油（各种规格）	kg	8.80	0.010	0.010	0.020	0.020
铅油	kg	8.50	0.010	0.020	0.020	0.030
钢锯条	根	0.89	0.080	0.140	0.140	－
棉丝	kg	7.50	－	－	－	0.040
砂纸	张	1.00	－	－	－	0.400

2. 焊接法兰式套筒伸缩器安装

工作内容: 切管、检修盘根、对口、焊接法兰、制垫、加垫、安装、水压试验。

单位:个

定 额 编 号			11-1-206	11-1-207	11-1-208	11-1-209	11-1-210
项 目			公称直径（mm）				
			50 以内	65 以内	80 以内	100 以内	125 以内
基 价 （元）			**153.55**	**194.04**	**243.29**	**307.73**	**361.43**
其中	人 工 费 （元）		28.80	36.00	40.80	57.60	75.04
	材 料 费 （元）		112.96	138.68	183.13	227.40	262.82
	机 械 费 （元）		11.79	19.36	19.36	22.73	23.57
名 称	单位	单价(元)	数		量		
人工 综合工日	工日	80.00	0.360	0.450	0.510	0.720	0.938
材料 法兰套筒伸缩器	个	–	(1.000)	(1.000)	(1.000)	(1.000)	(1.000)
钢板平焊法兰 1.6MPa DN50	片	46.78	2.000	–	–	–	–
钢板平焊法兰 1.6MPa DN65	片	58.51	–	2.000	–	–	–
钢板平焊法兰 1.6MPa DN80	片	72.80	–	–	2.000	–	–
钢板平焊法兰 1.6MPa DN100	片	85.75	–	–	–	2.000	–
钢板平焊法兰 1.6MPa DN125	片	101.50	–	–	–	–	2.000

续前

定额编号			11-1-206	11-1-207	11-1-208	11-1-209	11-1-210
项目			公称直径（mm）				
			50 以内	65 以内	80 以内	100 以内	125 以内
材料	精制六角带帽螺栓带垫 M16×65～80	套	1.62	8.240	8.240	16.480	–	–
	精制六角带帽螺栓带垫 M16×85～140	套	2.62	–	–	–	16.480	16.480
	电焊条 结422 φ3.2	kg	6.70	0.210	0.420	0.490	0.590	0.720
	氧气	m³	3.60	0.040	0.060	0.060	0.070	0.100
	乙炔气	m³	25.20	0.010	0.020	0.020	0.020	0.030
	石棉橡胶板 低压 0.8～1.0	kg	13.20	0.140	0.180	0.260	0.350	0.460
	铅油	kg	8.50	0.070	0.070	0.100	0.100	0.150
	清油	kg	8.80	0.040	0.040	0.060	0.060	0.060
	棉纱头	kg	6.34	0.040	0.040	0.060	0.060	0.080
	汽轮机油（各种规格）	kg	8.80	0.040	0.040	0.050	0.050	0.050
	铁砂布 0～2 号	张	1.68	0.400	0.400	0.500	0.500	0.800
	钢锯条	根	0.89	0.200	0.200	0.400	0.400	0.600
机械	直流弧焊机 20kW	台班	84.19	0.140	0.230	0.230	0.270	0.280

定　额　编　号			11-1-211	11-1-212	11-1-213	11-1-214	11-1-215
项　　　　　　目			公称直径（mm）				
			150 以内	200 以内	300 以内	400 以内	500 以内
基　　价　　（元）			**425.29**	**593.84**	**1017.45**	**1684.90**	**2619.59**
其中	人　工　费　（元）		85.20	116.40	175.84	261.60	292.80
	材　料　费　（元）		314.83	421.87	741.42	1297.86	2178.62
	机　械　费　（元）		25.26	55.57	100.19	125.44	148.17
名　　　称	单位	单价(元)	数		量		
人工 综合工日	工日	80.00	1.065	1.455	2.198	3.270	3.660
材料 法兰套筒伸缩器	个	－	(1.000)	(1.000)	(1.000)	(1.000)	(1.000)
钢板平焊法兰 1.6MPa DN150	片	115.35	2.000	－	－	－	－
钢板平焊法兰 1.6MPa DN200	片	146.31	－	2.000	－	－	－
钢板平焊法兰 1.6MPa DN300	片	267.59	－	－	2.000	－	－
钢板平焊法兰 1.6MPa DN400	片	448.49	－	－	－	2.000	－
钢板平焊法兰 1.6MPa DN500	片	785.75	－	－	－	－	2.000
料 精制六角带帽螺栓带垫 M20×85～100	套	3.86	16.480	24.720	－	－	－

单位:个

定　额　编　号			11-1-211	11-1-212	11-1-213	11-1-214	11-1-215
项　　　　目			公称直径（mm）				
			150 以内	200 以内	300 以内	400 以内	500 以内
材 料	精制六角带帽螺栓带垫 M22×90~120	套	5.80	–	–	24.720	–	–
	精制六角带帽螺栓带垫 M27×120~140	套	9.20	–	–	–	32.960	–
	精制六角带帽螺栓带垫 M30×130~160	套	11.84	–	–	–	–	41.200
	电焊条 结422 φ3.2	kg	6.70	0.880	2.350	5.790	9.350	11.570
	氧气	m³	3.60	0.120	0.170	0.290	0.390	0.480
	乙炔气	m³	25.20	0.040	0.060	0.100	0.130	0.160
	石棉橡胶板 低压 0.8~1.0	kg	13.20	0.550	0.660	0.800	1.380	1.660
	铅油	kg	8.50	0.200	0.300	0.500	0.600	0.700
	清油	kg	8.80	0.080	0.080	0.080	0.100	0.100
	棉纱头	kg	6.34	0.080	0.100	0.120	0.150	0.200
	汽轮机油（各种规格）	kg	8.80	0.070	0.090	0.100	0.100	0.100
	铁砂布 0~2 号	张	1.68	1.000	1.000	1.200	1.500	2.000
	钢锯条	根	0.89	0.800	1.000	1.500	2.000	2.000
机 械	直流弧焊机 20kW	台班	84.19	0.300	0.660	1.190	1.490	1.760

3.方形伸缩器制作安装

工作内容:做样板、筛砂、炒砂、灌砂、打砂、制堵、加热、煨制、倒砂、清管腔、组成、焊接、张拉、安装。

单位:个

定 额 编 号			11-1-216	11-1-217	11-1-218
项 目			公称直径（mm）		
			32 以内	40 以内	50 以内
基 价 （元）			**82.50**	**97.06**	**140.82**
其中	人 工 费 （元）		36.64	43.84	57.60
	材 料 费 （元）		24.56	31.92	51.26
	机 械 费 （元）		21.30	21.30	31.96
名 称	单位	单价(元)	数		量
人工 综合工日	工日	80.00	0.458	0.548	0.720
材料 碳钢气焊条	kg	5.85	0.020	0.020	0.030
氧气	m³	3.60	0.090	0.110	0.120
乙炔气	m³	25.20	0.030	0.040	0.040
焦炭	kg	1.50	12.000	16.000	28.000
河砂	m³	42.00	0.001	0.001	0.003
红松原木 6m×30cm 以上	m³	1560.00	0.002	0.002	0.002
木柴	kg	0.95	2.000	3.000	4.000
铅油	kg	8.50	0.020	0.030	0.050
汽轮机油（各种规格）	kg	8.80	0.010	0.010	0.015
钢锯条	根	0.89	0.050	0.050	0.050
机械 鼓风机 18m³/min	台班	213.04	0.100	0.100	0.150

定　额　编　号			11-1-219	11-1-220	11-1-221	11-1-222
项　　　　目			公称直径（mm）			
			65 以内	80 以内	100 以内	125 以内
基　　价　（元）			**236.89**	**335.73**	**456.19**	**816.38**
其中	人　工　费　（元）		97.84	173.44	247.20	463.20
	材　料　费　（元）		75.69	98.93	143.94	248.60
	机　械　费　（元）		63.36	63.36	65.05	104.58
名　　　称	单位	单价（元）	数		量	
人工	综合工日	工日	80.00	1.223	2.168	3.090	5.790
材料	电焊条 结422 φ3.2	kg	6.70	0.300	0.470	0.570	0.980
	氧气	m³	3.60	0.360	0.410	0.510	0.960
	乙炔气	m³	25.20	0.120	0.140	0.160	0.320
	焦炭	kg	1.50	40.000	52.000	80.000	140.000
	河砂	m³	42.00	0.006	0.015	0.026	0.037
	红松原木 6m×30cm 以上	m³	1560.00	0.002	0.002	0.002	0.003
	木柴	kg	0.95	4.000	7.200	8.000	12.000
	铅油	kg	8.50	0.050	0.050	0.080	0.080
	汽轮机油（各种规格）	kg	8.80	0.200	0.200	0.200	0.250
机械	直流弧焊机 20kW	台班	84.19	0.120	0.120	0.140	0.230
	鼓风机 18m³/min	台班	213.04	0.250	0.250	0.250	0.400

定　额　编　号			11-1-223	11-1-224	11-1-225	11-1-226	11-1-227	11-1-228
项　　　　　目			公称直径（mm）					
			150 以内	200 以内	250 以内	300 以内	350 以内	400 以内
基　　价　（元）			**974.01**	**1963.54**	**3097.26**	**4143.50**	**5708.27**	**7907.32**
其中	人　工　费　（元）		469.20	1035.04	1620.00	2484.64	3678.64	5465.44
	材　料　费　（元）		319.21	637.35	998.91	1144.00	1432.03	1790.73
	机　械　费　（元）		185.60	291.15	478.35	514.86	597.60	651.15
名　　　　　称	单位	单价（元）	数			量		
人工	综合工日	工日	80.00	5.865	12.938	20.250	31.058	45.983	68.318
材　　料	电焊条 结422 φ3.2	kg	6.70	1.170	1.610	3.160	3.770	6.880	9.720
	氧气	m³	3.60	1.120	1.770	3.550	4.310	5.190	5.750
	乙炔气	m³	25.20	0.490	0.590	1.190	1.440	1.730	1.920
	焦炭	kg	1.50	180.000	360.000	560.000	640.000	800.000	1000.000
	河砂	m³	42.00	0.053	0.094	0.220	0.320	0.430	0.750
	红松原木 6m×30cm 以上	m³	1560.00	0.003	0.003	0.004	0.004	0.004	0.004
	木柴	kg	0.95	16.000	56.000	80.000	88.000	100.000	120.000
	铅油	kg	8.50	0.080	0.100	0.100	0.120	0.150	0.200
	汽轮机油（各种规格）	kg	8.80	0.250	0.300	0.300	0.300	0.350	0.350
机　　械	直流弧焊机 20kW	台班	84.19	0.250	0.400	0.670	0.800	0.960	1.090
	鼓风机 18m³/min	台班	213.04	0.500	0.800	1.000	1.120	1.200	1.400
	电动卷扬机（单筒慢速）50kN	台班	145.07	0.400	0.600	1.440	1.440	1.800	1.800

五、管道消毒、冲洗

工作内容:溶解漂白粉、灌水、消毒、冲洗。

单位:100m

定　额　编　号			11-1-229	11-1-230	11-1-231	11-1-232	11-1-233	11-1-234
项　　　　目			公称直径（mm）					
			50 以内	100 以内	200 以内	300 以内	400 以内	500 以内
基　　　价　（元）			**51.38**	**73.08**	**139.80**	**227.70**	**366.84**	**540.68**
其中	人　工　费　（元）		31.20	40.80	51.04	58.24	64.24	72.64
	材　料　费　（元）		20.18	32.28	88.76	169.46	302.60	468.04
	机　械　费　（元）		－	－	－	－	－	－
名　　　称	单位	单价(元)	数			量		
人工	综合工日	工日	80.00	0.390	0.510	0.638	0.728	0.803	0.908
材料	漂白粉	kg	2.00	0.090	0.140	0.380	0.730	1.300	2.020
	水	t	4.00	5.000	8.000	22.000	42.000	75.000	116.000

第二章　阀门、水位标尺安装

说　　明

一、螺纹阀门安装适用于各种内外螺纹连接的阀门安装。

二、法兰阀门安装适用于各种法兰阀门的安装,如仅为一侧法兰连接时,定额中的法兰、带帽螺栓及垫圈数量减半。

三、各种法兰连接用垫片均按石棉橡胶板计算,如用其他材料不做调整。

四、浮标液面计 FQ－Ⅱ型安装是按《采暖通风国家标准图集》N102－3 编制的。

五、水塔、水池浮漂水位标尺制作安装,是按《全国通用给水排水标准图集》S318 编制的。

工程量计算规则

一、各种阀门安装均以"个"为计量单位。

二、自动排气阀安装以"个"为计量单位,已包括了支架制作安装,不得另行计算。

三、浮球阀安装以"个"为计量单位,已包括了联杆及浮球的安装,不得另行计算。

一、阀门安装

1. 螺纹阀

工作内容: 切管、套丝、制垫、加垫、上阀门、水压试验。

单位:个

定 额 编 号			11-2-1	11-2-2	11-2-3	11-2-4	11-2-5
项 目			公称直径（mm）				
			15 以内	20 以内	25 以内	32 以内	40 以内
基 价 （元）			**8.56**	**9.01**	**11.44**	**14.83**	**23.18**
其 中	人 工 费 （元）		6.00	6.00	7.20	9.04	15.04
	材 料 费 （元）		2.56	3.01	4.24	5.79	8.14
	机 械 费 （元）		–	–	–	–	–
名 称	单位	单价(元)	数			量	
人工 综合工日	工日	80.00	0.075	0.075	0.090	0.113	0.188
材 螺纹阀门 DN15	个	–	(1.010)	–	–	–	–
螺纹阀门 DN20	个	–	–	(1.010)	–	–	–
螺纹阀门 DN25	个	–	–	–	(1.010)	–	–
料 螺纹阀门 DN32	个	–	–	–	–	(1.010)	–

定　额　编　号			11-2-1	11-2-2	11-2-3	11-2-4	11-2-5
项　　　目			公称直径（mm）				
			15 以内	20 以内	25 以内	32 以内	40 以内
材 料	螺纹阀门 DN40	个	–	–	–	–	–	（1.010）
	黑玛钢活接头 DN15	个	2.10	1.010	–	–	–	–
	黑玛钢活接头 DN20	个	2.45	–	1.010	–	–	–
	黑玛钢活接头 DN25	个	3.57	–	–	1.010	–	–
	黑玛钢活接头 DN32	个	4.96	–	–	–	1.010	–
	黑玛钢活接头 DN40	个	7.05	–	–	–	–	1.010
	铅油	kg	8.50	0.008	0.010	0.012	0.014	0.017
	汽轮机油（各种规格）	kg	8.80	0.012	0.012	0.012	0.012	0.016
	线麻	kg	13.70	0.001	0.001	0.001	0.002	0.002
	橡胶板 各种规格	kg	9.68	0.002	0.003	0.004	0.006	0.008
	棉丝	kg	7.50	0.010	0.012	0.015	0.019	0.024
	砂纸	张	1.00	0.100	0.120	0.150	0.190	0.240
	钢锯条	根	0.89	0.070	0.100	0.120	0.160	0.230

定　额　编　号			11-2-6	11-2-7	11-2-8	11-2-9
项　　　　　目			公称直径（mm）			
			50 以内	65 以内	80 以内	100 以内
基　　　　价　（元）			**26.39**	**37.99**	**51.71**	**88.51**
其中	人　工　费　（元）		15.04	22.24	30.00	58.24
	材　料　费　（元）		11.35	15.75	21.71	30.27
	机　械　费　（元）		－	－	－	－
名　　　称	单位	单价(元)	数		量	
人工 综合工日	工日	80.00	0.188	0.278	0.375	0.728
材料 螺纹阀门 DN50	个	－	(1.010)	－	－	－
螺纹阀门 DN65	个	－	－	(1.010)	－	－
螺纹阀门 DN80	个	－	－	－	(1.010)	－
螺纹阀门 DN100	个	－	－	－	－	(1.010)
黑玛钢活接头 DN50	个	10.01	1.010	－	－	－
黑玛钢活接头 DN65	个	14.01	－	1.010	－	－
黑玛钢活接头 DN80	个	19.62	－	－	1.010	－
黑玛钢活接头 DN100	个	27.47	－	－	－	1.010
铅油	kg	8.50	0.020	0.024	0.028	0.040
汽轮机油（各种规格）	kg	8.80	0.016	0.020	0.020	0.024
线麻	kg	13.70	0.002	0.003	0.004	0.006
橡胶板 各种规格	kg	9.68	0.010	0.016	0.022	0.037
料 棉丝	kg	7.50	0.030	0.037	0.044	0.052
砂纸	张	1.00	0.300	0.370	0.440	0.520
钢锯条	根	0.89	0.320	0.420	0.500	0.700

2. 螺纹法兰阀

工作内容:切管、套丝、上法兰、制垫、加垫、紧螺栓、水压试验。

单位:个

定 额 编 号				11-2-10	11-2-11	11-2-12	11-2-13	11-2-14	11-2-15
项 目				公称直径（mm）					
				15 以内	20 以内	25 以内	32 以内	40 以内	50 以内
基 价 （元）				**39.24**	**43.41**	**49.18**	**67.43**	**80.98**	**86.04**
其中	人 工 费 （元）			12.00	12.00	15.04	17.44	29.44	29.44
	材 料 费 （元）			27.24	31.41	34.14	49.99	51.54	56.60
	机 械 费 （元）			－	－	－	－	－	－
名 称		单位	单价(元)	数			量		
人工	综合工日	工日	80.00	0.150	0.150	0.188	0.218	0.368	0.368
材料	法兰阀门 DN15	个	－	(1.000)	－	－	－	－	－
	法兰阀门 DN20	个	－	－	(1.000)	－	－	－	－
	法兰阀门 DN25	个	－	－	－	(1.000)	－	－	－
	法兰阀门 DN32	个	－	－	－	－	(1.000)	－	－
	法兰阀门 DN40	个	－	－	－	－	－	(1.000)	－
	法兰阀门 DN50	个	－	－	－	－	－	－	(1.000)
	螺纹法兰 DN15 0.6MPa	副	19.54	1.000	－	－	－	－	－

定 额 编 号			11-2-10	11-2-11	11-2-12	11-2-13	11-2-14	11-2-15
项 目			公称直径（mm）					
			15 以内	20 以内	25 以内	32 以内	40 以内	50 以内
材	螺纹法兰 DN20 0.6MPa	副	23.28	–	1.000	–	–	–	–
	螺纹法兰 DN25 0.6MPa	副	25.22	–	–	1.000	–	–	–
	螺纹法兰 DN32 0.6MPa	副	33.72	–	–	–	1.000	–	–
	螺纹法兰 DN40 0.6MPa	副	34.81	–	–	–	–	1.000	–
	螺纹法兰 DN50 0.6MPa	副	39.15	–	–	–	–	–	1.000
	精制六角带帽螺栓带垫 M12×14~75	套	0.76	8.240	8.240	8.240	–	–	–
	精制六角带帽螺栓带垫 M16×65~80	套	1.62	–	–	–	8.240	8.240	8.240
	石棉橡胶板 低压 0.8~1.0	kg	13.20	0.030	0.040	0.070	0.080	0.110	0.140
	铅油	kg	8.50	0.050	0.070	0.090	0.100	0.100	0.110
	清油	kg	8.80	0.010	0.010	0.010	0.010	0.010	0.015
	汽轮机油（各种规格）	kg	8.80	0.012	0.012	0.015	0.015	0.015	0.020
	线麻	kg	13.70	0.001	0.001	0.001	0.002	0.002	0.002
料	棉丝	kg	7.50	0.020	0.020	0.030	0.030	0.030	0.040
	砂纸	张	1.00	0.200	0.300	0.400	0.400	0.400	0.400
	钢锯条	根	0.89	0.070	0.100	0.120	0.160	0.230	0.320

3. 焊接法兰阀

工作内容:切管、焊接法兰、制垫、加垫、紧螺栓、水压试验。

单位:个

定 额 编 号				11-2-16	11-2-17	11-2-18	11-2-19	11-2-20
项 目				公称直径（mm）				
				32 以内	40 以内	50 以内	65 以内	80 以内
基 价 （元）				**93.38**	**119.00**	**133.64**	**191.31**	**224.76**
其中	人 工 费 （元）			22.80	24.00	29.44	39.60	45.04
	材 料 费 （元）			59.64	84.06	93.26	132.35	160.36
	机 械 费 （元）			10.94	10.94	10.94	19.36	19.36
	名 称	单位	单价(元)	数		量		
人工	综合工日	工日	80.00	0.285	0.300	0.368	0.495	0.563
材料	法兰阀门 DN32	个	–	(1.000)	–	–	–	–
	法兰阀门 DN40	个	–	–	(1.000)	–	–	–
	法兰阀门 DN50	个	–	–	–	(1.000)	–	–
	法兰阀门 DN65	个	–	–	–	–	(1.000)	–
	法兰阀门 DN80	个	–	–	–	–	–	(1.000)
	平焊法兰 1.6MPa DN32	副	43.00	1.000	–	–	–	–
	平焊法兰 1.6MPa DN40	副	66.70	–	1.000	–	–	–

定　额　编　号			11-2-16	11-2-17	11-2-18	11-2-19	11-2-20
项　　　　目			公称直径（mm）				
			32 以内	40 以内	50 以内	65 以内	80 以内
材 料	平焊法兰 1.6MPa DN50	副	75.00	–	–	1.000	–	–
	平焊法兰 1.6MPa DN65	副	111.54	–	–	–	1.000	–
	平焊法兰 1.6MPa DN80	副	124.20	–	–	–	–	1.000
	精制六角带帽螺栓带垫 M16×65~80	套	1.62	8.240	8.240	8.240	8.240	16.480
	石棉橡胶板 低压 0.8~1.0	kg	13.20	0.080	0.110	0.140	0.180	0.260
	电焊条 结422 ϕ3.2	kg	6.70	0.140	0.170	0.210	0.420	0.490
	乙炔气	m³	25.20	–	–	–	0.014	0.020
	氧气	m³	3.60	–	–	–	0.040	0.060
	铅油	kg	8.50	0.060	0.070	0.080	0.090	0.120
	清油	kg	8.80	0.010	0.010	0.015	0.015	0.015
	棉丝	kg	7.50	0.030	0.030	0.040	0.050	0.050
	砂纸	张	1.00	0.400	0.400	0.400	0.500	0.500
	钢锯条	根	0.89	0.080	0.130	0.160	–	–
机 械	直流弧焊机 20kW	台班	84.19	0.130	0.130	0.130	0.230	0.230

定　额　编　号			11-2-21	11-2-22	11-2-23	11-2-24
项　　　　　目			公称直径（mm）			
			100 以内	125 以内	150 以内	200 以内
基　　　　价　（元）			**249.10**	**316.85**	**406.87**	**524.84**
其中	人　工　费　（元）		55.84	71.44	84.64	123.04
	材　料　费　（元）		170.53	221.84	296.97	346.23
	机　械　费　（元）		22.73	23.57	25.26	55.57
名　　　　称	单位	单价(元)	数		量	
人工 综合工日	工日	80.00	0.698	0.893	1.058	1.538
材料 法兰阀门 DN100	个	－	(1.000)	－	－	－
法兰阀门 DN125	个	－	－	(1.000)	－	－
法兰阀门 DN150	个	－	－	－	(1.000)	－
法兰阀门 DN200	个	－	－	－	－	(1.000)
平焊法兰 1.6MPa DN100	副	132.00	1.000	－	－	－
平焊法兰 1.6MPa DN125	副	180.00	－	1.000	－	－

定 额 编 号			11-2-21	11-2-22	11-2-23	11-2-24
项　　　　目			公称直径（mm）			
			100 以内	125 以内	150 以内	200 以内
材 料	平焊法兰 1.6MPa DN150	副	215.00	–	–	1.000	–
	平焊法兰 1.6MPa DN200	副	220.00	–	–	–	1.000
	精制六角带帽螺栓带垫 M16×65~80	套	1.62	16.480	16.480	–	–
	精制六角带帽螺栓带垫 M20×85~100	套	3.86	–	–	16.480	24.720
	石棉橡胶板 低压 0.8~1.0	kg	13.20	0.350	0.460	0.550	0.660
	电焊条 结422 φ3.2	kg	6.70	0.590	0.720	0.880	2.350
	乙炔气	m³	25.20	0.024	0.030	0.037	0.050
	氧气	m³	3.60	0.070	0.090	0.110	0.150
	铅油	kg	8.50	0.150	0.220	0.280	0.340
	清油	kg	8.80	0.020	0.020	0.030	0.030
	棉丝	kg	7.50	0.060	0.070	0.070	0.080
	砂纸	张	1.00	0.500	0.600	0.700	0.800
机 械	直流弧焊机 20kW	台班	84.19	0.270	0.280	0.300	0.660

定　额　编　号			11-2-25	11-2-26	11-2-27	11-2-28
项　　　　　目			公称直径（mm）			
			250 以内	300 以内	350 以内	400 以内
基　　价　　（元）			**787.67**	**999.86**	**1289.96**	**1835.27**
其中	人　工　费　（元）		139.84	163.20	199.84	243.04
	材　料　费　（元）		523.72	691.50	938.69	1384.09
	机　械　费　（元）		124.11	145.16	151.43	208.14
名　　　　称	单位	单价(元)	数		量	
人工 综合工日	工日	80.00	1.748	2.040	2.498	3.038
材料 法兰阀门 DN250	个	－	(1.000)	－	－	－
法兰阀门 DN300	个	－	－	(1.000)	－	－
法兰阀门 DN350	个	－	－	－	(1.000)	－
法兰阀门 DN400	个	－	－	－	－	(1.000)
平焊法兰 1.6MPa DN250	副	330.00	1.000	－	－	－
平焊法兰 1.6MPa DN300	副	489.00	－	1.000	－	－
平焊法兰 1.6MPa DN350	副	676.00	－	－	1.000	－

续前

定　额　编　号			11-2-25	11-2-26	11-2-27	11-2-28
项　　　目			公称直径（mm）			
			250 以内	300 以内	350 以内	400 以内
材	平焊法兰 1.6MPa DN400	副	987.00	–	–	–	1.000
	精制六角带帽螺栓带垫 M22×90~120	套	5.80	24.720	24.720	32.960	–
	精制六角带帽螺栓带垫 M27×120~140	套	9.20	–	–	–	32.960
	石棉橡胶板 低压 0.8~1.0	kg	13.20	0.730	0.800	1.080	1.380
	电焊条 结422 φ3.2	kg	6.70	4.880	5.790	6.850	9.350
	乙炔气	m³	25.20	0.074	0.087	0.110	0.130
	氧气	m³	3.60	0.220	0.260	0.330	0.380
	铅油	kg	8.50	0.400	0.500	0.550	0.600
	清油	kg	8.80	0.040	0.050	0.050	0.060
料	棉丝	kg	7.50	0.080	0.100	0.120	0.150
	砂纸	张	1.00	1.000	1.200	1.400	1.600
机	直流弧焊机 20kW	台班	84.19	0.940	1.190	1.230	1.490
	电动卷扬机（单筒慢速）50kN	台班	145.07	0.100	0.100	0.120	0.150
械	载货汽车 5t	台班	507.79	0.060	0.060	0.060	0.120

4.自动排气阀、手动放风阀

工作内容:支架制作安装、套丝、丝堵改丝、安装、水压试验。

单位:个

定　额　编　号			11-2-29	11-2-30	11-2-31	11-2-32
项　　　　　目			自动排气阀			手动放风阀
			15mm	20mm	25mm	10mm
基　　　价　（元）			**16.39**	**20.63**	**25.05**	**1.88**
其中	人　工　费　（元）		10.24	13.20	16.24	1.84
	材　料　费　（元）		6.15	7.43	8.81	0.04
	机　械　费　（元）		－	－	－	－
名　　　称	单位	单价(元)	数		量	
人工 综合工日	工日	80.00	0.128	0.165	0.203	0.023
材料 自动排气阀 DN15	个	－	(1.000)	－	－	－
自动排气阀 DN20	个	－	－	(1.000)	－	－
自动排气阀 DN25	个	－	－	－	(1.000)	－
手动放风阀 DN10	个	－	－	－	－	(1.010)
黑玛钢管箍 DN15	个	0.38	2.020	－	－	－
黑玛钢管箍 DN20	个	0.59	－	2.020	－	－
黑玛钢管箍 DN25	个	0.80	－	－	2.020	－
黑玛钢弯头 DN15	个	0.61	1.010	－	－	－

定 额 编 号			11-2-29	11-2-30	11-2-31	11-2-32
项 目			自动排气阀			手动放风阀
			15mm	20mm	25mm	10mm
材料	黑玛钢弯头 DN20	个	1.20	–	1.010	–	–
	黑玛钢弯头 DN25	个	1.70	–	–	1.010	–
	黑玛钢丝堵(堵头) DN15	个	0.45	1.010	–	–	–
	黑玛钢丝堵(堵头) DN20	个	0.51	–	1.010	–	–
	黑玛钢丝堵(堵头) DN25	个	0.85	–	–	1.010	–
	精制六角螺母 M8	个	0.07	2.060	2.060	2.060	–
	钢垫圈 M8.5	个	0.07	2.060	2.060	2.060	–
	等边角钢 边宽60mm 以下	kg	4.00	0.650	0.650	0.650	–
	圆钢 $\phi10 \sim 14$	kg	4.10	0.210	0.210	0.210	–
	普通硅酸盐水泥 42.5	kg	0.36	0.500	0.500	0.500	–
	铅油	kg	8.50	0.012	0.024	0.027	0.003
	棉丝	kg	7.50	0.020	0.030	0.040	–
	汽轮机油(各种规格)	kg	8.80	0.009	0.009	0.009	–
	线麻	kg	13.70	0.001	0.002	0.002	0.001
	钢锯条	根	0.89	0.040	0.050	0.060	–

5. 螺纹浮球阀

工作内容:切管、套丝、安装、水压试验。

单位:个

定 额 编 号			11-2-33	11-2-34	11-2-35	11-2-36	11-2-37
项 目			公称直径（mm）				
			15 以内	20 以内	25 以内	32 以内	40 以内
基 价 （元）			**6.71**	**7.01**	**8.54**	**10.84**	**17.82**
其中	人 工 费 （元）		6.00	6.00	7.20	9.04	15.04
	材 料 费 （元）		0.71	1.01	1.34	1.80	2.78
	机 械 费 （元）		–	–	–	–	–
名 称	单位	单价（元）	数		量		
人工 综合工日	工日	80.00	0.075	0.075	0.090	0.113	0.188
材料 螺纹浮球阀 DN15	个	–	(1.000)	–	–	–	–
螺纹浮球阀 DN20	个	–	–	(1.000)	–	–	–
螺纹浮球阀 DN25	个	–	–	–	(1.000)	–	–
螺纹浮球阀 DN32	个	–	–	–	–	(1.000)	–
螺纹浮球阀 DN40	个	–	–	–	–	–	(1.000)
黑玛钢管箍 DN15	个	0.38	1.010	–	–	–	–
黑玛钢管箍 DN20	个	0.59	–	1.010	–	–	–
黑玛钢管箍 DN25	个	0.80	–	–	1.010	–	–
黑玛钢管箍 DN32	个	1.14	–	–	–	1.010	–
黑玛钢管箍 DN40	个	1.90	–	–	–	–	1.010
铅油	kg	8.50	0.008	0.010	0.012	0.014	0.017
汽轮机油（各种规格）	kg	8.80	0.003	0.005	0.007	0.009	0.012
线麻	kg	13.70	0.001	0.001	0.001	0.001	0.002
料 棉丝	kg	7.50	0.010	0.012	0.015	0.019	0.024
钢锯条	根	0.89	0.050	0.070	0.100	0.120	0.180
砂纸	张	1.00	0.100	0.120	0.150	0.190	0.240

定　额　编　号			11-2-38	11-2-39	11-2-40	11-2-41
项　　　　　目			公称直径（mm）			
			50 以内	65 以内	80 以内	100 以内
基　　　价　（元）			**18.79**	**27.81**	**38.22**	**70.52**
其中	人　工　费　（元）		15.04	22.24	30.00	58.24
	材　料　费　（元）		3.75	5.57	8.22	12.28
	机　械　费　（元）		－	－	－	－
名　　　　称	单位	单价(元)	数		量	
人工 综合工日	工日	80.00	0.188	0.278	0.375	0.728
材料 螺纹浮球阀 DN50	个	－	(1.000)	－	－	－
螺纹浮球阀 DN65	个	－	－	(1.000)	－	－
螺纹浮球阀 DN80	个	－	－	－	(1.000)	－
螺纹浮球阀 DN100	个	－	－	－	－	(1.000)
黑玛钢管箍 DN50	个	2.68	1.010	－	－	－
黑玛钢管箍 DN65	个	4.24	－	1.010	－	－
黑玛钢管箍 DN80	个	6.60	－	－	1.010	－
黑玛钢管箍 DN100	个	10.14	－	－	－	1.010
铅油	kg	8.50	0.020	0.024	0.028	0.040
汽轮机油（各种规格）	kg	8.80	0.012	0.015	0.015	0.020
线麻	kg	13.70	0.002	0.003	0.004	0.006
棉丝	kg	7.50	0.030	0.037	0.044	0.052
钢锯条	根	0.89	0.240	0.300	0.400	0.600
砂纸	张	1.00	0.300	0.370	0.440	0.520

6. 法兰浮球阀

工作内容:切管、焊接、制垫、加垫、紧螺栓、固定、水压试验。

单位:个

定　额　编　号			11-2-42	11-2-43	11-2-44	11-2-45	11-2-46
项　　　　目			公称直径（mm）				
			32 以内	50 以内	80 以内	100 以内	150 以内
基　　　价　（元）			66.48	84.50	134.01	157.11	220.68
其中	人　工　费　（元）		21.04	21.04	31.20	38.40	46.80
	材　料　费　（元）		37.86	55.88	91.02	105.24	157.04
	机　械　费　（元）		7.58	7.58	11.79	13.47	16.84
名　　　称	单位	单价(元)	数		量		
人工 综合工日	工日	80.00	0.263	0.263	0.390	0.480	0.585
材料 法兰浮球阀 DN32	个	－	(1.000)	－	－	－	－
法兰浮球阀 DN50	个	－	－	(1.000)	－	－	－
法兰浮球阀 DN80	个	－	－	－	(1.000)	－	－
法兰浮球阀 DN100	个	－	－	－	－	(1.000)	－
法兰浮球阀 DN150	个	－	－	－	－	－	(1.000)
钢板平焊法兰 1.6MPa DN32	片	29.58	1.000	－			
钢板平焊法兰 1.6MPa DN50	片	46.78	－	1.000			

定 额 编 号			11-2-42	11-2-43	11-2-44	11-2-45	11-2-46
项 目			公称直径（mm）				
			32 以内	50 以内	80 以内	100 以内	150 以内
材料	钢板平焊法兰 1.6MPa DN80	片	72.80	–	–	1.000	–	–
	钢板平焊法兰 1.6MPa DN100	片	85.75	–	–	–	1.000	–
	钢板平焊法兰 1.6MPa DN150	片	115.35	–	–	–	–	1.000
	精制六角带帽螺栓带垫 M16×65~80	套	1.62	4.120	4.120	8.240	8.240	–
	精制六角带帽螺栓带垫 M20×85~100	套	3.86	–	–	–	–	8.240
	石棉橡胶板 低压 0.8~1.0	kg	13.20	0.040	0.070	0.130	0.170	0.310
	电焊条 结422 ϕ3.2	kg	6.70	0.070	0.100	0.250	0.300	0.440
	乙炔气	m³	25.20	–	–	0.010	0.014	0.020
	氧气	m³	3.60	–	–	0.030	0.040	0.060
	铅油	kg	8.50	0.030	0.040	0.060	0.075	0.140
	清油	kg	8.80	0.005	0.008	0.010	0.015	0.020
	棉丝	kg	7.50	0.010	0.020	0.030	0.030	0.035
	砂纸	张	1.00	0.200	0.200	0.300	0.400	0.500
	钢锯条	根	0.89	0.040	0.080	–	–	–
机械	直流弧焊机 20kW	台班	84.19	0.090	0.090	0.140	0.160	0.200

7. 法兰液压式水位控制阀

工作内容：切管、挖眼、焊接、制垫、加垫、固定、紧螺栓、安装、水压试验。

单位：个

定　额　编　号				11-2-47	11-2-48	11-2-49	11-2-50	11-2-51
项　　　　　目				公称直径（mm）				
				50 以内	80 以内	100 以内	150 以内	200 以内
基　　　价　　（元）				**160.26**	**270.22**	**304.15**	**635.78**	**757.55**
其中	人　　工　　费　（元）			34.24	51.60	63.04	81.04	145.84
	材　　料　　费　（元）			109.18	189.15	206.59	516.85	528.36
	机　　械　　费　（元）			16.84	29.47	34.52	37.89	83.35
名　　　　称		单位	单价(元)	数		量		
人工	综合工日	工日	80.00	0.428	0.645	0.788	1.013	1.823
材料	法兰水位控制阀 DN50 液压式	个	－	(1.000)	－	－	－	－
	法兰水位控制阀 DN80 液压式	个	－	－	(1.000)	－	－	－
	法兰水位控制阀 DN100 液压式	个	－	－	－	(1.000)	－	－
	法兰水位控制阀 DN150 液压式	个	－	－	－	－	(1.000)	－
	法兰水位控制阀 DN200 液压式	个	－	－	－	－	－	(1.000)
	平焊法兰 1.6MPa DN50	副	75.00	1.000	－	－	－	－
	平焊法兰 1.6MPa DN80	副	124.20	－	1.000	－	－	－
	平焊法兰 1.6MPa DN100	副	132.00	－	－	1.000	－	－
	平焊法兰 1.6MPa DN150	副	215.00	－	－	－	1.000	－
	平焊法兰 1.6MPa DN200	副	220.00	－	－	－	－	1.000

	定 额 编 号			11-2-47	11-2-48	11-2-49	11-2-50	11-2-51
	项 目			公称直径（mm）				
				50 以内	80 以内	100 以内	150 以内	200 以内
材	焊接钢管 DN50	m	17.54	0.800	–	–	8.240	–
	焊接钢管 DN80	m	32.77	–	0.800	–	–	–
	焊接钢管 DN100	m	41.39	–	–	0.800	–	–
	焊接钢管 DN150	m	71.33	–	–	–	1.000	–
	无缝钢管 φ219×6	m	171.82	–	–	–	–	1.000
	精制六角带帽螺栓带垫 M16×65~80	套	1.62	8.240	16.480	16.480	–	–
	精制六角带帽螺栓带垫 M20×85~100	套	3.86	–	–	–	16.480	24.720
	石棉橡胶板 低压 0.8~1.0	kg	13.20	0.140	0.260	0.350	0.550	0.660
	电焊条 结422 φ3.2	kg	6.70	0.310	0.740	0.890	1.320	3.530
	乙炔气	m³	25.20	0.034	0.040	0.044	0.067	0.117
	氧气	m³	3.60	0.100	0.120	0.130	0.200	0.350
	铅油	kg	8.50	0.080	0.120	0.150	0.280	0.340
	清油	kg	8.80	0.015	0.015	0.020	0.030	0.030
料	棉丝	kg	7.50	0.040	0.050	0.060	0.070	0.080
	砂纸	张	1.00	0.400	0.500	0.500	0.700	0.800
	钢锯条	根	0.89	0.160	0.200	0.250	–	–
机械	直流弧焊机 20kW	台班	84.19	0.200	0.350	0.410	0.450	0.990

二、浮标液面计、水塔及水池浮漂水位标尺制作安装

1. 浮标液面计 FQ－Ⅱ型

工作内容： 支架制作安装、液面计安装。

单位：组

定　额　编　号			11-2-52
项　　　目			浮标液面计
			FQ－Ⅱ型
基　　价（元）			**27.97**
其中	人　工　费（元）		18.00
	材　料　费（元）		5.76
	机　械　费（元）		4.21

	名　　　　　称	单位	单价（元）	数　　　量
人工	综合工日	工日	80.00	0.225
材料	浮标液面计 FQ－Ⅱ	组	－	(1.000)
	等边角钢 边宽60mm 以下	kg	4.00	0.800
	精制六角带帽螺栓带垫 M8×14～75	套	0.35	4.120
	电焊条 结422 φ3.2	kg	6.70	0.100
	钢锯条	根	0.89	0.500
机械	直流弧焊机 20kW	台班	84.19	0.050

2. 水塔及水池浮漂水位标尺制作安装

工作内容:预埋螺栓、下料、制作、安装、导杆升降调整。

单位:套

	定 额 编 号			11-2-53	11-2-54	11-2-55	11-2-56	11-2-57
	项 目			水塔浮漂水位标尺		水池浮漂水位标尺		
				一	二	一	二	三
	基 价 (元)			**2182.54**	**2885.55**	**2073.41**	**815.38**	**424.96**
其中	人 工 费 (元)			911.44	1037.44	699.60	278.40	258.64
	材 料 费 (元)			1200.76	1773.56	1306.84	490.21	166.32
	机 械 费 (元)			70.34	74.55	66.97	46.77	—
	名 称	单位	单价(元)	数			量	
人工	综合工日	工日	80.00	11.393	12.968	8.745	3.480	3.233
材料	钢丝绳 单股 $\phi=8$	m	1.62	7.500	7.500	—	—	—
	钢丝绳 单股 $\phi=6$	m	0.91	—	—	12.000	11.000	—
	焊接钢管 DN20	m	5.31	0.250	0.100	1.250	0.080	0.250
	焊接钢管 DN25	m	7.72	—	—	—	—	6.000
	焊接钢管 DN32	m	10.20	0.060	0.060	—	—	0.100
	焊接钢管 DN50	m	17.54	0.250	0.150	—	0.500	—
	焊接钢管 DN100	m	41.39	—	—	4.200	2.900	0.100
	焊接钢管 DN125	m	59.08	—	—	0.050	—	—
	热轧薄钢板 2.2~2.8	kg	4.67	—	—	—	11.600	—
	热轧薄钢板 3.0~4.0	kg	4.67	17.900	17.900	21.200	—	—
	热轧中厚钢板 $\delta=4.5\sim10$	kg	3.90	7.800	1.100	2.700	7.600	—
	热轧中厚钢板 $\delta=10\sim16$	kg	3.70	50.300	50.300	6.600	—	—
	钢板 $\delta>32$	kg	3.70	9.100	9.100	—	—	—
	扁钢 边宽59mm以下	kg	4.10	28.300	0.700	2.000	—	—
	扁钢 边宽60mm以上	kg	4.10	—	110.800	2.000	—	—
	圆钢 $\phi10\sim14$	kg	4.10	48.000	41.400	6.200	0.700	—

单位：套

定　额　编　号			11-2-53	11-2-54	11-2-55	11-2-56	11-2-57
项　　　　目			水塔浮漂水位标尺		水池浮漂水位标尺		
			一	二	一	二	三
材 料	圆钢 φ15 ~ 20	kg	4.10	7.200	139.300	–	–	–
	等边角钢 边宽60mm以下	kg	4.00	63.300	–	55.000	–	–
	等边角钢 边宽60mm以上	kg	4.00	–	–	27.700	50.700	–
	槽钢 5 ~ 16 号	kg	4.00	–	–	–	1.700	–
	硬聚氯乙烯管 φ25 × 3	m	3.69	0.060	0.060	–	–	–
	有机玻璃管	m	7.72	–	–	–	–	4.000
	红松原木 6m × 30cm以上	m³	1560.00	0.002	0.002	0.001	–	–
	精制六角带帽螺栓带垫 M6 × 14 ~ 75	套	0.15	–	–	2.060	4.120	4.120
	精制六角带帽螺栓带垫 M10 × 30 ~ 75	套	0.63	4.120	4.120	6.180	18.540	–
	精制六角带帽螺栓带垫 M10 × 80 ~ 130	套	1.05	4.120	4.120	2.060	–	–
	精制六角带帽螺栓带垫 M24 × 100	套	6.15	2.060	2.060	–	–	–
	地脚螺栓 M14 × 200	套	1.78	14.420	11.330	–	–	–
	地脚螺栓 M16 × 230	套	1.92	–	–	20.600	–	–
	地脚螺栓 M12 × 250 以下	套	1.00	–	–	–	4.120	–
	精制六角螺母 M8	个	0.07	–	–	4.120	–	–
	钢垫圈 M12	个	0.09	–	–	–	4.120	–
	钢垫圈 M14	个	0.12	14.420	11.330	–	–	–
	钢垫圈 M16	个	0.12	–	–	20.600	–	–
	钢板平焊法兰 1.6MPa DN100	片	85.75	–	–	1.000	–	–
	螺纹闸阀 Z15T – 10K DN20	个	13.80	–	–	–	–	1.010
	旋塞阀 DN15	个	20.00	–	–	–	–	1.010
	黑玛钢弯头 DN20	个	1.20	–	–	–	–	1.010
	黑玛钢三通 DN20	个	1.23	–	–	–	–	1.010

单位:套

定 额 编 号			11-2-53	11-2-54	11-2-55	11-2-56	11-2-57
项 目			水塔浮漂水位标尺		水池浮漂水位标尺		
			一	二	一	二	三
材 料	异径管箍 DN25×20	个	1.96	–	–	–	–	1.010
	黑玛钢丝堵(堵头)DN32	个	1.03	1.010	1.010	–	1.010	
	黑玛钢丝堵(堵头)DN20	个	0.51	–	–	–	1.010	
	酚醛调和漆(各种颜色)	kg	18.00	2.500	2.500	0.250	0.300	0.300
	电焊条 结422 φ3.2	kg	6.70	0.760	0.850	0.500	–	–
	碳钢气焊条	kg	5.85	1.270	1.270	0.850	–	–
	氧气	m³	3.60	9.500	9.500	7.600	–	–
	乙炔气	m³	25.20	3.650	3.650	2.920	–	–
	汽轮机油(各种规格)	kg	8.80	0.250	0.250	0.250	0.100	0.100
	黄干油 钙基脂	kg	9.78	0.200	0.200	0.200	0.300	–
	青铅	kg	13.40	–	–	25.000	–	–
	棉丝	kg	7.50	0.500	0.700	0.400	0.300	0.100
	汽油 93 号	kg	10.05	0.250	0.250	0.200	0.100	0.100
	油麻	kg	5.50	–	–	–	1.250	–
	石棉绒	kg	5.70	–	–	–	0.700	2.100
	普通硅酸盐水泥 42.5	kg	0.36	–	–	–	1.000	4.600
	砂纸	张	1.00	3.000	4.000	2.500	2.000	1.000
	钢锯条	根	0.89	5.000	7.000	3.000	2.000	1.000
	防锈漆	kg	13.65			0.500	0.650	0.650
	油浸石棉盘根 编制 φ6~10 250℃	kg	17.84	–	–	–	–	0.500
	乒乓球 红双喜一星	个	2.10					1.000
机 械	直流弧焊机 20kW	台班	84.19	0.280	0.330	0.240	–	–
	普通车床 400mm×1000mm	台班	145.61	0.240	0.240	0.240	0.240	–
	立式钻床 φ25mm	台班	118.20	0.100	0.100	0.100	0.100	–

第三章　低压器具、水表组成与安装

说　　明

一、减压器、疏水器组成与安装是按《采暖通风国家标准图集》N108 编制的,如实际组成与此不同时,阀门和压力表数量可按实际调整,其余不变。

二、除污器组成编制了带调温调压装置和不带调温调压装置两种安装方式,如除污器为单体,安装应执行阀门安装相应定额。

三、法兰水表是按《全国通用给水排水标准图集》S145 编制的。

工程量计算规则

一、减压阀、疏水器组成与安装以“组”为计量单位,如设计组成与定额不同时,阀门和压力表数量可按设计用量进行调整,其余不变。

二、减压器安装按高压侧的直径计算。

三、法兰水表安装以“组”为计量单位,定额中旁通管及止回阀如与设计安装形式不同时,阀门及止回阀数量可按设计进行调整,其余不变。

一、减压器组成、安装

1. 减压器(螺纹连接)

工作内容:切管、套丝、上零件、组对、制垫、加垫、找平、找正、安装、水压试验。

单位:组

定　额　编　号			11-3-1	11-3-2	11-3-3	11-3-4
项　　　　　目			公称直径(mm)			
			20 以内	25 以内	32 以内	40 以内
基　　价　(元)			**472.13**	**577.88**	**712.35**	**1021.00**
其中	人　工　费　(元)		134.40	171.60	237.60	268.80
	材　料　费　(元)		337.73	406.28	474.75	752.20
	机　械　费　(元)		—	—	—	—
名　　　　称	单位	单价(元)	数		量	
人工 综合工日	工日	80.00	1.680	2.145	2.970	3.360
材料 螺纹减压阀 DN20	个	—	(1.000)	—	—	—
螺纹减压阀 DN25	个	—	—	(1.000)	—	—
螺纹减压阀 DN32	个	—	—	—	(1.000)	—
螺纹减压阀 DN40	个	—	—	—	—	(1.000)
焊接钢管 DN15	m	3.77	0.800	0.800	0.800	0.800
焊接钢管 DN20	m	5.31	2.250	—	—	—
焊接钢管 DN25	m	7.72	—	2.250	1.800	0.200
焊接钢管 DN32	m	10.20	0.760	—	0.450	1.900
焊接钢管 DN40	m	13.77	—	0.760	—	0.450
焊接钢管 DN50	m	17.54	—	—	0.710	—
料 焊接钢管 DN65	m	18.69	—	—	—	0.830
螺纹截止阀 J11T－16 DN20	个	20.90	3.030	—	—	—
螺纹截止阀 J11T－16 DN25	个	25.84	—	3.030	2.020	1.010

定　额　编　号			11-3-1	11-3-2	11-3-3	11-3-4
项　　　　　目			公称直径（mm）			
			20 以内	25 以内	32 以内	40 以内
材	螺纹截止阀 J11T－16 DN32	个 42.93	1.010	－	1.010	1.010
	螺纹截止阀 J11T－16 DN40	个 60.01	－	1.010	－	1.010
	螺纹截止阀 J11T－16 DN50	个 81.20	－	－	1.010	－
	法兰截止阀 J41T－16 DN65	个 144.45	－	－	－	1.000
	螺纹法兰 DN65 0.6MPa	副 55.00	－	－	－	2.000
	安全阀 A27W－10DN20	个 53.46	1.000	－	－	－
	安全阀 A27W－10DN25	个 70.20	－	1.000	－	－
	安全阀 A27W－10DN32	个 88.56	－	－	1.000	－
	安全阀 A27W－10DN40	个 108.90	－	－	－	1.000
	弹簧压力表 Y－100 0～1.6MPa	块 46.00	2.000	2.000	2.000	2.000
	压力表气门 DN15	个 7.20	2.000	2.000	2.000	2.000
	压力表弯管 DN15	个 8.10	2.000	2.000	2.000	2.000
	黑玛钢管箍 DN20	个 0.59	2.020	－	－	－
	黑玛钢管箍 DN25	个 0.80	－	2.020	－	－
	黑玛钢管箍 DN32	个 1.14	－	－	2.020	－
	黑玛钢管箍 DN40	个 1.90	－	－	－	2.020
	黑玛钢弯头 DN15	个 0.61	2.020	2.020	2.020	2.020
料	黑玛钢弯头 DN20	个 1.20	2.020	－	－	－
	黑玛钢弯头 DN25	个 1.70	－	2.020	2.020	－
	黑玛钢弯头 DN32	个 2.80	－	－	－	2.020
	黑玛钢三通 DN15	个 0.89	1.010	1.010	1.010	1.010

单位:组

定　额　编　号			11-3-1	11-3-2	11-3-3	11-3-4
项　　　　　目			公称直径（mm）			
			20 以内	25 以内	32 以内	40 以内
材	黑玛钢三通 DN20	个	1.23	3.030	–	–	–
	黑玛钢三通 DN25	个	1.54	–	3.030	–	–
	黑玛钢三通 DN32	个	2.05	3.030	–	3.030	–
	黑玛钢三通 DN40	个	2.78	–	3.030	–	3.030
	黑玛钢三通 DN50	个	3.98	–	–	3.030	–
	黑玛钢三通 DN65	个	7.67	–	–	–	3.030
	黑玛钢活接头 DN20	个	2.45	1.010	–	–	–
	黑玛钢活接头 DN25	个	3.57	–	1.010	1.010	–
	黑玛钢活接头 DN32	个	4.96	–	–	–	1.010
	黑玛钢六角外丝 DN20	个	0.83	4.040	–	–	–
	黑玛钢六角外丝 DN25	个	1.29	–	5.050	–	–
	黑玛钢六角外丝 DN32	个	1.62	3.030	–	3.030	–
	黑玛钢六角外丝 DN40	个	1.80	–	3.030	–	3.030
	黑玛钢六角外丝 DN50	个	2.48	–	–	3.030	–
	黑玛钢六角外丝 DN65	个	6.48	–	–	–	3.030
	黑玛钢补芯 DN25×15	个	1.27	–	–	–	1.010
	石棉橡胶板 低压 0.8~1.0	kg	13.20	0.230	0.340	0.340	0.680
	线麻	kg	13.70	0.010	0.020	0.020	0.020
	清油	kg	8.80	0.010	0.010	0.020	0.020
料	铅油	kg	8.50	0.100	0.130	0.170	0.210
	汽轮机油（各种规格）	kg	8.80	0.080	0.090	0.090	0.090
	石棉松绳 $\phi 13~19$	kg	9.70	0.010	0.020	0.040	0.060
	钢锯条	根	0.89	1.050	1.050	2.630	3.680

定　额　编　号			11-3-5	11-3-6	11-3-7	11-3-8
项　　　目			公称直径（mm）			
			50 以内	65 以内	80 以内	100 以内
基　　　价　（元）			**1278.56**	**1807.65**	**2695.63**	**3572.43**
其中	人　工　费　（元）		336.00	460.24	605.44	840.00
	材　料　费　（元）		942.56	1341.59	2077.09	2701.85
	机　械　费　（元）		－	5.82	13.10	30.58
名　　称	单位	单价（元）	数		量	
人工 综合工日	工日	80.00	4.200	5.753	7.568	10.500
材料 螺纹减压阀 DN50	个	－	(1.000)	－	－	－
螺纹减压阀 DN65	个	－	－	(1.000)	－	－
螺纹减压阀 DN80	个	－	－	－	(1.000)	－
螺纹减压阀 DN100	个	－	－	－	－	(1.000)
焊接钢管 DN15	m	3.77	0.900	0.900	1.100	1.100
焊接钢管 DN25	m	7.72	0.200	0.200	0.200	0.200
焊接钢管 DN40	m	13.77	1.900	－	－	－
焊接钢管 DN50	m	17.54	0.450	2.100	－	－
焊接钢管 DN65	m	18.69	－	－	0.450	2.200
焊接钢管 DN80	m	32.77	0.830	－	0.450	2.550
料 焊接钢管 DN100	m	41.39	－	0.830	－	0.300
焊接钢管 DN125	m	59.08	－	－	0.790	－
焊接钢管 DN150	m	71.33	－	－	－	0.820

	定　额　编　号			11-3-5	11-3-6	11-3-7	11-3-8
	项　　　　目			公称直径（mm）			
				50 以内	65 以内	80 以内	100 以内
材	螺纹截止阀 J11T－16 DN25	个	25.84	1.010	1.010	1.010	1.010
	螺纹截止阀 J11T－16 DN40	个	60.01	1.010	－	－	－
	螺纹截止阀 J11T－16 DN50	个	81.20	1.010	1.010	－	－
	法兰截止阀 J41T－16 DN65	个	144.45	－	1.000	1.000	－
	法兰截止阀 J41T－16 DN80	个	189.00	1.000	－	1.000	1.000
	法兰截止阀 J41T－16 DN100	个	283.50	－	1.000	－	1.000
	法兰截止阀 J41T－16 DN125	个	516.40	－	－	1.000	－
	法兰截止阀 J41T－16 DN150	个	713.20	－	－	－	1.000
	螺纹法兰 DN80 0.6MPa	副	58.00	2.000	－	－	－
	螺纹法兰 DN100 0.6MPa	副	76.00	－	2.000	－	－
	螺纹法兰 DN125 0.6MPa	副	78.00	－	－	2.000	－
	螺纹法兰 DN150 0.6MPa	副	96.00	－	－	－	2.000
	安全阀 A27W－10DN50	个	142.20	1.000	－	－	－
	安全阀 A27W－10DN70	个	190.40	－	1.000	－	－
	安全阀 A27W－10DN80	个	275.40	－	－	1.000	1.000
料	弹簧压力表 Y－100 0～1.6MPa	块	46.00	2.000	2.000	2.000	2.000
	压力表气门 DN15	个	7.20	2.000	2.000	2.000	2.000
	压力表弯管 DN15	个	8.10	2.000	2.000	2.000	2.000
	黑玛钢管箍 DN50	个	2.68	2.020	－	－	－

定　额　编　号			11-3-5	11-3-6	11-3-7	11-3-8
项　　　　目			公称直径（mm）			
			50 以内	65 以内	80 以内	100 以内
材 料	黑玛钢管箍 DN65	个	4.24	–	2.020	–	–
	黑玛钢管箍 DN80	个	6.60	–	–	2.020	–
	黑玛钢管箍 DN100	个	10.14	–	–	–	2.020
	黑玛钢弯头 DN15	个	0.61	2.020	2.020	2.020	2.020
	黑玛钢弯头 DN40	个	3.70	2.020	–	–	–
	黑玛钢弯头 DN50	个	5.70	–	2.020	–	–
	黑玛钢弯头 DN65	个	9.30	–	–	2.020	–
	黑玛钢弯头 DN80	个	14.40	–	–	–	2.020
	黑玛钢三通 DN15	个	0.89	1.010	1.010	1.010	1.010
	黑玛钢三通 DN50	个	3.98	3.030	–	–	–
	黑玛钢三通 DN65	个	7.67	–	3.030	–	–
	黑玛钢三通 DN80	个	10.40	3.030	–	3.030	–
	黑玛钢三通 DN100	个	18.40	–	3.030	–	3.030
	黑玛钢三通 DN125	个	57.10	–	–	3.030	–
	黑玛钢三通 DN150	个	72.40	–	–	–	3.030
	黑玛钢活接头 DN40	个	7.05	1.010	–	–	–
	黑玛钢活接头 DN50	个	10.01	–	1.010	–	–
	黑玛钢六角外丝 DN50	个	2.48	3.030	–	–	–
	黑玛钢六角外丝 DN65	个	6.48	–	3.030	–	–

定 额 编 号			11-3-5	11-3-6	11-3-7	11-3-8
项 目			公称直径（mm）			
			50 以内	65 以内	80 以内	100 以内
材	黑玛钢六角外丝 DN80	个	12.96	3.030	–	3.030	–
	黑玛钢六角外螺纹 DN100	个	18.89	–	4.040	–	3.030
	黑玛钢六角外螺纹 DN125	个	44.61	–	–	3.030	3.030
	黑玛钢补芯 DN25×15	个	1.27	1.010	1.010	1.010	–
	黑玛钢补芯 DN32×15	个	1.28	–	1.010	–	1.010
	黑玛钢补芯 DN40×15	个	1.30	–	–	1.010	–
	黑玛钢补芯 DN125	个	18.52	–	–	2.020	–
	黑玛钢补芯 DN150	个	34.91	–	–	–	1.010
	黑玛钢异径管箍 DN80×40	个	9.60	–	–	1.010	1.010
	黑玛钢异径管箍 DN100×65	个	15.00	–	1.010	–	–
	黑玛钢异径管箍 DN100×80	个	16.00	–	–	1.010	–
	黑玛钢异径管箍 DN125×100	个	23.00	–	–	1.010	–
	黑玛钢异径管箍 DN150×100	个	32.00	–	–	–	1.010
	石棉橡胶板 低压 0.8~1.0	kg	13.20	1.200	2.280	4.330	6.490
	线麻	kg	13.70	0.030	0.040	0.060	0.090
	清油	kg	8.80	0.030	0.040	0.060	0.080
	铅油	kg	8.50	0.240	0.300	0.460	0.650
料	汽轮机油（各种规格）	kg	8.80	0.100	0.110	0.130	0.140
	石棉松绳 ϕ13~19	kg	9.70	0.100	0.120	0.160	0.200
	钢锯条	根	0.89	4.120	4.200	4.730	5.250
机械	普通车床 400mm×1000mm	台班	145.61	–	0.040	0.090	0.210

2. 减压器安装(焊接)

工作内容:切口、套丝、上零件、组对、焊接、制垫、加垫、安装、水压试验。

单位:组

定 额 编 号				11-3-9	11-3-10	11-3-11	11-3-12
项 目				公称直径（mm）			
				20 以内	25 以内	32 以内	40 以内
基 价 （元）				**710.15**	**867.52**	**1058.78**	**1340.75**
其中	人 工 费 （元）			106.24	118.80	153.04	211.84
	材 料 费 （元）			563.50	708.31	838.12	1059.48
	机 械 费 （元）			40.41	40.41	67.62	69.43
名 称		单位	单价(元)	数		量	
人工	综合工日	工日	80.00	1.328	1.485	1.913	2.648
材料	法兰减压阀 DN20	个	－	(1.000)	－	－	－
	法兰减压阀 DN25	个	－	－	(1.000)	－	－
	法兰减压阀 DN32	个	－	－	－	(1.000)	－
	法兰减压阀 DN40	个	－	－	－	－	(1.000)
	焊接钢管 DN20	m	5.31	2.320	－	－	－
	焊接钢管 DN25	m	7.72	－	2.320	1.900	0.200
	焊接钢管 DN32	m	10.20	0.670	－	0.400	2.000
	焊接钢管 DN40	m	13.77	－	0.670	－	0.430
	焊接钢管 DN50	m	17.54	－	－	0.650	－
	焊接钢管 DN65	m	18.69	－	－	－	0.780
	法兰截止阀 J11T-16 DN20	个	18.15	3.000	－	－	－
	法兰截止阀 J41T-16 DN25	个	43.65	－	3.000	2.000	1.000
	法兰截止阀 J41T-16 DN32	个	56.70	1.000	－	1.000	1.000

· 125 ·

单位:组

定 额 编 号			11-3-9	11-3-10	11-3-11	11-3-12
项 目			公称直径（mm）			
			20 以内	25 以内	32 以内	40 以内
材	法兰截止阀 J41T－16 DN40	个	72.00	－	1.000	－	1.000
	法兰截止阀 J41T－16 DN50	个	88.20	－	－	1.000	－
	法兰截止阀 J41T－16 DN65	个	144.45	－	－	－	1.000
	钢板平焊法兰 1.6MPa DN20	片	16.19	8.000	－	－	－
	钢板平焊法兰 1.6MPa DN25	片	16.92	－	8.000	4.000	2.000
	钢板平焊法兰 1.6MPa DN32	片	29.58	2.000	－	4.000	2.000
	钢板平焊法兰 1.6MPa DN40	片	39.14	－	2.000	－	4.000
	钢板平焊法兰 1.6MPa DN50	片	46.78	－	－	2.000	－
	钢板平焊法兰 1.6MPa DN65	片	58.51	－	－	－	2.000
	精制六角带帽螺栓带垫 M12×14～75	套	0.76	24.720	24.720	16.480	8.240
	精制六角带帽螺栓带垫 M16×65～80	套	1.62	16.480	16.480	24.720	32.960
	弹簧压力表 Y－100 0～1.6MPa	块	46.00	2.000	2.000	2.000	2.000
	压力表气门 DN15	个	7.20	2.000	2.000	2.000	2.000
	压力表弯管 DN15	个	8.10	2.000	2.000	2.000	2.000
	熟铁管箍 DN15	个	0.48	2.020	2.020	2.020	2.020
料	熟铁管箍 DN20	个	0.76	1.010	－	－	－
	熟铁管箍 DN25	个	1.30	－	1.010	－	－
	熟铁管箍 DN32	个	1.55	－	－	1.010	－
	熟铁管箍 DN40	个	1.89	－	－	－	1.010

定 额 编 号			11-3-9	11-3-10	11-3-11	11-3-12
项 目			公称直径（mm）			
			20 以内	25 以内	32 以内	40 以内
材 料	电焊条 结422 φ3.2	kg	6.70	0.570	0.660	0.780	1.200
	氧气	m³	3.60	0.260	0.290	0.310	0.400
	乙炔气	m³	25.20	0.090	0.100	0.100	0.130
	焦炭	kg	1.50	3.000	3.600	5.600	6.900
	石棉橡胶板 低压 0.8～1.0	kg	13.20	0.280	0.350	0.420	0.630
	石棉扭绳 φ3 烧失量24%	kg	18.95	0.040	0.040	0.050	0.050
	安全阀 A27W－10DN20	个	53.46	1.000	–	–	–
	安全阀 A27W－10DN25	个	70.20	–	1.000	–	–
	安全阀 A27W－10DN32	个	88.56	–	–	1.000	–
	安全阀 A27W－10DN40	个	108.90	–	–	–	1.000
	线麻	kg	13.70	0.050	0.050	0.050	0.050
	清油	kg	8.80	0.040	0.040	0.040	0.040
	铅油	kg	8.50	0.050	0.050	0.050	0.050
	汽轮机油（各种规格）	kg	8.80	0.040	0.040	0.040	0.040
	木柴	kg	0.95	2.100	2.100	2.100	2.100
	棉丝	kg	7.50	0.050	0.050	0.050	0.050
	钢锯条	根	0.89	0.530	0.530	1.580	2.100
	砂布	张	3.00	0.200	0.200	0.200	0.400
机 械	直流弧焊机 20kW	台班	84.19	0.480	0.480	0.760	0.760
	弯管机 WC27－108 φ108	台班	90.78	–	–	0.040	0.060

定　额　编　号			11-3-13	11-3-14	11-3-15	11-3-16
项　　　　　目			公称直径（mm）			
			50 以内	65 以内	80 以内	100 以内
基　　价　（元）			**1707.11**	**2184.34**	**2984.34**	**3829.40**
其中	人　工　费　（元）		293.44	399.60	535.84	729.04
	材　料　费　（元）		1299.62	1636.17	2239.31	2839.16
	机　械　费　（元）		114.05	148.57	209.19	261.20
名　　　　称	单位	单价(元)	数		量	
人工	综合工日	工日	80.00	3.668	4.995	6.698	9.113
材料	法兰减压阀 DN50	个	–	(1.000)	–	–	–
	法兰减压阀 DN65	个	–	–	(1.000)	–	–
	法兰减压阀 DN80	个	–	–	–	(1.000)	–
	法兰减压阀 DN100	个	–	–	–	–	(1.000)
	焊接钢管 DN25	m	7.72	0.200	0.200	–	–
	焊接钢管 DN32	m	10.20	–	–	0.200	0.200
	焊接钢管 DN40	m	13.77	2.100	–	–	–
	焊接钢管 DN50	m	17.54	0.460	2.200	–	–
	焊接钢管 DN65	m	18.69	–	0.410	2.600	–
	焊接钢管 DN80	m	32.77	0.810	–	0.390	2.950
	焊接钢管 DN100	m	41.39	–	0.760	–	0.230
	焊接钢管 DN125	m	59.08	–	–	0.790	–
料	焊接钢管 DN150	m	71.33	–	–	–	0.780
	法兰截止阀 J41T – 16 DN25	个	43.65	1.000	1.000	1.000	1.000
	法兰截止阀 J41T – 16 DN40	个	72.00	1.000	–	–	–

定 额 编 号			11-3-13	11-3-14	11-3-15	11-3-16
项 目			公称直径（mm）			
			50 以内	65 以内	80 以内	100 以内
材 料	法兰截止阀 J41T－16 DN50	个	88.20	1.000	1.000	–	–
	法兰截止阀 J41T－16 DN65	个	144.45	–	1.000	1.000	–
	法兰截止阀 J41T－16 DN80	个	189.00	1.000	–	1.000	1.000
	法兰截止阀 J41T－16 DN100	个	283.50	–	1.000	–	1.000
	法兰截止阀 J41T－16 DN125	个	516.40	–	–	1.000	–
	法兰截止阀 J41T－16 DN150	个	713.20	–	–	–	1.000
	钢板平焊法兰 1.6MPa DN25	片	16.92	2.000	2.000	2.000	2.000
	钢板平焊法兰 1.6MPa DN40	片	39.14	2.000	–	–	–
	钢板平焊法兰 1.6MPa DN50	片	46.78	4.000	2.000	–	–
	钢板平焊法兰 1.6MPa DN65	片	58.51	–	4.000	2.000	–
	钢板平焊法兰 1.6MPa DN80	片	72.80	2.000	–	4.000	2.000
	钢板平焊法兰 1.6MPa DN100	片	85.75	–	2.000	–	4.000
	钢板平焊法兰 1.6MPa DN125	片	101.50	–	–	2.000	–
	钢板平焊法兰 1.6MPa DN150	片	115.35	–	–	–	2.000
	精制六角带帽螺栓带垫 M12×14～75	套	0.76	8.240	8.240	8.240	8.240
	精制六角带帽螺栓带垫 M16×65～80	套	1.62	45.320	45.320	57.680	41.200
	精制六角带帽螺栓带垫 M20×85～100	套	3.86	–	–	–	24.720
	弹簧压力表 Y－100 0～1.6MPa	块	46.00	2.000	2.000	2.000	2.000
	压力表气门 DN15	个	7.20	2.000	2.000	2.000	2.000
	压力表弯管 DN15	个	8.10	2.000	2.000	2.000	2.000
	熟铁管箍 DN15	个	0.48	2.020	2.020	2.020	2.020

定 额 编 号			11-3-13	11-3-14	11-3-15	11-3-16
项 目			公称直径（mm）			
			50 以内	65 以内	80 以内	100 以内
材	熟铁管箍 DN50	个	2.93	1.010	–	–	–
	熟铁管箍 DN65	个	4.72	–	1.010	–	–
	熟铁管箍 DN80	个	5.89	–	–	1.010	–
	熟铁管箍 DN100	个	7.93	–	–	–	1.010
	电焊条 结422 φ3.2	kg	6.70	1.470	2.140	2.860	3.420
	氧气	m³	3.60	0.470	0.570	0.720	0.800
	乙炔气	m³	25.20	0.160	0.190	0.240	0.270
	焦炭	kg	1.50	8.600	12.100	16.000	27.200
	石棉橡胶板 低压 0.8~1.0	kg	13.20	0.840	1.120	1.460	2.130
	石棉扭绳 φ3 烧失量24%	kg	18.95	0.050	0.070	0.070	0.070
	安全阀 A27W-10 DN50	个	142.20	1.000	–	–	–
	安全阀 A27W-10 DN70	个	190.40	–	1.000	–	–
	安全阀 A27W-10 DN80	个	275.40	–	–	1.000	1.000
	线麻	kg	13.70	0.050	0.050	0.050	0.060
	清油	kg	8.80	0.050	0.060	0.060	0.080
	铅油	kg	8.50	0.050	0.050	0.060	0.060
	汽轮机油（各种规格）	kg	8.80	0.040	0.040	0.050	0.050
料	木柴	kg	0.95	2.100	3.150	4.200	4.200
	棉丝	kg	7.50	0.050	0.080	0.100	0.100
	钢锯条	根	0.89	2.100	2.630	4.200	4.200
	砂布	张	3.00	0.600	0.800	1.000	1.200
机	直流弧焊机 20kW	台班	84.19	1.290	1.700	2.420	2.930
械	弯管机 WC27-108 φ108	台班	90.78	0.060	0.060	0.060	0.160

二、疏水器组成安装
1. 疏水器(螺纹连接)

工作内容:切管、套丝、上零件、制垫、加垫、组成、安装、水压试验。 单位:组

定 额 编 号				11-3-17	11-3-18	11-3-19	11-3-20	11-3-21
项 目				公称直径(mm)				
				20 以内	25 以内	32 以内	40 以内	50 以内
基 价 (元)				**216.83**	**256.67**	**325.51**	**412.80**	**562.07**
其中	人 工 费 (元)			45.04	61.84	76.80	90.64	144.00
	材 料 费 (元)			171.79	194.83	248.71	322.16	418.07
	机 械 费 (元)			—	—	—	—	—
名 称		单位	单价(元)	数		量		
人工	综合工日	工日	80.00	0.563	0.773	0.960	1.133	1.800
材 料	螺纹疏水器 DN20	个	—	(1.000)	—	—	—	—
	螺纹疏水器 DN25	个	—	—	(1.000)	—	—	—
	螺纹疏水器 DN32	个	—	—	—	(1.000)	—	—
	螺纹疏水器 DN40	个	—	—	—	—	(1.000)	—
	螺纹疏水器 DN50	个	—	—	—	—	—	(1.000)
	焊接钢管 DN15	m	3.77	1.560	0.300	0.300	0.300	0.300
	焊接钢管 DN20	m	5.31	0.860	1.400	—	—	—
	焊接钢管 DN25	m	7.72	—	0.960	1.530	—	—
	焊接钢管 DN32	m	10.20	—	—	1.050	1.710	—

定　额　编　号			11-3-17	11-3-18	11-3-19	11-3-20	11-3-21
项　　　　目			公称直径（mm）				
			20 以内	25 以内	32 以内	40 以内	50 以内
材	焊接钢管 DN40	m	13.77	–	–	–	1.190	2.100
	焊接钢管 DN50	m	17.54	–	–	–	–	1.500
	螺纹截止阀 J11T－16 DN15	个	17.85	1.010	–	–	–	–
	螺纹截止阀 J11T－16 DN20	个	20.90	2.020	1.010	–	–	–
	螺纹截止阀 J11T－16 DN25	个	25.84	–	2.020	1.010	–	–
	螺纹截止阀 J11T－16 DN32	个	42.93	–	–	2.020	1.010	–
	螺纹截止阀 J11T－16 DN40	个	60.01	–	–	–	2.020	1.010
	螺纹截止阀 J11T－16 DN50	个	81.20	–	–	–	–	2.020
	螺纹旋塞(灰铸铁) X13T－10 DN15	个	43.00	2.020	2.020	2.020	2.020	2.020
	黑玛钢弯头 DN15	个	0.61	2.020	–	–	–	–
	黑玛钢弯头 DN20	个	1.20	–	2.020	–	–	–
	黑玛钢弯头 DN25	个	1.70	–	–	2.020	–	–
	黑玛钢弯头 DN32	个	2.80	–	–	–	2.020	–
	黑玛钢弯头 DN40	个	3.70	–	–	–	–	2.020
料	黑玛钢三通 DN20	个	1.23	4.040	–	–	–	–
	黑玛钢三通 DN25	个	1.54	–	4.040	–	–	–
	黑玛钢三通 DN32	个	2.05	–	–	4.040	–	–

定 额 编 号			11-3-17	11-3-18	11-3-19	11-3-20	11-3-21
项 目			公称直径（mm）				
			20 以内	25 以内	32 以内	40 以内	50 以内
材 料	黑玛钢三通 DN40	个	2.78	–	–	–	4.040	–
	黑玛钢三通 DN50	个	3.98	–	–	–	–	4.040
	黑玛钢活接头 DN15	个	2.10	1.010	–	–	–	–
	黑玛钢活接头 DN20	个	2.45	1.010	1.010	–	–	–
	黑玛钢活接头 DN25	个	3.57	–	1.010	1.010	–	–
	黑玛钢活接头 DN32	个	4.96	–	–	1.010	1.010	–
	黑玛钢活接头 DN40	个	7.05	–	–	–	1.010	1.010
	黑玛钢活接头 DN50	个	10.01	–	–	–	–	1.010
	黑玛钢管箍 DN20	个	0.59	1.010	–	–	–	–
	黑玛钢管箍 DN25	个	0.80	–	1.010	–	–	–
	黑玛钢管箍 DN32	个	1.14	–	–	1.010	–	–
	黑玛钢管箍 DN40	个	1.90	–	–	–	1.010	–
	黑玛钢管箍 DN50	个	2.68	–	–	–	–	1.010
	线麻	kg	13.70	0.010	0.020	0.030	0.040	0.050
	铅油	kg	8.50	0.110	0.110	0.140	0.170	0.190
	汽轮机油（各种规格）	kg	8.80	0.100	0.120	0.150	0.170	0.190
	钢锯条	根	0.89	1.000	1.000	1.100	1.500	3.100

2. 疏水器(焊接)

工作内容: 切管、套丝、上零件、制垫、加垫、焊接、安装、水压试验。

单位:组

定 额 编 号				11-3-22	11-3-23	11-3-24	11-3-25
项 目				公称直径（mm）			
				20 以内	25 以内	32 以内	40 以内
基 价 (元)				**243.83**	**281.88**	**358.15**	**461.41**
其中	人 工 费 （元）			35.44	47.44	47.44	64.80
	材 料 费 （元）			206.57	230.81	307.08	392.98
	机 械 费 （元）			1.82	3.63	3.63	3.63
名 称		单位	单价(元)	数		量	
人工	综合工日	工日	80.00	0.443	0.593	0.593	0.810
材料	法兰疏水器 DN20	个	–	(1.000)	–	–	–
	法兰疏水器 DN25	个	–	–	(1.000)	–	–
	法兰疏水器 DN32	个	–	–	–	(1.000)	–
	法兰疏水器 DN40	个	–	–	–	–	(1.000)
	焊接钢管 DN15	m	3.77	1.290	0.300	0.300	0.300
	焊接钢管 DN20	m	5.31	0.860	1.530	–	–
	焊接钢管 DN25	m	7.72	–	0.960	1.530	–
	焊接钢管 DN32	m	10.20	–	–	1.050	1.710
	焊接钢管 DN40	m	13.77	–	–	–	1.190
	螺纹截止阀 J11T－16 DN15	个	17.85	1.010	–	–	–
	螺纹截止阀 J11T－16 DN20	个	20.90	2.020	1.010	–	–
	螺纹截止阀 J11T－16 DN25	个	25.84	–	2.020	1.010	–
	螺纹截止阀 J11T－16 DN32	个	42.93	–	–	2.020	1.010

定 额 编 号			11-3-22	11-3-23	11-3-24	11-3-25
项 目			公称直径（mm）			
			20 以内	25 以内	32 以内	40 以内
材	螺纹截止阀 J11T－16 DN40	个	60.01	－	－	－	2.020
	螺纹旋塞（灰铸铁）X13T－10 DN15	个	43.00	2.020	2.020	2.020	2.020
	黑玛钢活接头 DN15	个	2.10	1.010	－	－	－
	黑玛钢活接头 DN20	个	2.45	－	1.010	－	－
	黑玛钢活接头 DN25	个	3.57	－	－	1.010	－
	黑玛钢活接头 DN32	个	4.96	－	－	－	1.010
	线麻	kg	13.70	0.100	0.100	0.150	0.150
	铅油	kg	8.50	0.100	0.120	0.150	0.200
	汽轮机油（各种规格）	kg	8.80	0.120	0.120	0.150	0.150
	钢锯条	根	0.89	1.000	1.000	2.000	2.000
	碳钢气焊条	kg	5.85	0.100	0.120	0.130	0.160
	氧气	m³	3.60	0.340	0.460	0.540	0.660
	乙炔气	m³	25.20	0.110	0.150	0.180	0.220
	钢板平焊法兰 1.6MPa DN20	片	16.19	2.000	－	－	－
	钢板平焊法兰 1.6MPa DN25	片	16.92	－	2.000	－	－
料	钢板平焊法兰 1.6MPa DN32	片	29.58	－	－	2.000	－
	钢板平焊法兰 1.6MPa DN40	片	39.14	－	－	－	2.000
	精制六角带帽螺栓带垫 M12×14～75	套	0.76	8.240	8.240	8.240	8.240
	石棉橡胶板 低压 0.8～1.0	kg	13.20	0.040	0.070	0.080	0.100
机械	弯管机 WC27－108 φ108	台班	90.78	0.020	0.040	0.040	0.040

定 额 编 号			11-3-26	11-3-27	11-3-28	11-3-29
项 目			公称直径（mm）			
			50 以内	65 以内	80 以内	100 以内
基 价 （元）			**829.76**	**1217.35**	**1594.92**	**2058.90**
其中	人 工 费 （元）		89.44	112.80	135.04	187.20
	材 料 费 （元）		726.45	1083.82	1435.71	1842.35
	机 械 费 （元）		13.87	20.73	24.17	29.35
名 称	单位	单价(元)	数		量	
人工 综合工日	工日	80.00	1.118	1.410	1.688	2.340
材料 法兰疏水器 DN50	个	–	(1.000)	–	–	–
法兰疏水器 DN65	个	–	–	(1.000)	–	–
法兰疏水器 DN80	个	–	–	–	(1.000)	–
法兰疏水器 DN100	个	–	–	–	–	(1.000)
焊接钢管 DN15	m	3.77	0.300	–	–	–
焊接钢管 DN20	m	5.31	–	0.300	0.300	0.300
焊接钢管 DN40	m	13.77	2.100	–	–	–
焊接钢管 DN50	m	17.54	1.500	2.400	–	–
焊接钢管 DN65	m	18.69	–	1.850	2.600	–
焊接钢管 DN80	m	32.77	–	–	2.280	2.800
焊接钢管 DN100	m	41.39	–	–	–	2.500
料 螺纹截止阀 J11T－16 DN40	个	60.01	1.010	–	–	–
法兰截止阀 J41T－16 DN50	个	88.20	2.000	1.000	–	–
法兰截止阀 J41T－16 DN65	个	144.45	–	2.000	1.000	–

续前

定 额 编 号			11-3-26	11-3-27	11-3-28	11-3-29
项 目			公称直径（mm）			
			50 以内	65 以内	80 以内	100 以内
材	法兰截止阀 J41T－16 DN80	个	189.00	－	－	2.000	1.000
	法兰截止阀 J41T－16 DN100	个	283.50	－	－	－	2.000
	螺纹旋塞（灰铸铁）X13T－10 DN15	个	43.00	2.020	－	－	－
	螺纹旋塞（灰铸铁）X13T－10 DN20	个	50.00	－	2.020	2.020	2.020
	黑玛钢活接头 DN40	个	7.05	1.010	－	－	－
	电焊条 结422 φ3.2	kg	6.70	0.370	0.750	1.090	1.230
	氧气	m³	3.60	0.330	0.740	1.140	1.390
	乙炔气	m³	25.20	0.110	0.250	0.360	0.460
	钢板平焊法兰 1.6MPa DN50	片	46.78	6.000	2.000		
	钢板平焊法兰 1.6MPa DN65	片	58.51	－	6.000	2.000	
	钢板平焊法兰 1.6MPa DN80	片	72.80			6.000	2.000
料	钢板平焊法兰 1.6MPa DN100	片	85.75				6.000
	精制六角带帽螺栓带垫 M16×65~80	套	1.62	24.720	32.960	57.680	－
	精制六角带帽螺栓 M12×85~100	套	1.18	－	－	－	65.920
	石棉橡胶板 低压 0.8~1.0	kg	13.20	0.520	0.680	0.970	1.300
	铅油	kg	8.50	0.200	0.220	0.260	0.350
	汽轮机油（各种规格）	kg	8.80	0.150	0.290	0.290	0.310
	线麻	kg	13.70	0.020	0.020	0.020	0.020
	钢锯条	根	0.89	2.000	2.000	2.000	3.000
机械	弯管机 WC27－108 φ108	台班	90.78	0.060	0.080	0.090	0.110
	直流弧焊机 20kW	台班	84.19	0.100	0.160	0.190	0.230

三、除污器组成安装
1. 带调温、调压装置

工作内容:清洗检查、切管、套丝、上零件、焊接、组对、制垫、加垫、找平、找正安装、水压试验。

单位:组

定 额 编 号				11-3-30	11-3-31	11-3-32	11-3-33	11-3-34	11-3-35
项 目				公称直径(mm)					
				40 以内	50 以内	65 以内	80 以内	100 以内	150 以内
基 价 (元)				**1635.42**	**1851.40**	**2211.60**	**3219.72**	**3422.00**	**5667.24**
其中	人 工 费 (元)			190.72	190.72	243.76	293.28	366.16	570.72
	材 料 费 (元)			1368.21	1584.19	1869.90	2809.14	2901.12	4867.52
	机 械 费 (元)			76.49	76.49	97.94	117.30	154.72	229.00
名 称		单位	单价(元)	数			量		
人工	综合工日	工日	80.00	2.384	2.384	3.047	3.666	4.577	7.134
材料	除污器	个	—	(1.000)	(1.000)	(1.000)	(1.000)	(1.000)	(1.000)
	调压板	个	—	(1.000)	(1.000)	(1.000)	(1.000)	(1.000)	(1.000)
	焊接钢管 DN15	m	3.77	1.000	1.000	1.000	1.200	1.200	1.200
	焊接钢管 DN20	m	5.31	0.500	0.500	0.500	0.500	0.500	0.500
	焊接钢管 DN25	m	7.72	0.500	0.500	—	—	—	—
	焊接钢管 DN32	m	10.20	—	—	0.600	0.600	—	—
	焊接钢管 DN40	m	13.77	6.500	—	—	—	0.700	—
	焊接钢管 DN50	m	17.54	—	7.000	—	—	—	0.800
	焊接钢管 DN65	m	18.69	—	—	7.000	—	—	—
	焊接钢管 DN80	m	32.77	—	—	—	7.600	—	—
	焊接钢管 DN100	m	41.39	—	—	—	—	8.000	—
	焊接钢管 DN150	m	71.33	—	—	—	—	—	8.500
	钢板平焊法兰 1.6MPa DN40	片	39.14	12.000					

续前

定 额 编 号			11-3-30	11-3-31	11-3-32	11-3-33	11-3-34	11-3-35
项 目			公称直径(mm)					
			40 以内	50 以内	65 以内	80 以内	100 以内	150 以内
材	钢板平焊法兰 1.6MPa DN50	片	46.78	–	12.000	–	–	–	–
	钢板平焊法兰 1.6MPa DN65	片	58.51	–	–	12.000	–	–	–
	钢板平焊法兰 1.6MPa DN80	片	72.80	–	–	–	12.000	–	–
	钢板平焊法兰 1.6MPa DN100	片	85.75	–	–	–	–	12.000	–
	钢板平焊法兰 1.6MPa DN150	片	115.35	–	–	–	–	–	12.000
	黑玛钢活接头 DN15	个	2.10	1.010	1.010	1.010	1.010	1.010	1.010
	黑玛钢活接头 DN25	个	3.57	1.010	1.010	–	–	–	–
	黑玛钢活接头 DN32	个	4.96	–	–	1.010	1.010	–	–
	黑玛钢管箍 DN15	个	0.38	7.070	7.070	7.070	7.070	7.070	7.070
	法兰闸阀 Z45T – 10 DN40	个	106.00	4.000	–	–	–	–	–
	法兰闸阀 Z45T – 10 DN50	个	127.00	–	4.000	–	–	–	–
	法兰闸阀 Z45T – 10 DN65	个	152.00	–	–	4.000	–	–	–
	螺纹截止阀 J11T – 16 DN15	个	17.85	1.010	1.010	1.010	1.010	1.010	1.010
	螺纹截止阀 J11T – 16 DN25	个	25.84	1.010	1.010	–	–	–	–
	螺纹截止阀 J11T – 16 DN32	个	42.93	–	–	1.010	1.010	–	–
	法兰止回阀 H44T – 10 DN80	个	310.00	–	–	–	4.000	–	–
	法兰止回阀 H44T – 10 DN100	个	276.00	–	–	–	–	4.000	–
	法兰止回阀 H44T – 10 DN150	个	586.00	–	–	–	–	–	4.000
料	螺纹旋塞(灰铸铁) X13T – 10 DN15	个	43.00	3.030	3.030	3.030	3.030	3.030	3.030
	螺纹旋塞(灰铸铁) X13T – 10 DN20	个	50.00	1.010	1.010	1.010	1.010	1.010	1.010
	压力表 0~1.6MPa	块	21.50	2.000	2.000	2.000	2.000	2.000	2.000
	压力表接头 M20×1.5	个	3.50	2.000	2.000	2.000	2.000	2.000	2.000

定　额　编　号			11-3-30	11-3-31	11-3-32	11-3-33	11-3-34	11-3-35
项　　　　目			公称直径(mm)					
			40 以内	50 以内	65 以内	80 以内	100 以内	150 以内
材 料	压力表气门 DN15	个	7.20	2.000	2.000	2.000	2.000	2.000	2.000
	压力表弯管 DN15	个	8.10	2.000	2.000	2.000	2.000	2.000	2.000
	金属套管温度计 0~150 尾长 80	支	12.00	1.000	1.000	–	–	–	–
	金属套管温度计 0~150 尾长 100	支	15.00	–	–	1.000	1.000	–	–
	金属套管温度计 0~150 尾长 120	支	18.00	–	–	–	–	1.000	1.000
	钢锯条	根	0.89	2.000	2.000	2.000	2.000	2.000	2.000
	石棉橡胶板 低压 0.8~1.0	kg	13.20	0.710	0.840	1.050	1.560	2.040	3.360
	破布	kg	4.50	0.240	0.240	0.240	0.240	0.360	0.360
	线麻	kg	13.70	0.120	0.120	0.120	0.120	0.120	0.120
	碳钢气焊条	kg	5.85	0.120	0.120	0.140	0.140	0.080	0.080
	电焊条 结422 φ3.2	kg	6.70	1.390	1.750	2.190	2.460	3.210	5.970
	电	kW·h	0.85	0.058	0.083	0.108	0.125	0.156	0.251
	尼龙砂轮片 φ100	片	7.60	0.100	0.197	0.298	0.351	0.438	0.994
	清油	kg	8.80	0.120	0.120	0.120	0.240	0.240	0.360
	石棉编绳 φ11~25 烧失量 24%	kg	13.21	0.020	0.020	0.020	0.020	0.020	0.020
	汽轮机油（各种规格）	kg	8.80	0.700	0.700	0.700	0.700	0.700	1.100
	铅油	kg	8.50	0.380	0.530	0.840	0.960	1.380	1.950
	乙炔气	kg	29.50	0.150	0.170	0.190	0.220	0.260	0.310
	氧气	m³	3.60	0.410	0.480	0.520	0.620	0.710	0.860
	焦炭	kg	1.50	5.000	5.010	7.000	10.000	20.040	46.680
机 械	液压弯管机 D60mm	台班	197.29	0.055	0.055	0.074	0.083	0.147	0.166
	直流弧焊机 20kW	台班	84.19	0.754	0.754	0.957	1.159	1.444	2.254
	电焊条烘干箱 60×50×75cm³	台班	28.84	0.075	0.075	0.096	0.116	0.144	0.225

2. 不带调温、调压装置

工作内容: 清洗检查、切管、套丝、上零件、焊接、组对、制垫、加垫、找平、找正安装、水压试验。

单位:组

定 额 编 号				11-3-36	11-3-37	11-3-38	11-3-39	11-3-40	11-3-41
项 目				公称直径(mm)					
				40 以内	50 以内	65 以内	80 以内	100 以内	150 以内
基 价 (元)				**1033.28**	**1173.76**	**1410.84**	**1833.90**	**2267.52**	**3589.82**
其中	人 工 费 (元)			165.28	165.28	193.36	213.20	323.92	499.84
	材 料 费 (元)			806.06	944.77	1129.20	1530.65	1828.06	2951.53
	机 械 费 (元)			61.94	63.71	88.28	90.05	115.54	138.45
名 称		单位	单价(元)	数			量		
人工	综合工日	工日	80.00	2.066	2.066	2.417	2.665	4.049	6.248
材料	除污器	个	－	(1.000)	(1.000)	(1.000)	(1.000)	(1.000)	(1.000)
	焊接钢管 DN15	m	3.77	0.300	0.300	0.300	0.300	0.300	0.300
	焊接钢管 DN20	m	5.31	0.300	0.300	0.300	0.300	0.300	0.300
	焊接钢管 DN40	m	13.77	3.000	－	－	－	－	－
	焊接钢管 DN50	m	17.54	－	3.000	－	－	－	－
	焊接钢管 DN65	m	18.69	－	－	3.000	－	－	－
	焊接钢管 DN80	m	32.77	－	－	－	3.000	－	－
	焊接钢管 DN100	m	41.39	－	－	－	－	3.000	－
	焊接钢管 DN150	m	71.33	－	－	－	－	－	3.000

·141·

定 额 编 号			11-3-36	11-3-37	11-3-38	11-3-39	11-3-40	11-3-41
项 目			公称直径(mm)					
			40 以内	50 以内	65 以内	80 以内	100 以内	150 以内
材	钢板平焊法兰 1.6MPa DN40	片	39.14	8.000	–	–	–	–	–
	钢板平焊法兰 1.6MPa DN50	片	46.78	–	8.000	–	–	–	–
	钢板平焊法兰 1.6MPa DN65	片	58.51	–	–	8.000	–	–	–
	钢板平焊法兰 1.6MPa DN80	片	72.80	–	–	–	8.000	–	–
	钢板平焊法兰 1.6MPa DN100	片	85.75	–	–	–	–	8.000	–
	钢板平焊法兰 1.6MPa DN150	片	115.35	–	–	–	–	–	8.000
	法兰闸阀 Z45T–10 DN40	个	106.00	3.000	–	–	–	–	–
	法兰闸阀 Z45T–10 DN50	个	127.00	–	3.000	–	–	–	–
	法兰闸阀 Z45T–10 DN65	个	152.00	–	–	3.000	–	–	–
	法兰闸阀 Z45T–10 DN80	个	228.00	–	–	–	3.000	–	–
	法兰闸阀 Z45T–10 DN100	个	274.19	–	–	–	–	3.000	–
	法兰闸阀 Z45T–10 DN150	个	513.94	–	–	–	–	–	3.000
料	螺纹旋塞(灰铸铁) X13T–10 DN15	个	43.00	1.010	1.010	1.010	1.010	1.010	1.010
	螺纹旋塞(灰铸铁) X13T–10 DN20	个	50.00	1.010	1.010	1.010	1.010	1.010	1.010
	钢锯条	根	0.89	1.500	1.500	1.500	1.500	1.500	1.500

定 额 编 号			11-3-36	11-3-37	11-3-38	11-3-39	11-3-40	11-3-41
项 目			公称直径(mm)					
			40 以内	50 以内	65 以内	80 以内	100 以内	150 以内
材 料	破布	kg	4.50	0.160	0.160	0.160	0.160	0.240	0.240
	线麻	kg	13.70	0.010	0.010	0.010	0.010	0.010	0.010
	碳钢气焊条	kg	5.85	0.100	0.100	0.100	0.100	0.100	0.100
	电焊条 结422 ϕ3.2	kg	6.70	1.190	1.190	1.720	1.880	2.630	4.730
	电	kW·h	0.85	0.038	0.055	0.072	0.084	0.104	0.167
	尼龙砂轮片 ϕ100	片	7.60	0.062	0.131	0.200	0.234	0.292	0.660
	清油	kg	8.80	0.080	0.080	0.080	0.160	0.160	0.240
	油浸石棉绳	kg	9.98	0.010	0.010	0.010	0.010	0.010	0.010
	石棉编绳 ϕ11~25 烧失量24%	kg	13.21	0.380	0.560	0.740	1.060	1.400	2.240
	汽轮机油（各种规格）	kg	8.80	0.560	0.560	0.560	0.560	0.800	0.800
	铅油	kg	8.50	0.280	0.320	0.400	0.560	0.810	1.130
	乙炔气	kg	29.50	0.130	0.130	0.180	0.300	0.380	0.510
	氧气	m³	3.60	0.350	0.350	0.490	0.830	0.105	1.430
	焦炭	kg	1.50	5.000	5.010	7.020	10.020	20.060	45.090
机 械	液压弯管机 D60mm	台班	197.29	0.046	0.055	0.074	0.083	0.147	0.166
	直流弧焊机 20kW	台班	84.19	0.607	0.607	0.846	0.846	0.994	1.214
	电焊条烘干箱 60×50×75cm³	台班	28.84	0.061	0.061	0.085	0.085	0.099	0.121

四、水表组成、安装
1. 螺纹水表

工作内容:切管、套丝、制垫、安装、水压试验。

单位:组

定 额 编 号			11-3-42	11-3-43	11-3-44	11-3-45	11-3-46
项 目			公称直径（mm）				
			15 以内	20 以内	25 以内	32 以内	40 以内
基 价 （元）			**33.29**	**38.72**	**46.45**	**58.09**	**68.85**
其 中	人 工 费 （元）		20.40	24.00	28.80	33.60	40.80
	材 料 费 （元）		12.89	14.72	17.65	24.49	28.05
	机 械 费 （元）		–	–	–	–	–
名 称	单位	单价(元)	数		量		
人工	综合工日	工日	80.00	0.255	0.300	0.360	0.420	0.510
材 料	螺纹水表 DN15	个	–	(1.000)	–	–	–	–
	螺纹水表 DN20	个	–	–	(1.000)	–	–	–
	螺纹水表 DN25	个	–	–	–	(1.000)	–	–
	螺纹水表 DN32	个	–	–	–	–	(1.000)	–

定 额 编 号			11-3-42	11-3-43	11-3-44	11-3-45	11-3-46
项 目			公称直径（mm）				
			15 以内	20 以内	25 以内	32 以内	40 以内
材 料	螺纹水表 DN40	个	–	–	–	–	–	(1.000)
	螺纹闸阀 Z15T－10K DN15	个	12.00	1.010	–	–	–	–
	螺纹闸阀 Z15T－10K DN20	个	13.80	–	1.010	–	–	–
	螺纹闸阀 Z15T－10K DN25	个	16.40	–	–	1.010	–	–
	螺纹闸阀 Z15T－10K DN32	个	23.00	–	–	–	1.010	–
	螺纹闸阀 Z15T－10K DN40	个	26.00	–	–	–	–	1.010
	橡胶板 各种规格	kg	9.68	0.050	0.050	0.080	0.090	0.130
	铅油	kg	8.50	0.010	0.010	0.010	0.014	0.020
	汽轮机油（各种规格）	kg	8.80	0.010	0.010	0.010	0.010	0.012
	线麻	kg	13.70	0.001	0.001	0.001	0.002	0.002
	钢锯条	根	0.89	0.110	0.130	0.140	0.170	0.260

定 额 编 号				11-3-47	11-3-48	11-3-49	11-3-50	11-3-51
项 目				公称直径（mm）				
				50 以内	80 以内	100 以内	125 以内	150 以内
基 价 （元）				**97.72**	**192.12**	**345.58**	**81.98**	**90.11**
其中	人 工 费 （元）			48.00	63.04	70.24	77.44	85.20
	材 料 费 （元）			49.72	129.08	275.34	4.54	4.91
	机 械 费 （元）			–	–	–	–	–
名 称		单位	单价(元)	数		量		
人工	综合工日	工日	80.00	0.600	0.788	0.878	0.968	1.065
材料	螺纹水表 DN50	个	–	(1.000)	–	–	–	–
	螺纹水表 DN80	个	–	–	(1.000)	–	–	–
	螺纹水表 DN100	个	–	–	–	(1.000)	–	–
	螺纹水表 DN125	个	–	–	–	–	(1.000)	–
	螺纹水表 DN150	个	–	–	–	–	–	(1.000)
	螺纹闸板阀 Z45T – 10K DN125	个	–	–	–	–	(1.010)	–
	螺纹闸板阀 Z45T – 10K DN150	个	–	–	–	–	–	(1.010)
	螺纹闸阀 Z15T – 10K DN50	个	47.00	1.010	–	–	–	–
	螺纹闸阀 Z15T – 10K DN80	个	125.00	–	1.010	–	–	–
	螺纹闸阀 Z15T – 10K DN100	个	269.00	–	–	1.010	–	–
	橡胶板 各种规格	kg	9.68	0.160	0.190	0.240	0.290	0.290
	铅油	kg	8.50	0.030	0.050	0.080	0.120	0.150
	汽轮机油（各种规格）	kg	8.80	0.012	0.015	0.015	0.020	0.020
	线麻	kg	13.70	0.003	0.005	0.005	0.007	0.007
	钢锯条	根	0.89	0.340	0.410	0.500	0.500	0.620

2. 焊接法兰水表(带旁通管及止回阀)

工作内容:切管、焊接、制垫、加垫、水表、止回阀、阀门安装、上螺栓、水压试验。

单位:组

定 额 编 号				11-3-52	11-3-53	11-3-54
项 目				公称直径(mm)		
				50 以内	80 以内	100 以内
基 价 (元)				**1666.05**	**2670.84**	**3168.93**
其中	人 工 费 (元)			171.60	256.80	290.40
	材 料 费 (元)			1401.00	2268.39	2707.62
	机 械 费 (元)			93.45	145.65	170.91
名 称		单位	单价(元)	数		量
人工	综合工日	工日	80.00	2.145	3.210	3.630
材料	法兰水表 DN50	个	—	(1.000)	—	—
	法兰水表 DN80	个	—	—	(1.000)	—
	法兰水表 DN100	个	—	—	—	(1.000)
	法兰闸阀 Z45T－10 DN50	个	127.00	3.000	—	—
	法兰闸阀 Z45T－10 DN80	个	228.00	—	3.000	—
	法兰闸阀 Z45T－10 DN100	个	274.19	—	—	3.000
	法兰止回阀 H44T－10 DN50	个	200.00	1.000	—	—
	法兰止回阀 H44T－10 DN80	个	310.00	—	1.000	—
	法兰止回阀 H44T－10 DN100	个	276.00	—	—	1.000
	钢板平焊法兰 1.6MPa DN50	片	46.78	14.000	—	—
	钢板平焊法兰 1.6MPa DN80	片	72.80	—	14.000	—

续前

定 额 编 号			11-3-52	11-3-53	11-3-54
项 目			公称直径（mm）		
			50 以内	80 以内	100 以内
材	钢板平焊法兰 1.6MPa DN100	片	85.75	–	–	14.000
	焊接钢管 DN50	m	17.54	1.750	–	–
	焊接钢管 DN80	m	32.77	–	2.000	–
	焊接钢管 DN100	m	41.39	–	–	2.250
	精制六角带帽螺栓带垫 M16×65~80	套	1.62	49.440	49.440	98.880
	石棉橡胶板 低压 0.8~1.0	kg	13.20	0.830	1.570	2.080
	电焊条 结422 φ3.2	kg	6.70	1.590	3.810	4.770
	氧气	m³	3.60	0.420	0.660	0.780
	乙炔气	m³	25.20	0.140	0.220	0.260
	铅油	kg	8.50	0.480	0.720	0.900
	清油	kg	8.80	0.060	0.090	0.120
	汽轮机油（各种规格）	kg	8.80	0.900	0.900	1.200
	压制弯头 φ57×5	个	5.46	2.000	–	–
	压制弯头 φ89×6	个	17.65	–	2.000	–
料	压制弯头 φ108×7	个	30.75	–	–	2.000
	棉丝	kg	7.50	0.240	0.300	0.360
	砂纸	张	1.00	2.400	3.000	3.000
机械	直流弧焊机 20kW	台班	84.19	1.110	1.730	2.030

定　额　编　号				11-3-55	11-3-56	11-3-57	11-3-58
项　　　　目				公称直径（mm）			
				150 以内	200 以内	250 以内	300 以内
基　　　价　（元）				**5203.62**	**8250.37**	**10867.16**	**15329.83**
其中	人　工　费（元）			396.00	684.00	909.04	1115.44
	材　料　费（元）			4618.19	7149.63	9261.58	13377.06
	机　械　费（元）			189.43	416.74	696.54	837.33
名　　　称		单位	单价(元)	数		量	
人工	综合工日	工日	80.00	4.950	8.550	11.363	13.943
材料	法兰水表 DN150	个	－	(1.000)	－	－	－
	法兰水表 DN200	个	－	－	(1.000)	－	－
	法兰水表 DN250	个	－	－	－	(1.000)	－
	法兰水表 DN300	个	－	－	－	－	(1.000)
	法兰闸阀 Z45T－10 DN150	个	513.94	3.000	－	－	－
	法兰闸阀 Z45T－10 DN200	个	862.94	－	3.000	－	－
	法兰闸阀 Z45T－10 DN250	个	1100.00	－	－	3.000	－
	法兰闸阀 Z45T－10 DN300	个	1624.00	－	－	－	3.000
	法兰止回阀 H44T－10 DN150	个	586.00	1.000	－	－	－
	法兰止回阀 H44T－10 DN200	个	766.75	－	1.000	－	－
	法兰止回阀 H44T－10 DN250	个	876.00	－	－	1.000	－
	法兰止回阀 H44T－10 DN300	个	1310.00	－	－	－	1.000
	钢板平焊法兰 1.6MPa DN150	片	115.35	14.000	－	－	－
料	钢板平焊法兰 1.6MPa DN200	片	146.31	－	14.000	－	－
	钢板平焊法兰 1.6MPa DN250	片	178.48	－	－	14.000	－
	钢板平焊法兰 1.6MPa DN300	片	267.59	－	－	－	14.000

	定　额　编　号			11-3-55	11-3-56	11-3-57	11-3-58
	项　　　目			公称直径（mm）			
				150 以内	200 以内	250 以内	300 以内
材	焊接钢管 DN150	m	71.33	2.500	–	–	–
	无缝钢管 $\phi219 \times 7$	m	199.52	–	3.000	–	–
	无缝钢管 $\phi273 \times 7$	m	250.34	–	–	3.250	–
	无缝钢管 $\phi325 \times 8$	m	352.71	–	–	–	3.450
	精制六角带帽螺栓带垫 M20×85~100	套	3.86	98.880	148.320	–	–
	精制六角带帽螺栓带垫 M22×90~120	套	5.80	–	–	148.320	148.320
	石棉橡胶板 低压 0.8~1.0	kg	13.20	3.310	3.970	4.390	4.800
	电焊条 结422 $\phi3.2$	kg	6.70	7.060	18.150	36.270	41.360
	氧气	m³	3.60	1.240	1.810	2.580	3.040
	乙炔气	m³	25.20	0.410	0.600	0.860	1.010
	铅油	kg	8.50	1.680	2.040	2.400	3.260
	清油	kg	8.80	0.180	0.180	0.240	0.330
	汽轮机油（各种规格）	kg	8.80	1.500	1.800	1.800	2.450
	压制弯头 $\phi159 \times 8$	个	86.63	2.000	–	–	–
	压制弯头 $\phi219 \times 9$	个	167.92	–	2.000	–	–
料	压制弯头 $\phi273 \times 8$	个	266.15	–	–	2.000	–
	压制弯头 $\phi325 \times 8$	个	465.10	–	–	–	2.000
	棉丝	kg	7.50	0.420	0.480	0.590	0.700
	砂纸	张	1.00	4.200	4.800	6.000	7.200
机	直流弧焊机 20kW	台班	84.19	2.250	4.950	7.050	8.550
械	电动卷扬机（单筒慢速）50kN	台班	145.07	–	–	0.500	0.600
	载货汽车 5t	台班	507.79	–	–	0.060	0.060

3. 焊接法兰水表(不带旁通管及止回阀)

工作内容:切管、焊接、制垫、加垫、水表、阀门安装,上螺栓、水压试验。

单位:组

定 额 编 号				11-3-59	11-3-60	11-3-61
项 目				公称直径(mm)		
				50 以内	80 以内	100 以内
基 价 (元)				**320.95**	**551.15**	**653.23**
其中	人 工 费 (元)			47.44	76.80	98.40
	材 料 费 (元)			262.57	454.99	532.10
	机 械 费 (元)			10.94	19.36	22.73
名 称		单位	单价(元)	数		量
人工	综合工日	工日	80.00	0.593	0.960	1.230
材料	法兰水表 DN50	个	–	(1.000)	–	–
	法兰水表 DN80	个	–	–	(1.000)	–
	法兰水表 DN100	个	–	–	–	(1.000)
	法兰闸阀 Z45T-10 DN50	个	127.00	1.000	–	–
	法兰闸阀 Z45T-10 DN80	个	228.00	–	1.000	–
	法兰闸阀 Z45T-10 DN100	个	274.19	–	–	1.000
	钢板平焊法兰 1.6MPa DN50	片	46.78	2.000	–	–
	钢板平焊法兰 1.6MPa DN80	片	72.80	–	2.000	–
	钢板平焊法兰 1.6MPa DN100	片	85.75	–	–	2.000
	精制六角带帽螺栓带垫 M16×85~140	套	2.62	12.360	24.720	24.720
	电焊条 结422 ϕ3.2	kg	6.70	0.210	0.490	0.590
	氧气	m³	3.60	0.040	0.060	0.070
	乙炔气	m³	25.20	0.020	0.020	0.030
	石棉橡胶板 低压 0.8~1.0	kg	13.20	0.240	0.450	0.600
	其他材料费	元	–	4.400	6.680	8.760
机械	直流弧焊机 20kW	台址	84.19	0.130	0.230	0.270

定　额　编　号			11-3-62	11-3-63	11-3-64	11-3-65
项　　　　目			公称直径（mm）			
			150 以内	200 以内	250 以内	300 以内
基　　　价　（元）			**1058.48**	**1626.53**	**2153.51**	**2952.96**
其中	人　工　费（元）		160.80	234.00	321.04	375.04
	材　料　费（元）		872.42	1336.96	1753.33	2477.73
	机　械　费（元）		25.26	55.57	79.14	100.19
名　　称	单位	单价(元)	数		量	
人工 综合工日	工日	80.00	2.010	2.925	4.013	4.688
材料 法兰水表 DN150	个	－	(1.000)	－	－	－
法兰水表 DN200	个	－	－	(1.000)	－	－
法兰水表 DN250	个	－	－	－	(1.000)	－
法兰水表 DN300	个	－	－	－	－	(1.000)
法兰闸阀 Z45T－10 DN150	个	513.94	1.000	－	－	－
法兰闸阀 Z45T－10 DN200	个	862.94	－	1.000	－	－
法兰闸阀 Z45T－10 DN250	个	1100.00	－	－	1.000	－

单位:组

定　额　编　号			11-3-62	11-3-63	11-3-64	11-3-65
项　　　　目			公称直径（mm）			
			150 以内	200 以内	250 以内	300 以内
材	法兰闸阀 Z45T－10 DN300	个	1624.00	–	–	–	1.000
	钢板平焊法兰 1.6MPa DN150	片	115.35	2.000	–	–	–
	钢板平焊法兰 1.6MPa DN200	片	146.31	–	2.000	–	–
	钢板平焊法兰 1.6MPa DN250	片	178.48	–	–	2.000	–
	钢板平焊法兰 1.6MPa DN300	片	267.59	–	–	–	2.000
	精制六角带帽螺栓带垫 M20×85～100	套	3.86	24.720	37.080	–	–
	精制六角带帽螺栓带垫 M22×90～120	套	5.80	–	–	37.080	37.080
料	电焊条 结422 φ3.2	kg	6.70	0.880	0.230	4.880	5.790
	氧气	m³	3.60	0.110	0.150	0.220	0.260
	乙炔气	m³	25.20	0.040	0.050	0.070	0.090
	石棉橡胶板 低压 0.8～1.0	kg	13.20	0.830	0.990	1.100	1.200
	其他材料费	元	–	14.100	21.860	31.530	45.650
机械	直流弧焊机 20kW	台班	84.19	0.300	0.660	0.940	1.190

第四章　卫生器具制作安装

说　　明

一、卫生器具安装项目,是参照《全国通用给水排水标准图集》中有关标准图集计算的,除以下说明者外,设计无特殊要求均不做调整。

二、成组安装的卫生器具,定额均已按标准图计算了与给水、排水管道连接的人工和材料。

三、洗脸盆、化验盆、洗涤盆、拖布池、高(无)水箱蹲式大便器、小便器适用于各种型号。

四、化验盆中的鹅颈水嘴、化验单嘴、双嘴适用于成品件安装。

五、小便槽冲洗管制作安装定额中,不包括阀门安装,可按相应子目另行计算。

六、大、小便槽水箱托架安装已按标准图集计算在定额内,不得另行计算。

七、容积式水加热器安装,定额内已按标准图计算了其中的附件,但不包括安全阀安装、本体保温、刷油和基础砌筑。

工程量计算规则

一、卫生器具安装以"10 组"为计量单位,已按标准图综合了卫生器具与给水管、排水管连接的人工和材料用量,不得另行计算。

二、大便槽、小便槽自动冲洗水箱安装以"10 套"为计量单位,已包括了水箱托架的制作安装,不得另行计算。

三、小便槽冲洗管制作与安装以"10m"为计量单位,不包括阀门安装,其工程量可按相应定额另行计算。

四、拖布池安装按相应子目执行,以"10组"为计量单位。

五、容积式水加热器安装以"台"为计量单位。

一、洗脸盆、洗手盆安装

工作内容: 留堵洞眼、栽木砖、切管、套丝、上附件、盆及托架安装、上下水管连接、试水。

单位:10组

定 额 编 号			11-4-1	11-4-2	11-4-3	11-4-4
项 目			洗脸盆			洗手盆
			钢管组成			
			普通冷水嘴	冷水	冷热水	
基 价 (元)			**928.26**	**1759.73**	**2930.45**	**1333.96**
其中	人 工 费 (元)		283.20	316.80	390.64	156.00
	材 料 费 (元)		645.06	1442.93	2539.81	1177.96
	机 械 费 (元)		—	—	—	—
名 称	单位	单价(元)	数		量	
人工 综合工日	工日	80.00	3.540	3.960	4.883	1.950
材料 存水弯 塑料 DN32	个	6.30	10.050	10.050	10.050	—
镀锌管箍 DN15	个	0.54	10.100	—	—	10.100
橡胶板 各种规格	kg	9.68	0.150	0.150	0.150	0.150
铅油	kg	8.50	0.360	0.360	0.640	0.200
汽轮机油（各种规格）	kg	8.80	0.200	0.200	0.400	0.100
油灰	kg	5.00	1.000	1.000	1.000	1.000
红松原木 6m×30cm 以上	m³	1560.00	0.010	0.010	0.010	0.010
木螺丝 6×50	个	0.05	62.400	62.400	62.400	41.600

定 额 编 号				11-4-1	11-4-2	11-4-3	11-4-4
项 目				洗脸盆			洗手盆
				钢管组成			
				普通冷水嘴	冷水	冷热水	
材	普通硅酸盐水泥 42.5	kg	0.36	3.000	3.000	3.000	3.000
	河砂	m³	42.00	0.020	0.020	0.020	–
	线麻	kg	13.70	0.100	0.100	0.150	0.100
	防腐油	kg	1.78	0.500	0.500	0.500	0.200
	钢锯条	根	0.89	2.000	2.000	3.000	1.000
	洗脸盆	个	–	(10.100)	(10.100)	(10.100)	–
	镀锌钢管 DN15	m	5.04	1.000	4.000	8.000	0.500
	冷水嘴（全铜磨光 15）	个	28.00	10.100	–	–	10.100
	洗脸盆下水口（塑料）DN32	个	10.00	10.100	10.100	10.100	–
	洗脸盆托架	副	15.00	10.100	10.100	10.100	–
	镀锌弯头 DN15	个	0.25	–	10.100	20.200	10.100
	镀锌活接头 DN15	个	2.79	–	10.100	20.200	–
	立式水嘴 DN15	个	85.00	–	10.100	20.200	–
料	铜截止阀 DN15	个	18.00	–	10.100	20.200	–
	洗手盆	个	–	–	–	–	(10.100)
	洗手盆存水弯下水口 DN25	个	85.00	–	–	–	10.050

二、洗涤盆、化验盆安装

1. 洗涤盆安装

工作内容:栽螺栓、切管、套丝、上零件、器具安装、托架安装、上下水管连接、试水。

单位:10 组

定　额　编　号			11-4-5	11-4-6	11-4-7	11-4-8	11-4-9
项　　　　　目			洗涤盆				
			单嘴	双嘴	肘式开关		脚踏开关
					单把	双把	
基　　价　（元）			**884.35**	**1085.36**	**764.44**	**821.37**	**922.84**
其中	人　工　费（元）		259.84	276.64	300.64	347.44	358.24
	材　料　费（元）		624.51	808.72	463.80	473.93	564.60
	机　械　费（元）		－	－	－	－	－
名　　称	单位	单价(元)	数		量		
人工 综合工日	工日	80.00	3.248	3.458	3.758	4.343	4.478
材料	洗涤盆	个	－	(10.100)	(10.100)	(10.100)	(10.100)	(10.100)
	肘式开关(带弯管)	套	－	－	－	(10.100)	(10.100)	－
	脚踏开关(带弯管)	套	－	－	－	－	－	(10.100)
	洗手喷头(带弯管)	套	－	－	－	－	－	(10.100)
	汽水嘴（全铜磨光)15	个	16.00	10.100	20.200	－	－	－
	排水栓(带链堵) DN50 铝合金	套	15.00	10.100	10.100	10.100	10.100	10.100
	存水弯 塑料 S 型 DN50	个	9.55	10.050	10.050	10.050	10.050	10.050

定 额 编 号				11-4-5	11-4-6	11-4-7	11-4-8	11-4-9
项 目				洗涤盆				
				单嘴	双嘴	肘式开关		脚踏开关
						单把	双把	
材 料	洗涤盆托架 −40×5	副	8.00	10.100	10.100	10.100	10.100	10.100
	精制六角带帽螺栓 M6×100	套	0.21	41.200	41.200	41.200	41.200	41.200
	镀锌钢管 DN15	m	5.04	0.600	2.400	0.600	2.000	13.000
	镀锌管箍 DN15	个	0.54	10.100	20.200	10.100	−	−
	镀锌弯头 DN15	个	0.25	−	20.200	−	20.200	40.400
	镀锌活接头 DN15	个	2.79	−	−	−	−	10.100
	焊接钢管 DN50	m	17.54	4.000	4.000	4.000	4.000	4.000
	黑玛钢管箍 DN50	个	2.68	10.100	10.100	10.100	10.100	10.100
	橡胶板 各种规格	kg	9.68	0.200	0.200	0.200	0.200	0.200
	油灰	kg	5.00	1.500	1.500	1.500	1.500	1.500
	铅油	kg	8.50	0.280	0.400	0.280	0.400	0.450
	汽轮机油（各种规格）	kg	8.80	0.200	0.300	0.200	0.300	0.300
	普通硅酸盐水泥 42.5	kg	0.36	10.000	10.000	10.000	10.000	10.000
	河砂	m³	42.00	0.020	0.020	0.020	0.020	0.020
	线麻	kg	13.70	0.100	0.150	0.100	0.150	0.200
	钢锯条	根	0.89	1.000	1.500	2.000	3.000	4.000

2. 化验盆安装

工作内容:切管、套丝、上零件、托架器具安装、上下水管连接、试水。

单位:10组

定 额 编 号			11-4-10	11-4-11	11-4-12	11-4-13	11-4-14
项 目			化验盆				
			单联	双联	三联	脚踏开关	鹅颈水嘴
基 价 （元）			**1295.61**	**1564.91**	**1783.71**	**870.26**	**689.61**
其中	人 工 费 （元）		259.84	276.64	293.44	347.44	259.84
	材 料 费 （元）		1035.77	1288.27	1490.27	522.82	429.77
	机 械 费 （元）		－	－	－	－	－
名 称	单位	单价（元）	数		量		
人工 综合工日	工日	80.00	3.248	3.458	3.668	4.343	3.248
材料 化验盆	个	－	(10.100)	(10.100)	(10.100)	(10.100)	(10.100)
脚踏式开关阀门	套	－	－	－	－	(10.100)	－
鹅颈水嘴	个	－	－	－	－	－	(10.100)
化验盆托架 $\phi12$	个	12.00	10.100	10.100	10.100	10.100	10.100
化验水嘴 单联	套	60.00	10.100	－	－	－	－
化验水嘴 二联	套	85.00	－	10.100	－	－	－

定 额 编 号			11-4-10	11-4-11	11-4-12	11-4-13	11-4-14
项 目			化验盆				
			单联	双联	三联	脚踏开关	鹅颈水嘴
材 料	化验水嘴 三联	套	105.00	–	–	10.100	–	–
	排水栓（带链堵）DN50 铝合金	套	15.00	10.100	10.100	10.100	10.100	10.100
	镀锌钢管 DN15	m	5.04	2.000	2.000	2.000	13.000	2.000
	镀锌管箍 DN15	个	0.54	10.100	10.100	10.100	–	10.100
	焊接钢管 DN50	m	17.54	6.000	6.000	6.000	6.000	6.000
	黑玛钢管箍 DN50	个	2.68	10.100	10.100	10.100	10.100	10.100
	橡胶板 各种规格	kg	9.68	0.200	0.200	0.200	0.200	0.200
	镀锌弯头 DN15	个	0.25	–	–	–	40.400	–
	镀锌活接头 DN15	个	2.79	–	–	–	10.100	–
	铅油	kg	8.50	0.280	0.280	0.280	0.450	0.280
	汽轮机油（各种规格）	kg	8.80	0.200	0.200	0.200	0.300	0.200
	线麻	kg	13.70	0.100	0.100	0.100	0.150	0.100
	钢锯条	根	0.89	2.000	2.000	2.000	4.000	2.000

3. 拖布池安装

工作内容:栽螺栓、切管、套丝、上零件、器具安装、托架安装、上下水管连接、试水。

单位:10组

定 额 编 号			11-4-15
项 目			拖布池
基 价 (元)			**788.77**
其中	人 工 费 (元)		202.08
	材 料 费 (元)		586.69
	机 械 费 (元)		—
名 称	单位	单价(元)	数 量
人工 综合工日	工日	80.00	2.526
材料 拖布池	个	—	(10.100)
冷水嘴(全铜磨光15)	个	28.00	10.100
排水栓(带链堵)DN50 铝合金	套	15.00	10.100
镀锌钢管 DN15	m	5.04	1.300
焊接钢管 DN50	m	17.54	4.000
镀锌管箍 DN15	个	0.54	10.100
黑玛钢管箍 DN50	个	2.68	10.100
膨胀螺栓 M16	套	0.36	41.200
钢锯条	根	0.89	2.000
油灰	kg	5.00	1.500
聚四氟乙烯生料带 20×0.1 180m/kg	m	0.40	6.600
水泥砂浆 M10	m³	164.08	0.100

三、淋浴器组成、安装

工作内容: 留堵洞眼、栽木砖、切管、套丝、淋浴器组成与安装、试水。

单位:10 组

定 额 编 号				11-4-16	11-4-17	11-4-18	11-4-19
项　　　目				钢管组成		铜管制品	
				冷水	冷热水	冷水	冷热水
基　　价　（元）				**449.91**	**882.77**	**133.46**	**214.08**
其中	人　工　费　（元）			134.40	336.00	67.20	114.00
	材　料　费　（元）			315.51	546.77	66.26	100.08
	机　械　费　（元）			－	－	－	－
名　　　称		单位	单价（元）	数		量	
人工	综合工日	工日	80.00	1.680	4.200	0.840	1.425
材料	莲蓬喷头	个	－	(10.000)	(10.000)	－	－
	单管成品淋浴器	套	－	－	－	(10.000)	(10.000)
	镀锌钢管 DN15	m	5.04	18.000	25.000	1.000	3.000
	镀锌弯头 DN15	个	0.25	10.100	30.300	－	－
	镀锌管箍 DN15	个	0.54	－	－	10.100	20.200

定 额 编 号			11-4-16	11-4-17	11-4-18	11-4-19
项 目			钢管组成		铜管制品	
			冷水	冷热水	冷水	冷热水
材料	镀锌活接头 DN15	个	2.79	10.100	10.100	–	–
	镀锌三通 DN15	个	0.42	–	10.100	–	–
	管卡子(单立管) DN25	个	0.55	10.500	10.500	–	–
	螺纹截止阀 J11T－16 DN15	个	17.85	10.100	20.200	–	–
	红松原木 6m×30cm 以上	m³	1560.00	–	–	0.030	0.040
	木螺丝 6×50	个	0.05	–	–	83.200	124.800
	铅油	kg	8.50	0.240	0.600	0.100	0.140
	汽轮机油（各种规格）	kg	8.80	0.200	0.400	0.070	0.100
	普通硅酸盐水泥 42.5	kg	0.36	3.000	3.000	3.000	3.000
	砂	kg	0.04	0.020	0.020	0.020	0.020
	线麻	kg	13.70	0.100	0.150	0.100	0.100
	钢锯条	根	0.89	2.000	3.000	1.000	1.000

四、蹲式大便器安装

工作内容:留堵洞眼、栽木砖、切管、套丝、大便器与水箱及附件安装、上下水管连接、试水。

定 额 编 号			11-4-20	11-4-21	11-4-22
项　　　　目			蹲式		
			瓷高水箱	瓷低水箱	普通阀冲洗
基　　价　（元）			**1392.92**	**1408.87**	**1075.54**
其中	人　工　费　（元）		579.60	579.60	345.60
	材　料　费　（元）		813.32	829.27	729.94
	机　械　费　（元）		－	－	－
名　　　　称	单位	单价(元)	数		量
人工 综合工日	工日	80.00	7.245	7.245	4.320
材料 瓷蹲式大便器	个	－	(10.100)	(10.100)	(10.100)
瓷蹲式大便器高水箱	个	－	(10.100)	－	－
瓷蹲式大便器高水箱配件	套	－	(10.100)	－	－
瓷蹲式大便器低水箱	个	－	－	(10.100)	－
瓷蹲式大便器低水箱配件	套	－	－	(10.100)	－
螺纹截止阀 J11T－16 DN25	个	25.84	－	－	10.100
角型阀（带铜活）DN15	个	21.00	10.100	10.100	－
镀锌钢管 DN50	m	22.64	－	11.000	－
镀锌钢管 DN25	m	9.91	25.000	－	15.000
镀锌钢管 DN15	m	5.04	3.000	－	－
镀锌弯头 DN50	个	4.80	－	10.100	－
镀锌弯头 DN25	个	1.28	10.100	－	10.100

续前

定 额 编 号			11-4-20	11-4-21	11-4-22
项 目			蹲式		
			瓷高水箱	瓷低水箱	普通阀冲洗
材	镀锌弯头 DN15	个	0.25	10.100	10.100	–
	镀锌活接头 DN25	个	4.79	–	–	10.100
	镀锌活接头 DN15	个	2.79	10.100	10.100	–
	大便器存水弯 DN100（瓷）	个	12.50	10.050	10.050	10.050
	大便器胶皮碗	个	1.60	11.000	11.000	11.000
	管卡子(单立管) DN25	个	0.55	10.500	–	–
	红砖 240×115×53	块	0.30	160.000	160.000	160.000
	橡胶板 各种规格	kg	9.68	0.200	0.200	0.200
	铅油	kg	8.50	0.320	0.320	0.200
	汽轮机油（各种规格）	kg	8.80	0.150	0.150	0.100
	油灰	kg	5.00	5.000	5.000	5.000
	铜丝 16 号	kg	45.00	0.800	0.800	0.800
	红松原木 6m×30cm 以上	m³	1560.00	0.010	0.010	–
	木螺丝 6×50	个	0.05	31.200	31.200	–
料	铅板 各种规格	kg	17.70	0.300	0.300	–
	线麻	kg	13.70	0.150	0.150	0.100
	普通硅酸盐水泥 42.5	kg	0.36	10.000	10.000	–
	河砂	m³	42.00	0.020	0.020	–
	钢锯条	根	0.89	2.000	2.000	1.000

定 额 编 号			11-4-23	11-4-24
项 目			蹲式	
			手押阀冲洗	脚踏阀冲洗
基 价 （元）			**814.56**	**792.73**
其中	人 工 费 （元）		345.60	345.60
	材 料 费 （元）		468.96	447.13
	机 械 费 （元）		－	－
名 称	单位	单价(元)	数	量
人工	综合工日	工日	80.00	4.320	4.320
材料	瓷蹲式大便器	个	－	(10.100)	(10.100)
	大便器手押阀 DN25	个	－	(10.100)	－
	大便器脚踏阀	个	－	－	(10.100)
	镀锌钢管 DN25	m	9.91	15.000	10.000
	镀锌钢管 DN15	m	5.04	－	5.000
	镀锌弯头 DN25	个	1.28	10.100	10.100

定 额 编 号				11-4-23	11-4-24
项 目				蹲式	
				手押阀冲洗	脚踏阀冲洗
材	镀锌弯头 DN15	个	0.25	–	10.100
	镀锌活接头 DN25	个	4.79	10.100	10.100
	大便器存水弯 DN100（瓷）	个	12.50	10.050	10.050
	大便器胶皮碗	个	1.60	11.000	11.000
	红砖 240×115×53	块	0.30	160.000	160.000
	橡胶板 各种规格	kg	9.68	0.200	0.200
	铅油	kg	8.50	0.200	0.200
	汽轮机油（各种规格）	kg	8.80	0.100	0.100
	油灰	kg	5.00	5.000	5.000
	铜丝 16 号	kg	45.00	0.800	0.800
料	线麻	kg	13.70	0.100	0.100
	钢锯条	根	0.89	1.000	1.000

五、大便槽自动冲洗水箱安装

工作内容：留堵洞眼、裁托架、切管、套丝、水箱安装、试水。

单位：10 套

定　额　编　号			11-4-25	11-4-26	11-4-27
项　　　目			大便槽自动冲洗水箱（L）		
			40	48	64.4
基　　价　（元）			**2334.98**	**2348.98**	**2393.98**
其中	人　工　费　（元）		325.84	325.84	325.84
	材　料　费　（元）		2009.14	2023.14	2068.14
	机　械　费　（元）		—	—	—
名　　　称	单位	单价（元）	数		量
人工 综合工日	工日	80.00	4.073	4.073	4.073
铁制自动冲洗水箱	个	—	(10.000)	(10.000)	(10.000)
水箱自动冲洗阀 DN50	个	108.00	10.100	10.100	10.100
大便自动冲洗水箱托架 40L	副	25.30	10.000	—	—
大便自动冲洗水箱托架 48L	副	26.70	—	10.000	—
大便自动冲洗水箱托架 64.4L	副	31.20	—	—	10.000
水箱进水嘴 DN15	个	25.00	10.100	10.100	10.100
焊接钢管 DN50	m	17.54	20.000	20.000	20.000
黑玛钢管箍 DN50	个	2.68	10.000	10.000	10.000
管卡子(单立管) DN50	个	1.32	10.000	10.000	10.000
普通硅酸盐水泥 42.5	kg	0.36	13.000	13.000	13.000
河砂	m³	42.00	0.030	0.030	0.030
橡胶板 各种规格	kg	9.68	0.350	0.350	0.350
铅油	kg	8.50	0.710	0.710	0.710
汽轮机油（各种规格）	kg	8.80	0.300	0.300	0.300
线麻	kg	13.70	0.100	0.100	0.100
钢锯条	根	0.89	3.000	3.000	3.000

定　　额　　编　　号			11-4-28	11-4-29	11-4-30	11-4-31
项　　　　　目			大便槽自动冲洗水箱(L)			
			67.5	81	94.5	108
基　　价　（元）			**2463.98**	**2477.58**	**2490.14**	**2429.64**
其中	人　工　费　（元）		325.84	325.84	325.84	325.84
	材　料　费　（元）		2138.14	2151.74	2164.30	2103.80
	机　械　费　（元）		－	－	－	－
名　　　　　称	单位	单价(元)	数		量	
人工 综合工日	工日	80.00	4.073	4.073	4.073	4.073
材　料 铁制自动冲洗水箱	个	－	(10.000)	(10.000)	(10.000)	(10.000)
水箱自动冲洗阀 DN50	个	108.00	10.100	10.100	10.100	10.100
大便自动冲洗水箱托架 67L	副	38.20	10.000	－	－	－
大便自动冲洗水箱托架 81L	副	39.56	－	10.000	－	－
大便自动冲洗水箱托架 94.5L	副	40.56	－	－	10.000	－
大便自动冲洗水箱托架 108L	副	34.51	－	－	－	10.000
水箱进水嘴 DN15	个	25.00	10.100	10.100	10.100	10.100
焊接钢管 DN50	m	17.54	20.000	20.000	20.000	20.000
黑玛钢管箍 DN50	个	2.68	10.000	10.000	10.000	10.000
管卡子(单立管) DN50	个	1.32	10.000	10.000	10.000	10.000
普通硅酸盐水泥 42.5	kg	0.36	13.000	13.000	13.000	13.000
河砂	m³	42.00	0.030	0.030	0.030	0.030
橡胶板 各种规格	kg	9.68	0.350	0.350	0.370	0.370
铅油	kg	8.50	0.710	0.710	0.780	0.780
汽轮机油（各种规格）	kg	8.80	0.300	0.300	0.400	0.400
线麻	kg	13.70	0.100	0.100	0.100	0.100
钢锯条	根	0.89	3.000	3.000	4.000	4.000

六、小便槽自动冲洗水箱安装

工作内容：留堵洞眼、裁托架、切管、套丝、水箱安装、试水。

单位：10 套

定　额　编　号			11-4-32	11-4-33	11-4-34	11-4-35	11-4-36
项　　　　　目			小便槽自动冲洗水箱（L）				
			8.4	10.9	16.1	20.7	25.9
基　　　价　（元）			**990.33**	**990.33**	**1184.00**	**1217.60**	**1389.78**
其中	人　工　费　（元）		235.20	235.20	235.20	268.80	268.80
	材　料　费　（元）		755.13	755.13	948.80	948.80	1120.98
	机　械　费　（元）		—	—	—	—	—
名　　称	单位	单价（元）	数			量	
人工 综合工日	工日	80.00	2.940	2.940	2.940	3.360	3.360
材料 铁制自动冲洗水箱 8.4L	个	—	(10.000)	—	—	—	—
铁制自动冲洗水箱 10.9L	个	—	—	(10.000)	—	—	—
铁制自动冲洗水箱 16.1L	个	—	—	—	(10.000)	—	—
铁制自动冲洗水箱 20.7L	个	—	—	—	—	(10.000)	—
铁制自动冲洗水箱 25.9L	个	—	—	—	—	—	(10.000)

定　额　编　号				11-4-32	11-4-33	11-4-34	11-4-35	11-4-36
项　　目				小便槽自动冲洗水箱(L)				
				8.4	10.9	16.1	20.7	25.9
材 料	水箱进水嘴 DN15	个	25.00	10.100	10.100	10.100	10.100	10.100
	水箱自动冲洗阀 DN20	个	42.00	10.100	10.100	–	–	–
	水箱自动冲洗阀 DN25	个	61.00	–	–	10.100	10.100	–
	水箱自动冲洗阀 DN32	个	78.00	–	–	–	–	10.100
	小便自动冲洗水箱托架	副	6.70	10.000	10.000	10.000	10.000	10.000
	普通硅酸盐水泥 42.5	kg	0.36	7.000	7.000	7.000	7.000	7.000
	河砂	m³	42.00	0.020	0.020	0.020	0.020	0.020
	橡胶板 各种规格	kg	9.68	0.200	0.200	0.250	0.250	0.300
	铅油	kg	8.50	0.300	0.300	0.400	0.400	0.400
	汽轮机油（各种规格）	kg	8.80	0.150	0.150	0.200	0.200	0.200
	线麻	kg	13.70	0.100	0.100	0.100	0.100	0.100
	钢锯条	根	0.89	1.000	1.000	1.000	1.000	1.000

七、小便器安装

工作内容:裁木砖、切管、套丝、小便器安装、上下水管连接、试水。

单位:10套

定 额 编 号			11-4-37	11-4-38
项 目			挂斗式	立式
			普通式	
基 价 (元)			**742.38**	**1417.26**
其中	人 工 费 (元)		171.36	205.04
	材 料 费 (元)		571.02	1212.22
	机 械 费 (元)		–	–
名 称	单位	单价(元)	数	量
人工 综合工日	工日	80.00	2.142	2.563
材料 挂斗式小便器	个	–	(10.100)	–
小便器存水弯 塑料 DN32	个	25.00	10.050	10.050
小便器角型阀 DN15	个	25.00	10.100	–
镀锌钢管 DN15	m	5.04	1.500	1.500
镀锌管箍 DN15	个	0.54	10.100	10.100
镀锌压盖 DN32	个	0.95	10.600	–
镀锌锁紧螺母 1.5×40	个	0.86	10.600	–
红松原木 6m×30cm 以上	m³	1560.00	0.010	–

定 额 编 号				11-4-37	11-4-38
项 目				挂斗式	立式
				普通式	
材 料	木螺丝 6×50	个	0.05	41.600	–
	油灰	kg	5.00	0.700	1.000
	铅板 各种规格	kg	17.70	0.400	–
	铅油	kg	8.50	0.170	0.220
	汽轮机油（各种规格）	kg	8.80	0.100	0.100
	普通硅酸盐水泥 42.5	kg	0.36	5.000	3.000
	河砂	m³	42.00	0.010	0.010
	线麻	kg	13.70	0.100	0.060
	钢锯条	根	0.89	1.000	2.000
	承插铸铁排水管 DN50	m	24.90	–	3.000
	橡胶板 各种规格	kg	9.68	–	0.300
	立式小便器	个	–	–	(10.100)
	排水栓(带链堵) DN50 铝合金	套	15.00	–	10.100
	角式长柄截止阀 DN15	个	35.00	–	10.100
	喷水鸭嘴 DN15	个	35.00	–	10.100

八、水龙头安装

工作内容:上水嘴、试水。

定　额　编　号			11-4-39	11-4-40	11-4-41
项　　　目			公称直径(mm)		
			15 以内	20 以内	25 以内
基　　价　(元)			**17.79**	**17.79**	**23.23**
其 中	人　工　费　(元)		16.80	16.80	22.24
	材　料　费　(元)		0.99	0.99	0.99
	机　械　费　(元)		−	−	−
	名　　　称	单位	单价(元)	数	量
人工	综合工日	工日	80.00	0.210	0.210	0.278
材 料	铜水嘴	个	−	(10.100)	(10.100)	(10.100)
	铅油	kg	8.50	0.100	0.100	0.100
	线麻	kg	13.70	0.010	0.010	0.010

九、排水栓安装

工作内容:切管、套丝、上零件、安装、与下水管连接、试水。

单位:10 组

定 额 编 号			11-4-42	11-4-43	11-4-44	11-4-45	11-4-46	11-4-47
项 目			带存水弯			不带存水弯		
			32	40	50	32	40	50
基 价 (元)			**185.39**	**198.79**	**219.29**	**148.92**	**174.93**	**202.11**
其中	人 工 费 (元)		114.00	114.00	114.00	79.84	79.84	79.84
	材 料 费 (元)		71.39	84.79	105.29	69.08	95.09	122.27
	机 械 费 (元)		—	—	—	—	—	—
名 称	单位	单价(元)	数		量			
人工 综合工日	工日	80.00	1.425	1.425	1.425	0.998	0.998	0.998
材料 排水栓带链堵	套	—	(10.000)	(10.000)	(10.000)	(10.000)	(10.000)	(10.000)
存水弯 塑料 DN32	个	6.30	10.050	—	—	—	—	—
存水弯 塑料 S 型 DN40	个	7.56	—	10.050	—	—	—	—
存水弯 塑料 S 型 DN50	个	9.55	—	—	10.050	—	—	—
焊接钢管 DN32	m	10.20	—	—	—	5.000	—	—
焊接钢管 DN40	m	13.77	—	—	—	—	5.000	—
焊接钢管 DN50	m	17.54	—	—	—	—	—	5.000
黑玛钢管箍 DN32	个	1.14	—	—	—	10.100	—	—
黑玛钢管箍 DN40	个	1.90	—	—	—	—	10.100	—
黑玛钢管箍 DN50	个	2.68	—	—	—	—	—	10.100
橡胶板 各种规格	kg	9.68	0.350	0.400	0.400	0.350	0.400	0.400
普通硅酸盐水泥 42.5	kg	0.36	4.000	4.000	4.000	4.000	4.000	4.000
料 铅油	kg	8.50	—	—	—	0.100	0.100	0.100
油灰	kg	5.00	0.650	0.700	0.800	—	—	—
钢锯条	根	0.89	—	—	—	1.000	1.000	1.500

十、地漏安装

工作内容：切管、套丝、安装、与下水管道连接、试水。

单位:10 个

定　额　编　号			11-4-48	11-4-49	11-4-50	11-4-51
项　　　　目			地漏			
			50	80	100	150
基　　价　（元）			**116.55**	**260.23**	**269.45**	**427.76**
其中	人　工　费　（元）		96.00	223.84	223.84	351.60
	材　料　费　（元）		20.55	36.39	45.61	76.16
	机　械　费　（元）		－	－	－	－
名　　称	单位	单价（元）	数		量	
人工 综合工日	工日	80.00	1.200	2.798	2.798	4.395
材　料 地漏 DN50	个	－	(10.000)	－	－	－
地漏 DN80	个	－	－	(10.000)	－	－
地漏 DN100	个	－	－	－	(10.000)	－
地漏 DN150	个	－	－	－	－	(10.000)
焊接钢管 DN50	m	17.54	1.000	－	－	－
焊接钢管 DN80	m	32.77	－	1.000	－	－
焊接钢管 DN100	m	41.39	－	－	1.000	－
焊接钢管 DN150	m	71.33	－	－	－	1.000
普通硅酸盐水泥 42.5	kg	0.36	6.000	6.500	7.000	7.500
铅油	kg	8.50	0.100	0.150	0.200	0.250

十一、地面扫除口安装

工作内容:安装、与下水管连接、试水。

单位:10个

定　额　编　号			11-4-52	11-4-53	11-4-54	11-4-55	11-4-56
项　　　　　目			地面扫除口				
			50	80	100	125	150
基　　　价　（元）			**46.48**	**58.66**	**60.04**	**73.98**	**74.16**
其中	人　工　费　（元）		45.04	57.04	58.24	72.00	72.00
	材　料　费　（元）		1.44	1.62	1.80	1.98	2.16
	机　械　费　（元）		－	－	－	－	－
名　　称	单位	单价（元）	数		量		
人工 综合工日	工日	80.00	0.563	0.713	0.728	0.900	0.900
材料 地面扫除口 DN50	个	－	(10.000)	－	－	－	－
地面扫除口 DN80	个	－	－	(10.000)	－	－	－
地面扫除口 DN100	个	－	－	－	(10.000)	－	－
地面扫除口 DN125	个	－	－	－	－	(10.000)	－
地面扫除口 DN150	个	－	－	－	－	－	(10.000)
普通硅酸盐水泥 42.5	kg	0.36	4.000	4.500	5.000	5.500	6.000

十二、小便槽冲洗管制作、安装

工作内容:切管、套丝、钻眼、上零件、裁管卡、试水。

单位:10m

定 额 编 号				11-4-57	11-4-58	11-4-59
项 目				公称直径（mm）		
				15 以内	20 以内	25 以内
基 价 （元）				**510.19**	**534.90**	**629.73**
其中	人 工 费 （元）			389.44	389.44	436.80
	材 料 费 （元）			61.65	86.36	122.01
	机 械 费 （元）			59.10	59.10	70.92
名 称		单位	单价（元）	数		量
人工	综合工日	工日	80.00	4.868	4.868	5.460
材料	镀锌钢管 DN15	m	5.04	10.200	—	—
	镀锌钢管 DN20	m	7.09	—	10.200	—
	镀锌钢管 DN25	m	9.91	—	—	10.200
	镀锌三通 DN15	个	0.42	3.000	—	—
	镀锌三通 DN20	个	1.41	—	3.000	—

续前

定 额 编 号				11-4-57	11-4-58	11-4-59
项 目				公称直径（mm）		
				15 以内	20 以内	25 以内
材 料	镀锌三通 DN25	个	2.56	–	–	3.000
	镀锌管箍 DN15	个	0.54	6.000	–	–
	镀锌管箍 DN20	个	0.68	–	6.000	–
	镀锌管箍 DN25	个	0.99	–	–	6.000
	镀锌丝堵 DN15	个	0.18	6.000	–	–
	镀锌丝堵 DN20	个	0.15	–	6.000	–
	镀锌丝堵 DN25	个	0.36	–	–	6.000
	管卡子(单立管) DN25	个	0.55	6.000	6.000	6.000
	铅油	kg	8.50	0.060	0.080	0.100
	线麻	kg	13.70	0.030	0.030	0.040
	钢锯条	根	0.89	0.500	0.500	0.500
机 械	立式钻床 φ25mm	台班	118.20	0.500	0.500	0.600

十三、容积式热交换器安装

工作内容:安装、就位、上零件、水压试验。

单位:台

定 额 编 号			11-4-60	11-4-61	11-4-62	11-4-63
项 目			容积式热交换器			
			1 号	2 号	3 号	4 号
基 价 (元)			**323.49**	**380.61**	**403.65**	**584.09**
其中	人 工 费 (元)		211.12	268.24	291.28	371.28
	材 料 费 (元)		93.58	93.58	93.58	93.92
	机 械 费 (元)		18.79	18.79	18.79	118.89
名 称	单位	单价(元)	数		量	
人工 综合工日	工日	80.00	2.639	3.353	3.641	4.641
材料 容积式水加热器	台	–	(1.000)	(1.000)	(1.000)	(1.000)
弹簧压力表 Y–100 0~1.6MPa	块	46.00	1.000	1.000	1.000	1.000
压力表气门 DN15	个	7.20	1.000	1.000	1.000	1.000
压力表弯管 DN15	个	8.10	1.000	1.000	1.000	1.000
温度计 0~120℃	套	29.00	1.000	1.000	1.000	1.000
钢锯条	根	0.89	0.400	0.400	0.400	0.400
线麻	kg	13.70	0.050	0.050	0.050	0.050
汽轮机油(各种规格)	kg	8.80	0.100	0.100	0.100	0.100
铅油	kg	8.50	0.160	0.160	0.160	0.200
机械 载货汽车 5t	台班	507.79	0.037	0.037	0.037	0.037
电动卷扬机(单筒慢速) 50kN	台班	145.07	–	–	–	0.690

工作内容:安装、就位、上零件、水压试验。

单位:台

定 额 编 号				11-4-64	11-4-65	11-4-66
项 目				5 号	6 号	7 号
基 价 (元)				**589.45**	**775.75**	**938.72**
其中	人 工 费 (元)			371.28	532.48	690.08
	材 料 费 (元)			93.92	93.92	93.92
	机 械 费 (元)			124.25	149.35	154.72
名 称	单位	单价(元)		数		量
人工 综合工日	工日	80.00		4.641	6.656	8.626
材料 容积式水加热器	台	—		(1.000)	(1.000)	(1.000)
弹簧压力表 Y-100 0~1.6MPa	块	46.00		1.000	1.000	1.000
压力表气门 DN15	个	7.20		1.000	1.000	1.000
压力表弯管 DN15	个	8.10		1.000	1.000	1.000
温度计 0~120℃	套	29.00		1.000	1.000	1.000
钢锯条	根	0.89		0.400	0.400	0.400
线麻	kg	13.70		0.050	0.050	0.050
汽轮机油(各种规格)	kg	8.80		0.100	0.100	0.100
铅油	kg	8.50		0.200	0.200	0.200
机械 载货汽车 5t	台班	507.79		0.037	0.055	0.055
电动卷扬机(单筒慢速)50kN	台班	145.07		0.727	0.837	0.874

第五章　供暖器具安装

说　　明

一、本章系参照《暖通空调标准图集》中"采暖系统及散热器安装"编制的。

二、定额中列出的接口密封材料,除圆翼汽包垫采用石棉橡胶板外,其余均采用成品汽包垫,如采用其他材料,不做换算。

三、光排管散热器制作、安装项目,单位每10m是指光排管长度,联管作为材料已列入定额,不得重复计算。

工程量计算规则

一、翼型、柱型铸铁散热器组成安装以"10 片"为计量单位。

二、光排管散热器制作安装以"10m"为计量单位。

三、热空气幕安装按安装方式不同以"台"为计量单位。

一、铸铁散热器组成安装

工作内容:制垫、加垫、组成、栽钩、稳固、水压试验。

单位:10 片

定　额　编　号			11-5-1	11-5-2	11-5-3	11-5-4
项　　　　　目			型号			
			长翼型	圆翼型	M132	柱型
基　　价　（元）			**192.64**	**307.45**	**75.52**	**60.31**
其中	人　工　费　（元）		117.04	144.64	36.64	24.88
	材　料　费　（元）		75.60	162.81	38.88	35.43
	机　械　费　（元）		－	－	－	－
名　　　称	单位	单价(元)	数		量	
人工 综合工日	工日	80.00	1.463	1.808	0.458	0.311
材料 铸铁散热器 长翼型	片	－	(10.100)	－	－	－
铸铁散热器 圆翼型	片	－	－	(10.100)	－	－
铸铁散热器 M132	片	－	－	－	(10.100)	－
铸铁散热器 柱型	片	－	－	－	－	(6.910)
铸铁散热器 柱型足片	片	－	－	－	－	(3.190)
铸铁汽包法兰	个	4.80	－	11.670	－	－
汽包对丝 DN38	个	0.98	14.850	－	18.540	18.920

定 额 编 号			11-5-1	11-5-2	11-5-3	11-5-4
项 目			型号			
			长翼型	圆翼型	M132	柱型
材	汽包丝堵 DN38	个	0.89	6.020	–	1.500	1.750
	汽包补芯 DN38	个	3.20	6.020	–	1.500	1.750
	汽包托钩	个	2.69	10.260	12.500	2.790	–
	精制六角带帽螺栓带垫 M12×14~75	套	0.76	–	61.800	–	–
	精制六角带帽螺栓 M12×300	套	2.10	–	–	–	0.870
	方形钢垫圈 φ12×50×50	个	0.42	–	–	–	1.740
	石棉橡胶板 低压 0.8~1.0	kg	13.20	–	1.270	–	–
	汽包胶垫 δ=3	个	0.15	28.170	–	22.590	23.520
	铁砂布 0~2 号	张	1.68	2.000	4.000	2.000	2.000
	汽轮机油（各种规格）	kg	8.80	–	0.020	–	–
	铅油	kg	8.50	–	0.160	–	–
	破布	kg	4.50	–	0.020	–	–
料	普通硅酸盐水泥 42.5	kg	0.36	1.190	1.550	0.440	0.330
	河砂	m³	42.00	0.004	0.004	0.001	0.001
	水	t	4.00	0.160	0.090	0.030	0.030

二、光排管散热器制作安装

1. A 型(2~4m)

工作内容: 切管、焊接、组成、打眼栽钩、稳固、水压试验。

单位:10m

定 额 编 号			11-5-5	11-5-6	11-5-7	11-5-8	11-5-9	11-5-10
项 目			公称直径(mm)					
			50 以内	65 以内	80 以内	100 以内	125 以内	150 以内
基 价 (元)			**222.82**	**295.48**	**323.28**	**426.07**	**539.04**	**806.48**
其中	人 工 费 (元)		132.00	168.64	168.64	217.20	281.44	326.40
	材 料 费 (元)		45.36	67.91	86.45	125.52	165.83	343.69
	机 械 费 (元)		45.46	58.93	68.19	83.35	91.77	136.39
名 称	单位	单价(元)	数			量		
人工 综合工日	工日	80.00	1.650	2.108	2.108	2.715	3.518	4.080
材料 焊接钢管 DN50	m	–	(10.300)	–	–	–	–	–
焊接钢管 DN65	m	–	–	(10.300)	–	–	–	–
焊接钢管 DN80	m	–	–	–	(10.300)	–	–	–
焊接钢管 DN100	m	–	–	–	–	(10.300)	–	–
焊接钢管 DN125	m	–	–	–	–	–	(10.300)	–
焊接钢管 DN150	m	–	–	–	–	–	–	(10.300)
料 焊接钢管 DN65	m	18.69	0.920	–	–	–	–	–

续前

定 额 编 号			11-5-5	11-5-6	11-5-7	11-5-8	11-5-9	11-5-10
项 目			公称直径（mm）					
			50 以内	65 以内	80 以内	100 以内	125 以内	150 以内
材 料	焊接钢管 DN80	m	32.77	–	1.010	–	–	–	–
	焊接钢管 DN100	m	41.39	–	–	1.070	–	–	–
	焊接钢管 DN125	m	59.08	–	–	–	1.170	–	–
	焊接钢管 DN150	m	71.33	–	–	–	–	1.340	–
	无缝钢管 $\phi 219 \times 6$	m	171.82	–	–	–	–	–	1.420
	热轧薄钢板 3.0~4.0	kg	4.67	1.150	1.460	2.040	3.350	4.000	7.130
	氧气	m³	3.60	0.620	0.810	0.930	1.140	1.460	1.770
	乙炔气	m³	25.20	0.210	0.270	0.310	0.380	0.480	0.590
	电焊条 结422 $\phi 3.2$	kg	6.70	0.870	1.300	1.550	2.140	3.140	4.440
	熟铁管箍 DN15	个	0.48	2.000	2.000	2.000	2.000	2.000	2.000
	普通硅酸盐水泥 42.5	kg	0.36	0.360	0.360	0.420	0.480	0.480	0.560
	汽包托钩	个	2.69	3.000	3.000	3.500	4.000	4.000	4.600
	河砂	m³	42.00	0.002	0.002	0.002	0.002	0.002	0.002
	水	t	4.00	0.050	0.080	0.120	0.190	0.300	0.450
机 械	直流弧焊机 20kW	台班	84.19	0.540	0.700	0.810	0.990	1.090	1.620

2. A 型（4.5~6.0m）

工作内容: 切管、焊接、组成、打眼栽钩、稳固、水压试验。

单位:10m

定 额 编 号			11-5-11	11-5-12	11-5-13	11-5-14	11-5-15	11-5-16
项 目			公称直径（mm）					
			50 以内	65 以内	80 以内	100 以内	125 以内	150 以内
基 价 （元）			**154.13**	**199.70**	**214.87**	**283.47**	**373.26**	**530.45**
其中	人 工 费 （元）		96.64	122.16	122.40	156.64	221.44	247.84
	材 料 费 （元）		31.39	43.86	52.90	78.84	99.62	204.31
	机 械 费 （元）		26.10	33.68	39.57	47.99	52.20	78.30
名 称	单位	单价(元)	数			量		
人工 综合工日	工日	80.00	1.208	1.527	1.530	1.958	2.768	3.098
材料 焊接钢管 DN50	m	–	(10.300)	–	–	–	–	–
焊接钢管 DN65	m	–	–	(10.300)	–	–	–	–
焊接钢管 DN80	m	–	–	–	(10.300)	–	–	–
焊接钢管 DN100	m	–	–	–	–	(10.300)	–	–
焊接钢管 DN125	m	–	–	–	–	–	(10.300)	–
焊接钢管 DN150	m	–	–	–	–	–	–	(10.300)
焊接钢管 DN65	m	18.69	0.510	–	–	–	–	–

续前

定 额 编 号				11-5-11	11-5-12	11-5-13	11-5-14	11-5-15	11-5-16
项 目				公称直径（mm）					
				50 以内	65 以内	80 以内	100 以内	125 以内	150 以内
材料	焊接钢管 DN80	m	32.77	–	0.570	–	–	–	–
	焊接钢管 DN100	m	41.39	–	–	0.610	–	–	–
	焊接钢管 DN125	m	59.08	–	–	–	0.740	–	–
	焊接钢管 DN150	m	71.33	–	–	–	–	0.770	–
	无缝钢管 φ219×6	m	171.82	–	–	–	–	–	0.810
	热轧薄钢板 3.0～4.0	kg	4.67	0.660	0.830	1.170	1.910	2.290	4.070
	氧气	m³	3.60	0.350	0.460	0.530	0.650	0.830	1.010
	乙炔气	m³	25.20	0.120	0.160	0.180	0.220	0.280	0.340
	熟铁管箍 DN20	个	0.76	2.000	2.000	2.000	2.000	2.000	2.000
	汽包托钩	个	2.69	3.430	3.140	2.860	2.860	3.400	5.000
	普通硅酸盐水泥 42.5	kg	0.36	0.410	0.510	0.320	0.340	0.410	0.600
	河砂	m³	42.00	0.002	0.002	0.002	0.002	0.002	0.002
	水	t	4.00	0.040	0.090	0.110	0.180	0.250	0.410
	电焊条 结422 φ3.2	kg	6.70	0.500	0.750	0.880	1.220	1.800	2.540
机械	直流弧焊机 20kW	台班	84.19	0.310	0.400	0.470	0.570	0.620	0.930

3. B 型(2~4m)

工作内容:切管、焊接、组成、打眼栽钩、稳固、水压试验。

单位:10m

定 额 编 号			11-5-17	11-5-18	11-5-19	11-5-20	11-5-21	11-5-22
项 目			公称直径（mm)					
			50 以内	65 以内	80 以内	100 以内	125 以内	150 以内
基 价 （元)			**209.91**	**250.63**	**291.05**	**323.61**	**388.18**	**462.57**
其中	人 工 费 （元)		109.84	136.80	154.80	168.64	211.84	244.24
	材 料 费 （元)		52.92	60.79	67.21	77.52	89.62	110.57
	机 械 费 （元)		47.15	53.04	69.04	77.45	86.72	107.76
名 称	单位	单价(元)	数			量		
人工 综合工日	工日	80.00	1.373	1.710	1.935	2.108	2.648	3.053
材料 焊接钢管 DN50	m	—	—	(10.300)	—	—	—	—
焊接钢管 DN65	m	—	—	—	(10.300)	—	—	—
焊接钢管 DN80	m	—	—	—	—	(10.300)	—	—
焊接钢管 DN100	m	—	—	—	—	—	(10.300)	—
焊接钢管 DN125	m	—	—	—	—	—	(10.300)	—
焊接钢管 DN150	m	—	—	—	—	—	—	(10.300)
料 焊接钢管 DN40	m	13.77	1.260	1.260	1.260	1.260	1.260	1.260

单位:10m

定 额 编 号				11-5-17	11-5-18	11-5-19	11-5-20	11-5-21	11-5-22
项 目				公称直径（mm）					
				50 以内	65 以内	80 以内	100 以内	125 以内	150 以内
材 料	热轧薄钢板 3.0 ~ 4.0	kg	4.67	0.880	1.510	1.890	2.770	4.100	5.700
	熟铁管箍 DN15	个	0.48	2.000	2.000	2.000	2.000	2.000	2.000
	氧气	m³	3.60	0.970	1.247	1.310	1.500	1.860	2.250
	乙炔气	m³	25.20	0.330	0.420	0.440	0.500	0.620	0.750
	电焊条 结422 φ3.2	kg	6.70	0.850	1.010	1.290	1.570	1.660	2.460
	尼龙砂轮片 φ100	片	7.60	0.370	0.430	0.480	0.530	0.590	0.700
	普通硅酸盐水泥 42.5	kg	0.36	0.360	0.360	0.420	0.480	0.480	0.560
	汽包托钩	个	2.69	3.000	3.000	3.500	4.000	4.000	4.700
	河砂	m³	42.00	0.001	0.001	0.002	0.002	0.002	0.002
	镀锌铁丝 8 ~ 12 号	kg	5.36	0.090	0.090	0.090	0.090	0.090	0.090
	破布	kg	4.50	0.280	0.310	0.310	0.350	0.390	0.430
	棉纱头	kg	6.34	0.006	0.006	0.008	0.009	0.012	0.014
	水	t	4.00	0.040	0.040	0.100	0.150	0.226	0.350
机械	直流弧焊机 20kW	台班	84.19	0.560	0.630	0.820	0.920	1.030	1.280

4. B 型(4.5~6.0m)

工作内容:切管、焊接、组成、打眼栽钩、稳固、水压试验。

单位:10m

定额编号			11-5-23	11-5-24	11-5-25	11-5-26	11-5-27	11-5-28
项目			公称直径(mm)					
			50 以内	65 以内	80 以内	100 以内	125 以内	150 以内
基价(元)			**155.15**	**187.11**	**221.33**	**243.30**	**302.67**	**360.04**
其中	人工费(元)		85.84	107.44	126.00	134.40	173.44	199.84
	材料费(元)		36.48	41.78	44.82	51.23	61.88	76.01
	机械费(元)		32.83	37.89	50.51	57.67	67.35	84.19
名称	单位	单价(元)	数			量		
人工 综合工日	工日	80.00	1.073	1.343	1.575	1.680	2.168	2.498
材料 焊接钢管 DN50	m	–	(10.300)	–	–	–	–	–
焊接钢管 DN65	m	–	–	(10.300)	–	–	–	–
焊接钢管 DN80	m	–	–	–	(10.300)	–	–	–
焊接钢管 DN100	m	–	–	–	–	(10.300)	–	–
焊接钢管 DN125	m	–	–	–	–	–	(10.300)	–
焊接钢管 DN150	m	–	–	–	–	–	–	(10.300)
焊接钢管 DN40	m	13.77	0.700	0.700	0.700	0.700	0.700	0.700

定 额 编 号			11-5-23	11-5-24	11-5-25	11-5-26	11-5-27	11-5-28
项　　　目			公称直径（mm）					
			50 以内	65 以内	80 以内	100 以内	125 以内	150 以内
材料	热轧薄钢板 3.0~4.0	kg	4.67	0.510	0.860	1.080	1.580	2.340	3.260
	熟铁管箍 DN20	个	0.76	1.100	1.100	1.100	1.100	1.100	1.100
	氧气	m³	3.60	0.560	0.710	0.750	0.860	1.100	1.290
	乙炔气	m³	25.20	0.190	0.240	0.250	0.290	0.360	0.430
	电焊条 结422 φ3.2	kg	6.70	0.590	0.720	0.960	1.190	1.480	1.970
	尼龙砂轮片 φ100	片	7.60	0.250	0.350	0.350	0.390	0.440	0.530
	普通硅酸盐水泥 42.5	kg	0.36	0.430	0.430	0.430	0.430	0.410	0.600
	汽包托钩	个	2.69	3.400	3.400	3.400	3.400	4.000	5.000
	河砂	m³	42.00	0.001	0.001	0.001	0.001	0.002	0.002
	镀锌铁丝 8~12 号	kg	5.36	0.083	0.083	0.083	0.086	0.086	0.088
	破布	kg	4.50	0.250	0.300	0.300	0.350	0.390	0.420
	棉纱头	kg	6.34	0.006	0.006	0.006	0.009	0.011	0.014
	水	t	4.00	0.004	0.007	0.008	0.150	0.226	0.350
机械	直流弧焊机 20kW	台班	84.19	0.390	0.450	0.600	0.685	0.800	1.000

三、钢柱式散热器安装

工作内容:打堵墙眼、栽钩、安装、稳固。

单位:组

定　额　编　号			11-5-29	11-5-30	11-5-31	11-5-32
项　　　　　目			片数(片)			
			6~8	10~12	13~20	21~25 以上
基　　　价　(元)			**30.88**	**35.56**	**46.44**	**49.05**
其中	人　工　费　(元)		11.20	15.84	19.36	21.92
	材　料　费　(元)		19.68	19.72	27.08	27.13
	机　械　费　(元)		－	－	－	－
名　　　称	单位	单价(元)	数		量	
人工 综合工日	工日	80.00	0.140	0.198	0.242	0.274
材料 钢制柱式散热器	组	－	(1.000)	(1.000)	(1.000)	(1.000)
汽包补芯 DN38	个	3.20	2.080	2.080	2.080	2.080
汽包丝堵 DN38	个	0.89	2.080	2.080	2.080	2.080
普通硅酸盐水泥 32.5	kg	0.33	0.310	0.310	5.200	5.200
中砂	m³	60.00	0.002	0.002	0.003	0.003
石棉橡胶板 低压 0.8~1.0	kg	13.20	0.050	0.050	0.050	0.050
水	t	4.00	0.014	0.022	0.033	0.046
铁砂布 0~2 号	张	1.68	1.000	1.000	1.000	1.000
汽包托钩	个	2.69	3.150	3.150	5.250	5.250
铅油	kg	8.50	0.010	0.010	0.010	0.010

四、暖风机安装

工作内容:吊装、稳固、试运转。

单位:台

定 额 编 号				11-5-33	11-5-34	11-5-35	11-5-36
项 目				重量(kg)			
				50 以内	100 以内	150 以内	200 以内
基 价 (元)				**113.46**	**120.90**	**154.66**	**231.30**
其中	人 工 费 (元)			104.16	111.60	145.36	222.00
	材 料 费 (元)			9.30	9.30	9.30	9.30
	机 械 费 (元)			—	—	—	—
	名 称	单位	单价(元)	数		量	
人工	综合工日	工日	80.00	1.302	1.395	1.817	2.775
材料	暖风机	台	—	(1.000)	(1.000)	(1.000)	(1.000)
	熟铁管箍 DN50	个	2.93	2.000	2.000	2.000	2.000
	精制六角带帽螺栓带垫 M12×14~75	套	0.76	4.120	4.120	4.120	4.120
	汽轮机油(各种规格)	kg	8.80	0.010	0.010	0.010	0.010
	铅油	kg	8.50	0.010	0.010	0.010	0.010
	线麻	kg	13.70	0.010	0.010	0.010	0.010

定　额　编　号			11-5-37	11-5-38	11-5-39	11-5-40
项　　　　　　目			重量(kg)			
			500 以内	1000 以内	1500 以内	2000 以内
基　　价　（元）			**310.99**	**462.47**	**615.32**	**714.69**
其中	人　工　费　（元）		257.44	363.04	498.64	566.40
	材　料　费　（元）		11.53	44.07	44.07	55.04
	机　械　费　（元）		42.02	55.36	72.61	93.25
名　　　　称	单位	单价(元)	数		量	
人工	综合工日	工日	80.00	3.218	4.538	6.233	7.080
材料	暖风机	台	–	(1.000)	(1.000)	(1.000)	(1.000)
	熟铁管箍 DN50	个	2.93	2.000	2.000	2.000	2.000
	精制六角带帽螺栓带垫 M14×14～75	套	1.30	4.120	–	–	–
	精制六角带帽螺栓带垫 M27×120～140	套	9.20	–	4.120	4.120	–
	精制六角带帽螺栓带垫 M30×130～160	套	11.84	–	–	–	4.120
	汽轮机油（各种规格）	kg	8.80	0.010	0.010	0.010	0.020
	铅油	kg	8.50	0.010	0.010	0.010	0.010
	线麻	kg	13.70	0.010	0.010	0.010	0.010
机械	电动卷扬机（单筒慢速）30kN	台班	137.62	0.250	0.310	0.380	0.530
	载货汽车 5t	台班	507.79	0.015	0.025	0.040	0.040

五、热空气幕安装

定 额 编 号			11-5-41	11-5-42
项 目			吊架式	墙上
基 价 （元）			**362.94**	**144.95**
其中	人 工 费 （元）		158.40	120.40
	材 料 费 （元）		200.76	22.69
	机 械 费 （元）		3.78	1.86
名 称	单位	单价(元)	数	量
人工 综合工日	工日	80.00	1.980	1.505
材料 热空气幕	台	－	(1.000)	(1.000)
精制六角带帽螺栓 M10×75	10套	13.58	10.000	－
金属膨胀螺栓 M8×80	套	0.70	－	4.000
镀锌铁丝 8~12 号	kg	5.36	0.440	0.440
棉纱头	kg	6.34	0.250	0.250
电焊条 结422 φ3.2	kg	6.70	0.260	－
铁砂布 0~2 号	张	1.68	0.140	0.030
扁钢 边宽60mm 以上	kg	4.10	2.940	2.940
槽钢 5~16 号	kg	4.00	9.650	－
醇酸防锈漆 C53-1 铁红	kg	16.72	0.220	0.050
汽轮机油（各种规格）	kg	8.80	0.150	0.150
汽油 93 号	kg	10.05	0.070	0.020
乙炔气	kg	29.50	0.069	0.038
氧气	m³	3.60	0.180	0.100
机械 交流弧焊机 21kV·A	台班	64.00	0.059	0.029

第六章　小型容器制作安装

说　　明

一、本章系参照《全国通用给水排水标准图集》S151、S342 及《全国通用采暖通风标准图集》T905、T906 编制的，适用于给排水、采暖系统中一般低压碳钢容器的制作和安装。

二、各种水箱连接管，均未包括在定额内，可执行室内管道安装的相应子目。

三、各种水箱均未包括支架制作安装，如为型钢支架，执行《冶金工业建设工程预算定额》(2012 年版)第十册《工艺管道安装工程》预算定额"一般管架"子目，混凝土或砖支座可按《冶金工业建设工程预算定额》(2012 年版)第一册《土建工程》预算定额相应子目执行。

四、水箱制作包括水箱本身及人孔的重量。水位计、内外人梯均未包括在定额内，发生时，可另行计算。

工程量计算规则

一、钢板水箱制作，按施工图所示尺寸，不扣除人孔、手孔重量，以"100kg"为计量单位，法兰和短管水位计可按相应定额另行计算。

二、钢板水箱安装，按国家标准图集水箱容量"m³"执行相应子目，均以"个"为计量单位。

一、矩形钢板水箱制作

工作内容:下料、坡口、平直、开孔、接板组对、装配零部件、焊接、注水试验。

单位:100kg

定 额 编 号			11-6-1	11-6-2	11-6-3	11-6-4	11-6-5	11-6-6
项 目			每个箱重(kg)					
			150~300	301~700	701~1000	1001~1900	1901~2600	2601~3700
基 价 (元)			**731.88**	**643.29**	**618.01**	**562.36**	**579.17**	**558.97**
其中	人 工 费 (元)		190.80	132.64	119.44	90.00	78.00	75.04
	材 料 费 (元)		484.82	459.12	450.41	438.21	452.61	444.08
	机 械 费 (元)		56.26	51.53	48.16	34.15	48.56	39.85
名 称	单位	单价(元)	数			量		
人工 综合工日	工日	80.00	2.385	1.658	1.493	1.125	0.975	0.938
材料 热轧中厚钢板 $\delta=4.5\sim10$	kg	3.90	101.310	86.350	84.180	81.990	92.930	91.770
等边角钢 边宽60mm 以下	kg	4.00	3.690	18.650	20.820	23.010	–	–
扁钢 边宽59mm 以下	kg	4.10	–	–	–	–	12.070	13.230
电焊条 结422 ϕ3.2	kg	6.70	1.020	1.610	1.390	1.290	2.090	1.630
尼龙砂轮片 ϕ100	片	7.60	1.770	0.880	0.810	0.670	0.930	0.760
氧气	m³	3.60	3.010	1.600	1.280	0.520	1.150	0.780
乙炔气	m³	25.20	0.770	0.530	0.420	0.170	0.380	0.260
尼龙砂轮片 ϕ400	片	13.00	0.020	0.060	0.050	0.040	0.020	0.020
电	kW·h	0.85	0.340	0.590	0.510	0.420	0.760	0.590
水	t	4.00	0.510	0.520	0.600	0.630	0.860	0.890
红松原木 6m×30cm 以上	m³	1560.00	0.014	0.005	0.003	0.002	0.001	0.001
机械 直流弧焊机 20kW	台班	84.19	0.210	0.330	0.290	0.260	0.430	0.330
电焊条烘干箱 60×50×75cm³	台班	28.84	0.010	0.030	0.030	0.020	0.040	0.030
电动双梁桥式起重机 20t/5t	台班	536.00	0.070	0.040	0.040	0.020	0.020	0.020
管子切断机 ϕ150mm	台班	48.07	0.010	0.030	0.030	0.020	0.010	0.010

二、圆形钢板水箱制作

工作内容:下料、坡口、压头、卷圆、找圆、组对、焊接、装配、注水试验。

单位:100kg

定 额 编 号			11-6-7	11-6-8	11-6-9	11-6-10	11-6-11	11-6-12
项 目			每个箱重(kg)					
			150~300	301~500	501~700	701~1300	1301~2200	2201~3000
基 价 (元)			**674.62**	**634.61**	**612.33**	**602.65**	**572.64**	**548.88**
其中	人 工 费 (元)		136.80	114.00	100.80	70.80	59.44	46.24
	材 料 费 (元)		464.48	457.15	454.27	458.06	452.19	447.83
	机 械 费 (元)		73.34	63.46	57.26	73.79	61.01	54.81
名 称	单位	单价(元)	数			量		
人工 综合工日	工日	80.00	1.710	1.425	1.260	0.885	0.743	0.578
材料 热轧中厚钢板 δ=4.5~10	kg	3.90	103.830	102.960	101.560	102.200	100.550	100.930
等边角钢 边宽60mm以上	kg	4.00	1.170	2.040	3.440	2.800	4.450	4.070
电焊条 结422 φ3.2	kg	6.70	1.360	1.420	1.350	2.280	2.050	2.010
尼龙砂轮片 φ100	片	7.60	0.930	0.890	0.840	0.800	0.670	0.630
氧气	m³	3.60	2.240	1.940	1.730	1.640	1.290	1.090
乙炔气	m³	25.20	0.750	0.650	0.570	0.540	0.430	0.360
尼龙砂轮片 φ400	片	13.00	0.010	0.010	0.010	0.010	0.010	0.010
红松原木 6m×30cm以上	m³	1560.00	0.006	0.003	0.003	0.002	0.002	0.001
电	kW·h	0.85	0.510	0.510	0.510	0.760	0.760	0.680
水	t	4.00	0.450	0.640	0.790	0.880	1.010	1.100
机械 直流弧焊机 20kW	台班	84.19	0.280	0.290	0.280	0.470	0.420	0.410
电焊条烘干箱 60×50×75cm³	台班	28.84	0.030	0.030	0.030	0.050	0.040	0.040
电动双梁桥式起重机 20t/5t	台班	536.00	0.080	0.060	0.050	0.050	0.040	0.030
卷板机 20mm×2500mm	台班	291.50	0.020	0.020	0.020	0.020	0.010	0.010
管子切断机 φ150mm	台班	48.07	0.004	0.004	0.004	0.003	0.003	0.003

三、大、小便槽冲洗水箱制作

工作内容: 下料、坡口、平直、开孔、接板组对、装配零件、焊接、注水试验。

单位:100kg

定 额 编 号			11-6-13	11-6-14
项 目			小便槽	大便槽
			1~5 号	1~7 号
基 价 (元)			**1230.76**	**1187.07**
其中	人 工 费 (元)		179.44	179.44
	材 料 费 (元)		858.36	784.92
	机 械 费 (元)		192.96	222.71
名 称	单位	单价(元)	数	量
人工 综合工日	工日	80.00	2.243	2.243
材 料 热轧薄钢板 3.0~4.0	kg	4.67	105.000	104.420
等边角钢 边宽 60mm 以下	kg	4.00	–	0.580
碳钢气焊条	kg	5.85	0.240	–
电焊条 结 422 ϕ3.2	kg	6.70	–	3.220
氧气	m³	3.60	4.420	5.450
乙炔气	m³	25.20	1.510	1.830
尼龙砂轮片 ϕ400	片	13.00	–	0.170
尼龙砂轮片 ϕ100	片	7.60	–	2.130
电	kW·h	0.85	–	1.100
水	t	4.00	0.160	0.280
红松原木 6m×30cm 以上	m³	1560.00	0.200	0.120
机 械 直流弧焊机 20kW	台班	84.19	–	0.660
电焊条烘干箱 60×50×75cm³	台班	28.84	–	0.070
电动双梁桥式起重机 20t/5t	台班	536.00	0.360	0.300
管子切断机 ϕ150mm	台班	48.07	–	0.090

四、矩形钢板水箱安装

工作内容:稳固、装配零件。

单位:个

定 额 编 号			11-6-15	11-6-16	11-6-17	11-6-18	11-6-19	11-6-20
项 目			总容积(m³)					
			1.4	3.6	6.0	12.4	22.5	33.8
基 价 (元)			**179.14**	**273.30**	**288.90**	**413.06**	**435.70**	**518.04**
其中	人 工 费 (元)		168.64	191.44	207.04	331.20	331.20	398.40
	材 料 费 (元)		10.50	1.75	1.75	1.75	2.80	2.80
	机 械 费 (元)		–	80.11	80.11	80.11	101.70	116.84
名 称	单位	单价(元)	数			量		
人工 综合工日	工日	80.00	2.108	2.393	2.588	4.140	4.140	4.980
材料 矩形水箱 1.4m³	个	–	(1.000)	–	–	–	–	–
矩形水箱 3.6m³	个	–	–	(1.000)	–	–	–	–
矩形水箱 6.0m³	个	–	–	–	(1.000)	–	–	–
矩形水箱 12.4m³	个	–	–	–	–	(1.000)	–	–
矩形水箱 22.5m³	个	–	–	–	–	–	(1.000)	–
矩形水箱 33.8m³	个	–	–	–	–	–	–	(1.000)
铁丝 8 号	kg	3.50	3.000	0.500	0.500	0.500	0.800	0.800
机械 电动卷扬机(单筒慢速)30kN	台班	137.62	–	0.250	0.250	0.250	0.370	0.480
载货汽车 5t	台班	507.79		0.090	0.090	0.090	0.100	0.100

五、圆形钢板水箱安装

工作内容:稳固、装配零件。

定 额 编 号			11-6-21	11-6-22	11-6-23	11-6-24	11-6-25
项 目			总容积(m³)				
			0.8	1.4	3.9	5.7	11.7
基 价 (元)			**179.14**	**179.14**	**261.86**	**273.30**	**413.06**
其中	人 工 费 (元)		168.64	168.64	180.00	191.44	331.20
	材 料 费 (元)		10.50	10.50	1.75	1.75	1.75
	机 械 费 (元)		–	–	80.11	80.11	80.11
名 称	单位	单价(元)	数			量	
人工 综合工日	工日	80.00	2.108	2.108	2.250	2.393	4.140
材 圆形钢板水箱 0.4~0.8m³	个	–	(1.000)	–	–	–	–
圆形钢板水箱 0.81~1.4m³	个	–	–	(1.000)	–	–	–
圆形钢板水箱 1.60~3.9m³	个	–	–	–	(1.000)	–	–
圆形钢板水箱 4.0~5.7m³	个	–	–	–	–	(1.000)	–
料 圆形钢板水箱 6.0~11.7m³	个	–	–	–	–	–	(1.000)
铁丝 8 号	kg	3.50	3.000	3.000	0.500	0.500	0.500
机械 电动卷扬机(单筒慢速) 30kN	台班	137.62	–	–	0.250	0.250	0.250
载货汽车 5t	台班	507.79	–	–	0.090	0.090	0.090

工作内容:同前

单位:个

定　额　编　号				11-6-26	11-6-27
项　　　　目				总容积(m³)	
				21.8	32.6
基　　　价　　（元）				**435.70**	**450.84**
其中	人　工　费　（元）			331.20	331.20
	材　料　费　（元）			2.80	2.80
	机　械　费　（元）			101.70	116.84
名　　　　　称		单位	单价(元)	数　　　　量	
人工	综合工日	工日	80.00	4.140	4.140
材料	圆形钢板水箱 12.0～21.8m³	个	－	(1.000)	－
	圆形钢板水箱 22～32.6m³	个	－	－	(1.000)
	铁丝 8 号	kg	3.50	0.800	0.800
机械	电动卷扬机(单筒慢速) 30kN	台班	137.62	0.370	0.480
	载货汽车 5t	台班	507.79	0.100	0.100

第七章　钢板通风管道制作安装

说　　明

一、工作内容：

1. 风管制作：放样、下料、卷圆、折方、轧口、咬口，制作直管、管件、法兰、吊托支架，钻孔、铆焊、上法兰、组对。

2. 风管安装：找标高、打支架墙洞、配合预留孔洞、埋设吊托支架，组装、风管就位、找平、找正，制垫、垫垫、上螺栓、紧固。

二、整个通风系统设计采用渐缩管均匀送风者，圆形风管按平均直径，矩形风管按平均周长执行相应规格定额子目，其人工乘以系数 2.5。

三、镀锌薄钢板风管子目中的板材是按镀锌薄钢板编制的，如设计要求不用镀锌薄钢板者，板材可以换算，其他不变。

四、风管导流叶片不分单叶片和香蕉形双叶片均执行同一子目。

五、通风管道制作安装子目，包括弯头、三通、变径管、天圆地方等管件及法兰、加固框和吊托支架的制作安装，但不包括过跨风管落地支架，落地支架执行设备支架子目。

六、风管子目中的板材，如设计要求厚度不同者可以换算，但人工、机械不变。

七、软管接头使用其他材质而不使用帆布者可以换算。

八、子目中的法兰垫料如设计要求使用材料品种不同者可以换算，但人工不变。使用泡沫塑料者每 kg 橡胶板换算为泡沫塑料 0.125kg；使用闭孔乳胶海绵者每 kg 橡胶板换算为闭孔乳胶海绵 0.5kg。

九、柔性软风管适用于由金属、涂塑化纤织物、聚酯、聚乙烯、聚氯乙烯薄膜、铝箔等材料制成的软风管。

工程量计算规则

一、风管制作安装以施工图规格按展开面积计算,不扣除检查孔、测定孔、送风口、吸风口等所占面积。

二、风管长度一律以图示中心线长度为准(主管与支管以中心线交叉点划分),包括弯头、三通、变径管、天圆地方等管件的长度,但不得包括部件所占长度。直径或周长按图示尺寸展开,咬口重叠部分不增加。

三、风管导流叶片制作安装按图示叶片的面积计算。

四、柔性软风管安装,按图示中心线长度以"m"为计量单位,柔性软风管阀门安装以"个"为计量单位。

五、软管(帆布接口)制作安装,按图示尺寸以"m²"为计量单位。

六、风管检查孔重量,按本定额附录三"国标通风部件标准重量表"计算,以"100kg"为计量单位。

七、风管测定孔制作安装,按其型号以"个"为计量单位。

八、钢板通风管道的制作安装中已包括法兰、加固框和吊托支架,不得另行计算。

一、钢板通风管道制作

定 额 编 号				11-7-1	11-7-2	11-7-3	11-7-4
项 目				镀锌钢板圆形风管(δ=1.2mm 以内咬口)直径(mm)			
				200 以下	500 以下	1120 以下	1120 以上
基 价 (元)				**1111.26**	**798.85**	**681.71**	**814.44**
其中	人 工 费 (元)			875.44	539.44	403.84	511.20
	材 料 费 (元)			137.17	183.73	229.15	266.35
	机 械 费 (元)			98.65	75.68	48.72	36.89
名 称	单位	单价(元)		数		量	
人工 综合工日	工日	80.00		10.943	6.743	5.048	6.390
材料 镀锌钢板 δ=0.5	m²	–		(11.380)	–	–	–
镀锌钢板 δ=0.75	m²	–		–	(11.380)	–	–
镀锌钢板 δ=1	m²	–		–	–	(11.380)	–
镀锌钢板 δ=1.2	m²	–		–	–	–	(11.380)
等边角钢 边宽60mm 以下	kg	4.00		0.890	31.600	32.710	33.930
等边角钢 边宽60mm 以上	kg	4.00		–	–	2.330	3.190
扁钢 边宽59mm 以下	kg	4.10		20.640	3.560	2.150	9.270
圆钢 φ5.5~9	kg	4.10		2.930	1.900	0.750	0.120

定 额 编 号			11-7-1	11-7-2	11-7-3	11-7-4
项 目			镀锌钢板圆形风管(δ=1.2mm 以内咬口)直径(mm)			
			200 以下	500 以下	1120 以下	1120 以上
材 料	圆钢 φ10~14	kg	4.10	–	–	1.210	4.900
	电焊条 结 422 φ3.2	kg	6.70	0.420	0.340	0.150	0.090
	精制六角带帽螺栓 M6×75	10 套	1.96	8.500	7.167	–	–
	精制六角带帽螺栓 M8×75	10 套	10.64	–	–	5.150	3.900
	铁铆钉 3×5~6	kg	4.68	–	0.270	0.210	0.140
	橡胶板 各种规格	kg	9.68	1.400	1.240	0.970	0.920
	膨胀螺栓 M12	套	0.21	2.000	2.000	1.500	1.000
	乙炔气	m³	25.20	0.100	0.140	0.160	0.210
	氧气	m³	3.60	0.280	0.390	0.450	0.590
机 械	交流弧焊机 21kV·A	台班	64.00	0.120	0.098	0.030	0.015
	台式钻床 φ16mm	台班	114.89	0.518	0.435	0.323	0.263
	法兰卷圆机 l40mm×4mm	台班	44.22	0.375	0.240	0.128	0.038
	剪板机 6.3mm×2000mm	台班	171.55	0.030	0.015	0.008	0.008
	卷板机 20mm×1600mm	台班	156.81	0.030	0.015	0.008	0.008
	咬口机 1.5mm	台班	162.25	0.030	0.023	0.008	0.008
	电锤 520kW	台班	3.51	0.045	0.045	0.030	0.030

定 额 编 号			11-7-5	11-7-6	11-7-7	11-7-8
项 目			镀锌钢板矩形风管(δ=1.2mm 以内咬口)周长(mm)			
			800 以下	2000 以下	4000 以下	4000 以上
基 价 (元)			**931.77**	**750.52**	**560.61**	**647.36**
其中	人 工 费 (元)		547.20	398.40	299.44	363.60
	材 料 费 (元)		250.74	279.07	216.44	247.75
	机 械 费 (元)		133.83	73.05	44.73	36.01
名 称	单位	单价(元)	数		量	
人工 综合工日	工日	80.00	6.840	4.980	3.743	4.545
材料 镀锌钢板 δ=0.5	m²	–	(11.380)	–	–	–
镀锌钢板 δ=0.75	m²	–	–	(11.380)	–	–
镀锌钢板 δ=1	m²	–	–	–	(11.380)	–
镀锌钢板 δ=1.2	m²	–	–	–	–	(11.380)
等边角钢 边宽60mm 以下	kg	4.00	40.420	35.660	35.040	45.140
等边角钢 边宽60mm 以上	kg	4.00	–	–	0.160	0.260
扁钢 边宽59mm 以下	kg	4.10	2.150	1.330	1.120	1.020
圆钢 φ5.5~9	kg	4.10	1.350	1.930	1.490	0.080

单位:10m²

定 额 编 号				11-7-5	11-7-6	11-7-7	11-7-8
项 目				镀锌钢板矩形风管(δ=1.2mm 以内咬口)周长(mm)			
				800 以下	2000 以下	4000 以下	4000 以上
材料	圆钢 φ10~14	kg	4.10	–	–	–	1.850
	电焊条 结422 φ3.2	kg	6.70	2.240	1.060	0.490	0.340
	精制六角带帽螺栓 M6×75	10 套	1.96	16.900	–	–	–
	精制六角带帽螺栓 M8×75	10 套	10.64	–	9.050	4.300	3.350
	铁铆钉 3×5~6	kg	4.68	0.430	0.240	0.220	0.220
	橡胶板 各种规格	kg	9.68	1.840	1.300	0.920	0.810
	膨胀螺栓 M12	套	0.21	2.000	1.500	1.500	1.000
	乙炔气	m³	25.20	0.180	0.160	0.160	0.200
	氧气	m³	3.60	0.500	0.450	0.450	0.560
机械	交流弧焊机 21kV·A	台班	64.00	0.360	0.165	0.075	0.053
	台式钻床 φ16mm	台班	114.89	0.863	0.443	0.270	0.233
	剪板机 6.3mm×2000mm	台班	171.55	0.030	0.030	0.023	0.015
	折方机 4mm×2000mm	台班	49.06	0.030	0.030	0.023	0.015
	咬口机 1.5mm	台班	162.25	0.030	0.030	0.023	0.015
	电锤 520kW	台班	3.51	0.045	0.030	0.030	0.030

定 额 编 号				11-7-9	11-7-10	11-7-11	11-7-12
项 目				钢板圆形风管(δ=2mm 以内焊接)直径(mm)			
				200 以下	500 以下	1120 以下	1120 以上
基 价 （元）				**2052.81**	**1296.20**	**1049.29**	**1062.11**
其中	人 工 费 （元）			1590.64	900.64	662.40	650.40
	材 料 费 （元）			187.15	222.22	263.19	296.92
	机 械 费 （元）			275.02	173.34	123.70	114.79
名 称		单位	单价(元)	数		量	
人工	综合工日	工日	80.00	19.883	11.258	8.280	8.130
材料	普通钢板 δ=2	m²	—	(10.800)	(10.800)	(10.800)	(10.800)
	等边角钢 边宽60mm 以下	kg	4.00	0.890	31.600	32.710	33.930
	等边角钢 边宽60mm 以上	kg	4.00	—	—	2.330	3.190
	扁钢 边宽59mm 以下	kg	4.10	20.640	3.750	2.580	9.270
	圆钢 $\phi 5.5 \sim 9$	kg	4.10	2.930	1.900	0.750	0.120
	圆钢 $\phi 10 \sim 14$	kg	4.10	—	—	1.210	4.900
	电焊条 结 422 $\phi 2.5$	kg	5.04	6.350	4.860	4.450	4.360

定 额 编 号			11-7-9	11-7-10	11-7-11	11-7-12
项 目			钢板圆形风管(δ=2mm 以内焊接)直径(mm)			
			200 以下	500 以下	1120 以下	1120 以上
材 料	电焊条 结422 φ3.2	kg	6.70	0.420	0.340	0.150	0.090
	气焊条	kg	4.20	1.000	0.900	0.780	0.790
	乙炔气	m³	25.20	0.491	0.443	0.374	0.378
	氧气	m³	3.60	1.370	1.240	1.050	1.060
	精制六角带帽螺栓 M6×75	10 套	1.96	8.500	7.167	–	–
	精制六角带帽螺栓 M8×75	10 套	10.64	–	–	5.150	3.900
	橡胶板 各种规格	kg	9.68	1.400	1.240	0.970	0.920
	膨胀螺栓 M12	套	0.21	2.000	2.000	1.500	1.000
机 械	交流弧焊机 21kV·A	台班	64.00	2.970	1.740	1.335	1.305
	台式钻床 φ16mm	台班	114.89	0.465	0.360	0.240	0.188
	法兰卷圆机 L40mm×4mm	台班	44.22	0.375	0.240	0.128	0.105
	剪板机 6.3mm×2000mm	台班	171.55	0.045	0.030	0.015	0.015
	卷板机 20mm×1600mm	台班	156.81	0.045	0.030	0.015	0.015
	电锤 520kW	台班	3.51	0.045	0.045	0.030	0.030

定 额 编 号				11-7-13	11-7-14	11-7-15	11-7-16
项 目				钢板矩形风管(δ=2mm 以内焊接)周长(mm)			
				800 以下	2000 以下	4000 以下	4000 以上
基 价 (元)				**1584.37**	**1042.95**	**776.77**	**708.21**
其中	人 工 费 (元)			1001.44	658.24	464.40	406.80
	材 料 费 (元)			310.11	237.84	222.80	226.36
	机 械 费 (元)			272.82	146.87	89.57	75.05
名 称		单位	单价(元)	数		量	
人工	综合工日	工日	80.00	12.518	8.228	5.805	5.085
材料	普通钢板 δ=2	m²	—	(10.800)	(10.800)	(10.800)	(10.800)
	等边角钢 边宽60mm 以下	kg	4.00	40.420	35.660	29.220	34.860
	等边角钢 边宽60mm 以上	kg	4.00	—	—	0.160	0.260
	扁钢 边宽59mm 以下	kg	4.10	2.150	1.330	1.120	1.020
	圆钢 φ5.5~9	kg	4.10	1.350	1.930	1.490	0.800
	圆钢 φ10~14	kg	4.10	—	—	—	1.850

单位:10m²

定 额 编 号			11-7-13	11-7-14	11-7-15	11-7-16
项 目			钢板矩形风管(δ=2mm 以内焊接)周长(mm)			
			800 以下	2000 以下	4000 以下	4000 以上
材 料	电焊条 结 422 φ2.5	kg	5.04	7.300	5.170	4.100	2.950
	电焊条 结 422 φ3.2	kg	6.70	2.240	1.060	0.490	0.340
	气焊条	kg	4.20	1.450	0.930	0.730	0.440
	乙炔气	m³	25.20	0.704	0.448	0.357	0.217
	氧气	m³	3.60	1.970	1.250	1.000	0.610
	精制六角带帽螺栓 M6×75	10 套	1.96	16.900	8.150	–	–
	精制六角带帽螺栓 M8×75	10 套	10.64	–	–	4.300	3.350
	橡胶板 各种规格	kg	9.68	1.840	1.300	0.920	0.860
	膨胀螺栓 M12	套	0.21	2.000	2.000	1.500	1.000
机 械	交流弧焊机 21kV·A	台班	64.00	2.745	1.538	0.953	0.780
	台式钻床 φ16mm	台班	114.89	0.765	0.353	0.203	0.173
	剪板机 6.3mm×2000mm	台班	171.55	0.053	0.045	0.030	0.030
	电锤 520kW	台班	3.51	0.045	0.045	0.030	0.030

定 额 编 号				11-7-17	11-7-18	11-7-19	11-7-20
项 目				钢板圆形风管(δ=3mm以内焊接)直径(mm)			
				200以下	500以下	1120以下	1120以上
基 价 (元)				**2625.63**	**1500.56**	**1241.59**	**1264.11**
其中	人 工 费 (元)			1994.40	1029.04	776.40	758.40
	材 料 费 (元)			365.17	311.94	348.04	400.14
	机 械 费 (元)			266.06	159.58	117.15	105.57
名 称	单位	单价(元)		数		量	
人工	综合工日	工日	80.00	24.930	12.863	9.705	9.480
材料	普通钢板 δ=3	m²	—	(10.800)	(10.800)	(10.800)	(10.800)
	等边角钢 边宽60mm以下	kg	4.00	32.170	33.880	37.270	42.660
	等边角钢 边宽60mm以上	kg	4.00	—	—	2.330	3.190
	扁钢 边宽59mm以下	kg	4.10	4.050	3.560	2.580	9.270
	圆钢 φ5.5~9	kg	4.10	2.930	1.900	0.750	0.120
	圆钢 φ10~14	kg	4.10	—	—	0.960	4.900
	电焊条 结422 φ2.5	kg	5.04	15.280	10.070	8.280	8.170

续前

定 额 编 号				11-7-17	11-7-18	11-7-19	11-7-20
项　　目				钢板圆形风管($\delta = 3mm$ 以内焊接)直径(mm)			
				200 以下	500 以下	1120 以下	1120 以上
材料	电焊条 结422 $\phi3.2$	kg	6.70	0.420	0.340	0.150	0.090
	气焊条	kg	4.20	2.200	1.680	1.480	1.490
	乙炔气	m³	25.20	2.483	1.896	1.661	1.687
	氧气	m³	3.60	6.950	5.310	4.650	4.720
	精制六角带帽螺栓 M6×75	10 套	1.96	8.500	7.167	–	–
	精制六角带帽螺栓 M8×75	10 套	10.64	–	–	5.150	3.900
	橡胶板 各种规格	kg	9.68	1.460	1.300	0.970	0.920
	膨胀螺栓 M12	套	0.21	2.000	2.000	1.500	1.000
机械	交流弧焊机 21kV·A	台班	64.00	3.053	1.703	1.298	1.283
	台式钻床 $\phi16mm$	台班	114.89	0.255	0.218	0.158	0.120
	法兰卷圆机 $L40mm×4mm$	台班	44.22	0.375	0.240	0.135	0.105
	剪板机 6.3mm×2000mm	台班	171.55	0.075	0.045	0.030	0.015
	卷板机 20mm×1600mm	台班	156.81	0.075	0.045	0.030	0.015
	电锤 520kW	台班	3.51	0.045	0.045	0.030	0.030

定　额　编　号			11-7-21	11-7-22	11-7-23	11-7-24
项　　　　　目			钢板矩形风管(δ=3mm 以内焊接)周长(mm)			
			800 以下	2000 以下	4000 以下	4000 以上
基　　　价　（元）			**1926.47**	**1270.70**	**923.04**	**872.46**
其中	人　工　费　（元）		1171.84	764.40	526.80	477.04
	材　料　费　（元）		478.03	354.32	306.67	321.57
	机　械　费　（元）		276.60	151.98	89.57	73.85
名　　　　　称	单位	单价(元)	数		量	
人工 综合工日	工日	80.00	14.648	9.555	6.585	5.963
材料 普通钢板 δ=3	m²	—	(10.800)	(10.800)	(10.800)	(10.800)
等边角钢 边宽 60mm 以下	kg	4.00	42.860	39.350	34.560	49.030
等边角钢 边宽 60mm 以上	kg	4.00	—	—	0.160	0.260
扁钢 边宽 59mm 以下	kg	4.10	2.150	1.330	1.120	1.020
圆钢 φ5.5~9	kg	4.10	1.350	1.930	1.490	0.080
圆钢 φ10~14	kg	4.10	—	—	—	1.850

单位:10m²

定 额 编 号				11-7-21	11-7-22	11-7-23	11-7-24
项 目				钢板矩形风管($\delta=3$mm 以内焊接)周长(mm)			
				800 以下	2000 以下	4000 以下	4000 以上
材料	电焊条 结 422 ϕ2.5	kg	5.04	17.700	11.060	7.830	5.700
	电焊条 结 422 ϕ3.2	kg	6.70	2.240	1.060	0.490	0.340
	气焊条	kg	4.20	3.170	3.790	1.390	0.840
	乙炔气	m³	25.20	3.483	2.135	1.517	0.952
	氧气	m³	3.60	9.750	5.980	4.250	2.670
	精制六角带帽螺栓 M6×75	10 套	1.96	16.900	8.150	–	–
	精制六角带帽螺栓 M8×75	10 套	10.64	–	–	4.300	3.350
	橡胶板 各种规格	kg	9.68	1.890	1.350	0.920	0.860
	膨胀螺栓 M12	套	0.21	2.000	2.000	1.500	1.000
机械	交流弧焊机 21kV·A	台班	64.00	2.745	1.530	0.953	0.780
	台式钻床 ϕ16mm	台班	114.89	0.765	0.390	0.203	0.173
	剪板机 6.3mm×2000mm	台班	171.55	0.075	0.053	0.030	0.023
	电锤 520kW	台班	3.51	0.045	0.045	0.030	0.030

二、柔性软风管安装

单位：m

定　额　编　号			11-7-25	11-7-26	11-7-27	11-7-28	11-7-29
项　　　　　目			柔性软风管安装				
			无保温套管直径(mm)				
			150 以内	250 以内	500 以内	710 以内	910 以内
基　　　　价　　（元）			**1.84**	**2.40**	**3.04**	**4.24**	**5.44**
其中	人　工　费　（元）		1.84	2.40	3.04	4.24	5.44
	材　料　费　（元）		－	－	－	－	－
	机　械　费　（元）		－	－	－	－	－
名　　称	单位	单价(元)	数		量		
人工 综合工日	工日	80.00	0.023	0.030	0.038	0.053	0.068
材料 柔性软风管	m	－	(1.000)	(1.000)	(1.000)	(1.000)	(1.000)

定　额　编　号			11-7-30	11-7-31	11-7-32	11-7-33	11-7-34
项　　　　　目			柔性软风管安装				
			有保温套管直径(mm)				
			150 以内	250 以内	500 以内	710 以内	910 以内
基　　　价　（元）			**2.40**	**3.04**	**4.24**	**5.44**	**7.20**
其中	人　工　费　（元）		2.40	3.04	4.24	5.44	7.20
	材　料　费　（元）		-	-	-	-	-
	机　械　费　（元）		-	-	-	-	-
名　　称	单位	单价(元)	数		量		
人工 综合工日	工日	80.00	0.030	0.038	0.053	0.068	0.090
材料 柔性软风管	m	-	(1.000)	(1.000)	(1.000)	(1.000)	(1.000)

定 额 编 号	11-7-35	11-7-36	11-7-37	11-7-38	11-7-39
项 目	柔性软风管阀门安装直径(mm)				
	150 以内	250 以内	500 以内	710 以内	910 以内
基 价 (元)	**2.40**	**3.04**	**4.80**	**6.00**	**8.40**
人 工 费 (元)	2.40	3.04	4.80	6.00	8.40
材 料 费 (元)	-	-	-	-	-
机 械 费 (元)	-	-	-	-	-

	名 称	单位	单价(元)	数		量		
人工	综合工日	工日	80.00	0.030	0.038	0.060	0.075	0.105
材料	柔性软风管阀门	个	-	(1.000)	(1.000)	(1.000)	(1.000)	(1.000)

定　额　编　号			11-7-40	11-7-41	11-7-42	11-7-43
项　　　　　目			弯头导流叶片	软管接口	风管检查孔 T614 （100kg）	温度、风量测 定孔 T615 （个）
基　　价　（元）			**130.34**	**293.34**	**2302.65**	**59.63**
其中	人　工　费　（元）		94.80	123.60	1258.24	36.64
	材　料　费　（元）		35.54	154.99	698.32	14.30
	机　械　费　（元）		–	14.75	346.09	8.69
名　　　称	单位	单价(元)	数		量	
人工	综合工日	工日	80.00	1.185	1.545	15.728	0.458
材料	热轧薄钢板 2.2~2.8	kg	4.67	–	–	–	0.180
	热轧薄钢板 1.0~1.5	kg	4.87	–	–	76.360	–
	镀锌钢板 δ=0.75	m²	30.56	1.140	–	–	–
	等边角钢 边宽 60mm 以下	kg	4.00	–	18.330	–	–
	扁钢 边宽 59mm 以下	kg	4.10	–	8.320	31.760	–
	圆钢 φ5.5~9	kg	4.10	–	–	1.410	–
	帆布	m²	8.50	–	1.150	–	–
	电焊条 结 422 φ3.2	kg	6.70	–	0.060	–	0.110

单位:m²

定 额 编 号			11-7-40	11-7-41	11-7-42	11-7-43
项 目			弯头导流叶片	软管接口	风管检查孔 T614 （100kg）	温度、风量测定孔 T615 （个）
材料	精制六角带帽螺栓 M2~5×4~20	10 套	1.26	–	–	–	0.416
	精制六角带帽螺栓 M8×75	10 套	10.64	–	–	2.600	–
	精制六角螺母 M6~10	10 个	0.74	–	–	12.120	–
	弹簧垫圈 M2~10	10 个	0.06	–	–	12.120	0.424
	镀锌丝堵 DN50	个	9.24	–	–	–	1.000
	熟铁管箍 DN50	个	2.93	–	–	–	1.000
	铁铆钉 3×5~6	kg	4.68	0.150	0.070	1.430	–
	酚醛塑料把手 BX32	个	0.50	–	–	120.040	–
	橡胶板 各种规格	kg	9.68	–	0.970	–	–
	闭孔乳胶海绵 δ=20	m²	22.00	–	–	5.070	–
	圆锥销 3×18	10 个	0.62	–	–	4.040	–
机械	交流弧焊机 21kV·A	台班	64.00	–	0.015	0.518	0.008
	台式钻床 φ16mm	台班	114.89	–	0.120	1.298	0.023
	普通车床 400mm×1000mm	台班	145.61	–	–	1.125	0.038

三、铝箔保温软管安装

单位:10m

定 额 编 号			11-7-44	11-7-45	11-7-46	11-7-47	11-7-48	11-7-49
项 目			公称直径(mm)					
			100 以内	125 以内	150 以内	200 以内	250 以内	300 以内
基 价 (元)			**134.31**	**159.21**	**184.35**	**193.67**	**203.39**	**213.59**
其中	人 工 费 (元)		92.48	116.24	140.24	147.28	154.72	162.64
	材 料 费 (元)		41.83	42.97	44.11	46.39	48.67	50.95
	机 械 费 (元)		—	—	—	—	—	—
名 称	单位	单价(元)	数			量		
人工 综合工日	工日	80.00	1.156	1.453	1.753	1.841	1.934	2.033
材 料 铝箔保温软管	m	—	(10.020)	(10.020)	(10.020)	(10.020)	(10.020)	(10.020)
精制六角螺母 M6~10	10 个	0.74	0.687	0.687	0.687	0.687	0.687	0.687
镀锌带母螺栓 M6×16~25	套	0.28	6.870	6.870	6.870	6.870	6.870	6.870
膨胀螺栓 M6	套	0.92	6.870	6.870	6.870	6.870	6.870	6.870
扎带 B50	m	0.45	4.270	5.340	6.410	8.550	10.680	12.820
槽钢 5~16 号	kg	4.00	1.900	1.900	1.900	1.900	1.900	1.900
镀锌铁皮 $\delta=0.8~1$	kg	5.89	0.740	0.853	0.965	1.188	1.412	1.635
圆钢 $\phi5.5~9$	kg	4.10	0.777	0.777	0.777	0.777	0.777	0.777
镀锌铁卡箍 $\phi100$	个	2.40	6.670	6.670	6.670	6.670	6.670	6.670

第八章　调节阀制作安装

说　　明

工作内容：
1. 调节阀制作：放样、下料、制作短管、阀板、法兰、零件，钻孔、铆焊、组合成型。
2. 调节阀安装：号孔、钻孔、对口、校正，制垫、垫垫、上螺栓、紧固、试动。

工程量计算规则

一、标准部件的制作，按其成品重量以"100kg"为计量单位，根据设计型号、规格按本定额附录三"国标通风部件标准重量表"计算，非标准部件按图示成品重量计算。部件的安装按图示规格尺寸（周长或直径）以"个"为计量单位，分别执行相应定额子目。

二、密闭式对开多叶调节阀与手动式对开多叶调节阀执行同一子目。

三、蝶阀安装子目适用于圆形保温蝶阀，方、矩形保温蝶阀，方、矩形蝶阀。风管止回阀安装子目适用于圆形风管止回阀，方形风管止回阀。

四、铝合金或其他材料制作的调节阀安装，也执行本章有关子目。

一、调节阀制作

定 额 编 号			11-8-1	11-8-2	11-8-3
项　　　　目			空气加热器上旁通阀 T101-1、2	圆形瓣式启动阀 T301-5	
				30kg 以下	30kg 以上
基　　　价　（元）			**1099.86**	**4275.17**	**2620.95**
其中	人　工　费　（元）		528.64	2062.80	1183.20
	材　料　费　（元）		459.59	554.38	547.04
	机　械　费　（元）		111.63	1657.99	890.71
名　　　　称	单位	单价（元）	数		量
人工 综合工日	工日	80.00	6.608	25.785	14.790
材料 热轧薄钢板 1.0~1.5	kg	4.87	24.590	54.830	21.380
热轧薄钢板 2.2~2.8	kg	4.67	0.210	5.050	37.750
热轧薄钢板 3.0~4.0	kg	4.67	－	3.360	2.300
热轧中厚钢板 δ=4.5~10	kg	3.90	0.330	2.690	2.300
等边角钢 边宽60mm 以下	kg	4.00	74.100	－	－
扁钢 边宽59mm 以下	kg	4.10	0.880	16.690	19.130
圆钢 φ5.5~9	kg	4.10	－	2.770	1.750
圆钢 φ10~14	kg	4.10	3.300	7.890	4.370
圆钢 φ15~20	kg	4.10	－	－	6.100
圆钢 φ25~32	kg	4.10	－	2.310	0.960
热轧无缝钢管 φ71~90	kg	5.12	－	4.610	－

单位:100kg

定 额 编 号			11-8-1	11-8-2	11-8-3
项 目			空气加热器上旁通阀 T101－1、2	圆形瓣式启动阀 T301－5	
				30kg 以下	30kg 以上
材 料	热轧无缝钢管 φ91～115 δ＝4.1～7	kg	5.12	－	－	2.460
	焊接钢管 DN15	kg	4.54	－	8.810	11.120
	电焊条 结422 φ3.2	kg	6.70	0.900	1.400	0.900
	精制六角带帽螺栓 M2～5×22～50	10套	1.54	－	18.434	11.435
	精制六角带帽螺栓 M8×75	10套	10.64	0.643		
	精制六角螺母 M6～10	10个	0.74	－	－	0.728
	精制六角螺母 M12～16	10个	3.67	－	3.130	1.943
	精制六角螺母 M18～22	10个	8.82			1.943
	铝蝶形螺母 M＜12	10个	2.38	0.819	－	－
	开口销 1～5	10个	1.00	－	3.130	2.914
	垫圈 2～8	10个	0.13	0.327		
	铁铆钉 3×5～6	kg	4.68	0.020	－	－
	耐酸橡胶板 δ＝3	kg	10.20	0.890	－	－
机 械	交流弧焊机 21kV·A	台班	64.00	0.068	1.088	0.563
	台式钻床 φ16mm	台班	114.89	0.383	1.035	0.551
	立式钻床 φ35mm	台班	123.59	0.338	0.638	0.375
	普通车床 400mm×1000mm	台班	145.61	0.113	7.875	4.125
	牛头刨床 650m	台班	132.71	0.038	1.838	1.088

定　额　编　号				11-8-4	11-8-5	11-8-6	11-8-7
项　　　目				圆形保温蝶阀 T302-2		方、矩形保温蝶阀 T302-4、6	
				10kg 以下	10kg 以上	10kg 以下	10kg 以上
基　　　价　（元）				**2587.41**	**2032.15**	**2407.25**	**1490.79**
其中	人　工　费　（元）			1310.40	922.80	1080.00	377.44
	材　料　费　（元）			768.87	925.03	748.53	940.53
	机　械　费　（元）			508.14	184.32	578.72	172.82
名　　　称		单位	单价(元)	数			量
人工	综合工日	工日	80.00	16.380	11.535	13.500	4.718
材料	热轧薄钢板 0.5~0.65	kg	4.87	12.670	19.080	10.880	17.360
	热轧薄钢板 1.0~1.5	kg	4.87	34.070	－	31.330	－
	热轧薄钢板 2.2~2.8	kg	4.67	－	33.950	－	23.970
	等边角钢 边宽60mm 以下	kg	4.00	39.840	38.540	44.010	51.890
	扁钢 边宽59mm 以下	kg	4.10	9.960	4.860	8.870	2.320

续前

定 额 编 号			11-8-4	11-8-5	11-8-6	11-8-7
项 目			圆形保温蝶阀 T302－2		方、矩形保温蝶阀 T302－4、6	
			10kg 以下	10kg 以上	10kg 以下	10kg 以上
材 料	圆钢 ϕ15～20	kg	4.10	4.380	3.650	5.150	1.750
	电焊条 结422 ϕ3.2	kg	6.70	2.300	2.300	3.500	3.100
	精制六角带帽螺栓 M2～5×22～50	10 套	1.54	9.563	3.190	8.519	1.528
	精制六角螺母 M6～10	10 个	0.74	2.031	0.677	1.808	0.324
	羊毛毡	m²	60.00	4.840	7.720	4.510	8.270
	垫圈 2～8	10 个	0.13	8.110	3.793	7.235	1.816
机 械	交流弧焊机 21kV·A	台班	64.00	1.688	1.088	2.138	1.163
	台式钻床 ϕ16mm	台班	114.89	0.938	0.488	1.238	0.338
	立式钻床 ϕ35mm	台班	123.59	0.788	0.263	0.863	0.188
	普通车床 400mm×1000mm	台班	145.61	0.788	0.038	0.900	0.188
	立式铣床 400mm×1250mm	台班	235.54	0.263	0.038	0.263	0.038
	法兰卷圆机 L40mm×4mm	台班	44.22	0.413	0.263	－	－

定　额　编　号				11-8-8	11-8-9	11-8-10	11-8-11
项　　　　　目				圆形蝶阀 T302－7		方、矩形蝶阀 T302－8、9	
				10kg 以下	10kg 以上	15kg 以下	15kg 以上
基　　　价　（元）				**3201.20**	**1576.88**	**2284.62**	**1221.84**
其中	人　工　费　（元）			1810.24	686.40	889.84	487.20
	材　料　费　（元）			504.12	519.35	485.69	489.31
	机　械　费　（元）			886.84	371.13	909.09	245.33
名　　称		单位	单价（元）	数			量
人工	综合工日	工日	80.00	22.628	8.580	11.123	6.090
材料	热轧薄钢板 1.0~1.5	kg	4.87	44.940	－	47.240	－
	热轧薄钢板 2.2~2.8	kg	4.67	－	62.080	－	50.390
	热轧薄钢板 3.0~4.0	kg	4.67	5.850	2.780	3.130	1.110
	等边角钢 边宽60mm 以下	kg	4.00	43.000	31.250	46.800	47.660
	扁钢 边宽59mm 以下	kg	4.10	4.340	7.430	2.450	4.070
	圆钢 ϕ15~20	kg	4.10	7.060	4.780	3.960	2.020

单位:100kg

定 额 编 号				11-8-8	11-8-9	11-8-10	11-8-11
项 目				圆形蝶阀 T302 - 7		方、矩形蝶阀 T302 - 8、9	
				10kg 以下	10kg 以上	15kg 以下	15kg 以上
材	电焊条 结422 φ3.2	kg	6.70	2.500	2.000	2.400	3.400
	精制六角带帽螺栓 M6×75	10 套	1.96	5.340	–	2.567	–
	精制六角带帽螺栓 M8×75	10 套	10.64	–	2.344	–	0.838
	精制六角螺母 M6~10	10 个	0.74	3.397	–	1.924	0.419
	铝蝶形螺母 M<12	10 个	2.38	3.397	0.977	1.924	0.419
料	垫圈 2~8	10 个	0.13	5.450	0.995	3.260	0.855
	垫圈 10~20	10 个	0.20	3.397	2.986	–	0.419
机	交流弧焊机 21kV·A	台班	64.00	2.438	1.763	1.875	1.238
	台式钻床 φ16mm	台班	114.89	1.013	0.638	1.088	0.488
	立式钻床 φ35mm	台班	123.59	0.188	0.263	0.113	0.113
	法兰卷圆机 l40mm×4mm	台班	44.22	0.563	0.338	–	–
	普通车床 400mm×1000mm	台班	145.61	0.188	0.338	1.613	0.113
械	立式铣床 400mm×1250mm	台班	235.54	2.288	0.375	1.763	0.338

定　额　编　号			11-8-12	11-8-13	11-8-14	11-8-15
项　　　　　目			圆形风管止回阀 T303-1		方形风管止回阀 T303-2	
			20kg 以下	20kg 以上	20kg 以下	20kg 以上
基　　价　（元）			**1856.34**	**1462.98**	**1636.31**	**1285.89**
其中	人　工　费（元）		801.60	498.00	636.64	420.00
	材　料　费（元）		891.33	841.35	836.90	770.11
	机　械　费（元）		163.41	123.63	162.77	95.78
名　　　　称	单位	单价(元)	数		量	
人工 综合工日	工日	80.00	10.020	6.225	7.958	5.250
材料 热轧薄钢板 1.0~1.5	kg	4.87	51.190	39.070	47.250	36.480
等边角钢 边宽60mm 以下	kg	4.00	27.630	36.280	28.970	41.450
扁钢 边宽59mm 以下	kg	4.10	1.940	0.930	1.870	0.730
圆钢 φ10~14	kg	4.10	7.010	7.300	7.610	8.770
铝板 各种规格	kg	18.90	5.970	8.660	5.590	7.550
黄铜棒 φ7~80	kg	57.30	4.470	3.540	3.620	2.550
电焊条 结422 φ3.2	kg	6.70	1.700	1.500	3.300	1.900
精制六角带帽螺栓 M2~5×4~20	10套	1.26	1.946	0.930	1.857	0.727
精制六角螺栓 M6×25	10个	0.66	0.972	0.465	0.929	0.364
精制六角螺母 M6~10	10个	0.74	5.959	2.844	4.732	1.852
垫圈 2~8	10个	0.13	5.950	3.792	5.678	2.963
垫圈 10~20	10个	0.20	-	-	1.893	-
橡胶板 各种规格	kg	9.68	10.970	9.460	11.290	8.600
机械 交流弧焊机 21kV·A	台班	64.00	1.373	0.938	1.613	0.938
台式钻床 φ16mm	台班	114.89	0.413	0.338	0.375	0.263
法兰卷圆机 L40mm×4mm	台班	44.22	0.263	0.188	-	-
普通车床 400mm×1000mm	台班	145.61	0.113	0.113	0.113	0.038

定　额　编　号				11-8-16	11-8-17	11-8-18
项　　　　目				密闭式斜插板阀 T309		矩形风管三通调节阀制作安装 T310－1、2
				10kg 以下	10kg 以上	
基　　　价　（元）				**2164.53**	**1469.04**	**3910.99**
其中	人　工　费　（元）			1371.60	612.00	2641.20
	材　料　费　（元）			606.24	570.03	458.45
	机　械　费　（元）			186.69	287.01	811.34
名　　　称		单位	单价（元）	数		量
人工	综合工日	工日	80.00	17.145	7.650	33.015
材料	热轧薄钢板 1.0～1.5	kg	4.87	69.800	72.500	－
	热轧薄钢板 2.2～2.8	kg	4.67	11.100	13.100	0.870
	等边角钢 边宽60mm 以下	kg	4.00	25.700	22.800	－
	扁钢 边宽59mm 以下	kg	4.10	0.400	0.290	57.880
	圆钢 φ15～20	kg	4.10	－	－	21.810
	焊接钢管 DN15	kg	4.54	－	－	5.030
	圆钢 φ10～14	kg	4.10	0.400	0.100	－

定 额 编 号				11-8-16	11-8-17	11-8-18
项 目				密闭式斜插板阀 T309		矩形风管三通调节阀制作安装 T310－1、2
				10kg 以下	10kg 以上	
材料	电焊条 结422 φ3.2	kg	6.70	2.600	1.800	－
	精制六角带帽螺栓 M6×75	10 套	1.96	－	－	33.548
	精制六角带帽螺栓 M8×75	10 套	l0.64	7.970	4.560	－
	精制六角螺母 M6~10	10 个	0.74	1.980	0.770	8.549
	铝蝶形螺母 M<12	10 个	2.38	1.980	0.770	8.549
	垫圈 2~8	10 个	0.13	－	－	17.097
	弹簧垫圈 M2~10	10 个	0.06	－	－	31.493
	铁铆钉 3×5~6	kg	4.68	－	－	1.770
机械	交流弧焊机 21kV·A	台班	64.00	1.800	4.050	0.600
	台式钻床 φ16mm	台班	114.89	0.450	0.150	1.125
	立式钻床 φ35mm	台班	123.59	－	－	1.200
	普通车床 400mm×1000mm	台班	145.61	－	－	3.375
	法兰卷圆机 L40mm×4mm	台班	44.22	0.300	0.150	－
	剪板机 6.3mm×2000mm	台班	171.55	0.038	0.023	0.023

定 额 编 号			11-8-19	11-8-20	11-8-21	11-8-22
项 目			对开多叶调节阀 T311		风管防火阀	
			30kg 以下	30kg 以上	圆形	方、矩形
基 价 （元）			**2093.04**	**1582.84**	**1349.77**	**1018.67**
其中	人 工 费 （元）		890.40	585.60	591.60	346.80
	材 料 费 （元）		653.21	587.12	516.99	488.59
	机 械 费 （元）		549.43	410.12	241.18	183.28
名 称	单位	单价(元)	数			量
人工 综合工日	工日	80.00	11.130	7.320	7.395	4.335
材料 热轧薄钢板 0.5~0.65	kg	4.87	14.360	43.200	–	–
热轧薄钢板 1.0~1.5	kg	4.87	56.850	32.130	–	–
热轧薄钢板 2.2~2.8	kg	4.67	–	18.680	74.100	67.900
热轧中厚钢板 $\delta=10\sim16$	kg	3.70	–	–	0.200	0.200
等边角钢 边宽60mm 以下	kg	4.00	–	–	18.900	20.100
扁钢 边宽59mm 以下	kg	4.10	11.360	3.880	2.300	3.700
圆钢 $\phi15\sim20$	kg	4.10	7.450	3.300	–	–
圆钢 $\phi25\sim32$	kg	4.10	0.230	0.050	–	–
圆钢 $\phi>32$	kg	4.10	8.050	3.480	9.200	8.000
圆钢 $\phi10\sim14$	kg	4.10	–	–	1.400	0.100
电焊条 结422 $\phi3.2$	kg	6.70	3.180	2.670	0.800	1.700
精制六角带帽螺栓 M2~5×22~50	10套	1.54	47.787	20.170	–	–

定 额 编 号			11-8-19	11-8-20	11-8-21	11-8-22
项 目			对开多叶调节阀 T311		风管防火阀	
			30kg 以下	30kg 以上	圆形	方、矩形
材 料	精制六角带帽螺栓 M6×75	10 套	1.96	5.030	1.090	–	–
	精制六角带帽螺栓 M8×75	10 套	10.64	1.962	0.649	–	–
	石棉橡胶板 低压 0.8~1.0	kg	13.20	–	–	0.100	0.100
	水银开关 轻 3A2	个	26.70	–	–	1.200	1.000
	易熔片	片	2.10	–	–	1.200	1.000
	铝蝶形螺母 M<12	10 个	2.38	0.333	0.167	–	–
	垫圈 2~8	10 个	0.13	7.578	2.194	–	–
	开口销 1~5	10 个	1.00	5.127	2.223	–	–
	钢珠 φ<10	个	0.05	922.860	403.000	–	–
	黄铜棒 φ7~80	kg	57.30	0.250	0.100	–	–
	铁铆钉 3×5~6	kg	4.68	0.500	0.500	0.100	0.100
机 械	交流弧焊机 21kV·A	台班	64.00	0.053	0.030	0.338	0.188
	台式钻床 φ16mm	台班	114.89	1.088	0.600	0.263	0.113
	立式钻床 φ35mm	台班	123.59	0.098	0.060	0.038	0.030
	普通车床 400mm×1000mm	台班	145.61	1.875	1.500	0.938	0.863
	牛头刨床 650m	台班	132.71	0.975	0.825	0.263	0.188
	法兰卷圆机 I40mm×4mm	台班	44.22	–	–	0.150	–
	剪板机 6.3mm×2000mm	台班	171.55	0.038	0.023	0.038	0.023

二、调节阀安装

定 额 编 号			11-8-23	11-8-24	11-8-25	11-8-26	11-8-27	11-8-28
项 目			空气加热器上通阀	空气加热器旁通阀	圆形瓣式启动阀直径(mm)			
					600 以内	800 以内	1000 以内	1300 以内
基 价 (元)			**88.89**	**57.81**	**84.06**	**105.14**	**131.11**	**179.45**
其中	人 工 费 (元)		68.40	45.04	61.20	76.80	94.24	125.44
	材 料 费 (元)		18.61	12.77	20.22	25.70	21.05	30.78
	机 械 费 (元)		1.88	–	2.64	2.64	15.82	23.23
名 称	单位	单价(元)	数			量		
人工 综合工日	工日	80.00	0.855	0.563	0.765	0.960	1.178	1.568
材料 扁钢 边宽60mm 以上	kg	4.10	1.060	–	–	–	–	–
垫圈 10~20	10 个	0.20	0.600	–	–	–	–	–
电焊条 结422 φ3.2	kg	6.70	0.230	–	–	–	–	–
精制六角带帽螺栓 M8×75	10 套	10.64	–	1.200	1.700	–	–	–
精制六角带帽螺栓 M10×75	10 套	13.58	–	–	–	1.700	–	–
精制六角带帽螺栓 M10×260	10 套	21.00	0.600	–	–	–	–	–
精制六角带帽螺栓 M12×75	10 套	10.22	–	–	–	–	1.700	2.500
橡胶板 各种规格	kg	9.68	–	–	0.220	0.270	0.380	0.540
机械 交流弧焊机 21kV·A	台班	64.00	0.015	–	–	–	–	–
台式钻床 φ16mm	台班	114.89	0.008	–	0.023	0.023	–	–
立式钻床 φ35mm	台班	123.59	–	–	–	–	0.128	0.188

定　额　编　号			11-8-29	11-8-30	11-8-31	11-8-32	11-8-33
项　　　　　目			风管蝶阀周长(mm)				
			800 以内	1600 以内	2400 以内	3200 以内	4000 以内
基　　　价　（元）			**18.30**	**45.71**	**87.61**	**115.44**	**154.79**
其中	人　工　费（元）		12.64	18.00	31.20	42.00	57.60
	材　料　费（元）		3.02	4.48	21.19	27.09	32.31
	机　械　费（元）		2.64	23.23	35.22	46.35	64.88
名　　　称	单位	单价(元)	数			量	
人工 综合工日	工日	80.00	0.158	0.225	0.390	0.525	0.720
材料 精制六角带帽螺栓 M6×75	10 套	1.96	1.000	1.200	－	－	－
精制六角带帽螺栓 M8×75	10 套	10.64	－	－	1.700	2.100	2.500
橡胶板 各种规格	kg	9.68	0.110	0.220	0.320	0.490	0.590
机械 台式钻床 φ16mm	台班	114.89	0.023	－	－	－	－
立式钻床 φ35mm	台班	123.59	－	0.188	0.285	0.375	0.525

定 额 编 号			11-8-34	11-8-35	11-8-36	11-8-37
项 目			圆、方形风管止回阀周长(mm)			
			800 以内	1200 以内	2000 以内	3200 以内
基 价 (元)			**18.46**	**20.70**	**46.54**	**57.09**
其中	人 工 费 (元)		15.04	16.80	25.84	30.00
	材 料 费 (元)		3.42	3.90	20.70	27.09
	机 械 费 (元)		–	–	–	–
名 称	单位	单价(元)	数			量
人工 综合工日	工日	80.00	0.188	0.210	0.323	0.375
材料 精制六角带帽螺栓 M6×75	10 套	1.96	1.200	1.200	–	–
精制六角带帽螺栓 M8×75	10 套	10.64	–	–	1.700	2.100
橡胶板 各种规格	kg	9.68	0.110	0.160	0.270	0.490

定　额　编　号				11-8-38	11-8-39	11-8-40
项　　　　　目				密闭式斜插板阀直径(mm)		
				140 以内	280 以内	340 以内
基　　　价　（元）				**13.91**	**16.64**	**19.92**
其 中	人　工　费　（元）			12.64	14.40	16.80
	材　料　费　（元）			1.27	2.24	3.12
	机　械　费　（元）			－	－	－
名　　　　　称		单位	单价(元)	数		量
人工	综合工日 .	工日	80.00	0.158	0.180	0.210
材料	精制六角带帽螺栓 M6×75	10 套	1.96	0.400	0.600	0.800
	橡胶板 各种规格	kg	9.68	0.050	0.110	0.160

定　额　编　号				11-8-41	11-8-42	11-8-43	11-8-44
项　　　　　　目				对开多叶调节阀周长(mm)			
				2800 以内	4000 以内	5200 以内	6500 以内
基　　　价　（元）				**48.23**	**56.51**	**68.89**	**85.09**
其中	人　工　费　（元）			27.04	30.00	36.00	43.20
	材　料　费　（元）			21.19	26.51	32.89	41.89
	机　械　费　（元）			－	－	－	－
名　　　称	单位	单价(元)		数		量	
人工	综合工日	工日	80.00	0.338	0.375	0.450	0.540
材料	精制六角带帽螺栓 M8×75	10 套	10.64	1.700	2.100	2.500	3.200
	橡胶板 各种规格	kg	9.68	0.320	0.430	0.650	0.810

定 额 编 号				11-8-45	11-8-46	11-8-47	11-8-48
项 目				风管防火阀周长(mm)			
				2200 以内	3600 以内	5400 以内	8000 以内
基 价 (元)				33.34	101.55	141.53	211.96
其中	人 工 费 (元)			12.64	75.04	108.64	163.20
	材 料 费 (元)			20.70	26.51	32.89	48.76
	机 械 费 (元)			—	—	—	—
名 称		单位	单价(元)	数			量
人工	综合工日	工日	80.00	0.158	0.938	1.358	2.040
材料	精制六角带帽螺栓 M8×75	10 套	10.64	1.700	2.100	2.500	3.700
	橡胶板 各种规格	kg	9.68	0.270	0.430	0.650	0.970

第九章　风口制作安装

说　　明

工作内容:

1. 风口制作:放样、下料、开孔,制作零件、外框、叶片、网框、调节板、拉杆、导风板、弯管、天圆地方、扩散管、法兰,钻孔、铆焊、组合成型。

2. 风口安装:对口、上螺栓、制垫、垫垫、找正、找平,固定、试动、调整。

工程量计算规则

一、标准部件的制作,按其成品重量以"100kg"为计量单位,根据设计型号、规格按本定额附录三"国标通风部件标准重量表"计算,非标准部件按图示成品重量计算。部件的安装按图示规格尺寸(周长或直径)以"个"为计量单位,分别执行相应定额子目。

二、钢百叶窗及活动金属百叶风口制作的计量单位为"m²";安装按规格尺寸以"个"为计量单位。

三、百叶风口安装子目适用于带调节板活动百叶风口、单层百叶风口、双层百叶风口、三层百叶风口、连动百叶风口、135 型单层百叶风口、135 型双层百叶风口、135 型带导流叶片百叶风口、活动金属百叶风口。

四、散流器安装子目适用于圆形直片散流器、方形直片散流器、流线形散流器。

五、送吸风口安装子目适用于单面送吸风口、双面送吸风口。

六、铝合金或其他材料制作的风口安装也执行本章有关子目。

一、风口制作

定　额　编　号			11-9-1	11-9-2	11-9-3	11-9-4
项　　　　　目			带调节板活动百叶风口 T202-1		单层百叶风口 T202-2	
			2kg 以下	2kg 以上	2kg 以下	2kg 以上
基　　价　（元）			5911.18	4445.03	4596.19	2840.89
其中	人　工　费　（元）		4444.24	3180.64	3819.04	2140.80
	材　料　费　（元）		725.53	692.34	592.75	572.56
	机　械　费　（元）		741.41	572.05	184.40	127.53
名　　　　　称	单位	单价(元)	数			量
人工 综合工日	工日	80.00	55.553	39.758	47.738	26.760
材料 热轧薄钢板 0.5~0.65	kg	4.87	22.720	25.750	－	－
热轧薄钢板 0.7~0.9	kg	4.87	27.780	36.890	－	－
热轧薄钢板 1.0~1.5	kg	4.87	39.780	34.590	111.380	112.270
热轧薄钢板 2.2~2.8	kg	4.67	4.420	3.070	－	－
气焊条	kg	4.20	－	－	1.430	0.660
乙炔气	m³	25.20			0.930	0.426

单位:100kg

定 额 编 号			11-9-1	11-9-2	11-9-3	11-9-4
项 目			带调节板活动百叶风口 T202-1		单层百叶风口 T202-2	
			2kg 以下	2kg 以上	2kg 以下	2kg 以上
材	氧气	m³	3.60	–	–	2.600	1.190
	圆钢 φ10~14	kg	4.10	13.360	9.550	–	–
	扁钢 边宽 59mm 以下	kg	4.10	2.540	2.220	–	–
	焊接钢管 DN15	kg	4.54	3.480	2.120	–	–
	电焊条 结 422 φ2.5	kg	5.04	0.840	0.680	–	–
	精制六角带帽螺栓 M2~5×4~20	10 套	1.26	74.020	45.070		
	精制六角螺母 M<5	10 个	0.17	63.840	38.870		
	铝蝶形螺母 M<12	10 个	2.38	11.843	7.211	–	–
	垫圈 2~8	10 个	0.13	35.530	28.844	60.572	48.656
料	铁铆钉 3×5~6	kg	4.68	7.940	11.810	0.780	0.360
	开口销 1~5	10 个	1.00	5.922	3.605	–	–
机	交流弧焊机 21kV·A	台班	64.00	2.513	2.040		
	台式钻床 φ16mm	台班	114.89	2.933	2.550	1.605	1.110
械	普通车床 400mm×1000mm	台班	145.61	1.673	1.020		

工作内容:同前

单位:100kg

定　额　编　号			11-9-5	11-9-6	11-9-7	11-9-8
项　　　　目			双层百叶风口 T202-2		三层百叶风口 T202-3	
			5kg 以下	5kg 以上	7kg 以下	7kg 以上
基　　价　（元）			**3899.68**	**2216.83**	**3074.67**	**2502.04**
其中	人　工　费　（元）		3105.04	1487.44	2057.44	1576.24
	材　料　费　（元）		573.13	558.78	559.62	549.19
	机　械　费　（元）		221.51	170.61	457.61	376.61
名　　　称	单位	单价(元)	数		量	
人工	综合工日	工日	80.00	38.813	18.593	25.718	19.703
材料	热轧薄钢板 1.0~1.5	kg	4.87	108.240	109.860	89.910	85.880
	热轧薄钢板 2.2~2.8	kg	4.67	–	–	1.100	0.870
	气焊条	kg	4.20	1.400	0.560	0.780	0.550
	乙炔气	m³	25.20	0.761	0.300	0.404	0.287
	氧气	m³	3.60	2.130	0.840	1.130	0.800
	圆钢 φ5.5~9	kg	4.10	–	–	16.180	20.710
	精制六角带帽螺栓 M2~5×4~20	10 套	1.26	–	–	1.160	2.030
	精制六角螺母 M<5	10 个	0.17	–	–	37.120	30.487
	垫圈 2~8	10 个	0.13	74.386	55.945	138.170	119.602
	铁铆钉 3×5~6	kg	4.68	0.770	0.760	1.500	1.340
机械	台式钻床 φ16mm	台班	114.89	1.928	1.485	3.983	3.278

工作内容:同前

定　额　编　号			11-9-9	11-9-10	11-9-11	11-9-12	11-9-13
项　　　　目			连动百叶风口 T202－4		矩形风口 T203		矩形空气分布器 T206－1
			3kg 以下	3kg 以上	5kg 以下	5kg 以上	
基　　价　（元）			**5157.34**	**4014.41**	**2601.93**	**1932.05**	**1736.37**
其中	人　工　费　（元）		3076.24	2512.80	1699.84	1013.44	912.00
	材　料　费　（元）		607.29	584.47	509.96	525.86	595.64
	机　械　费　（元）		1473.81	917.14	392.13	392.75	228.73
名　　　　称	单位	单价(元)	数		量		
人工 综合工日	工日	80.00	38.453	31.410	21.248	12.668	11.400
材料 热轧薄钢板 0.7～0.9	kg	4.87	40.870	－	－	－	32.920
热轧薄钢板 1.0～1.5	kg	4.87	38.470	89.410	102.410	106.550	44.070
热轧薄钢板 2.2～2.8	kg	4.67	7.700	4.440	－	－	－
等边角钢 边宽60mm 以下	kg	4.00	－	－	－	－	30.530
扁钢 边宽59mm 以下	kg	4.10	17.700	13.790	－	－	－
圆钢 ϕ10～14	kg	4.10	0.880	0.510	－	－	－
料 圆钢 ϕ15～20	kg	4.10	3.100	1.790	－	－	－
电焊条 结422 ϕ3.2	kg	6.70	－	－	0.830	0.410	0.390

单位:100kg

定　额　编　号			11-9-9	11-9-10	11-9-11	11-9-12	11-9-13
项　　　　目			连动百叶风口 T202－4		矩形风口 T203		矩形空气分布器 T206－1
			3kg 以下	3kg 以上	5kg 以下	5kg 以上	
材 料	钢板网 5mm	m²	12.00	－	－	－	－	1.500
	精制六角带帽螺栓 M2~5×4~20	10 套	1.26	42.550	24.570	－	－	27.210
	精制六角带帽螺栓 M6×75	10 套	1.96	－	－	－	－	12.093
	气焊条	kg	4.20	1.020	0.740	－	－	－
	乙炔气	m³	25.20	0.443	0.322	－	－	－
	氧气	m³	3.60	1.240	0.900	－	－	－
	垫圈 2~8	10 个	0.13	90.912	72.924	－	－	－
	铁铆钉 3×5~6	kg	4.68	0.470	0.540	1.210	0.900	0.210
	合页 <75	个	0.98	－	－	－	－	19.380
	弹簧 ϕ0.55×30	个	0.15	42.550	24.570	－	－	－
	钢珠 ϕ<10	个	0.05	42.550	24.570	－	－	－
机 械	交流弧焊机 21kV·A	台班	64.00	－	－	0.203	0.105	0.585
	台式钻床 ϕ16mm	台班	114.89	5.955	3.315	3.300	3.360	1.665
	普通车床 400mm×1000mm	台班	145.61	5.423	3.683	－	－	－

工作内容:同前

定　额　编　号				11-9-14	11-9-15	11-9-16	11-9-17	11-9-18
项　　　　目				风管插板风口 T208－1、2				旋转吹风口 T209－1
				周长(mm)				
				660 以内	840 以内	1200 以内	1680 以内	100kg 以内
基　　价　(元)				**19.17**	**23.47**	**29.22**	**33.73**	**1577.71**
其中	人　工　费　(元)			11.44	12.00	13.84	13.84	791.44
	材　料　费　(元)			4.28	7.10	10.21	14.72	595.26
	机　械　费　(元)			3.45	4.37	5.17	5.17	191.01
名　　　称		单位	单价(元)	数		量		
人工	综合工日	工日	80.00	0.143	0.150	0.173	0.173	9.893
材料	热轧薄钢板 0.7~0.9	kg	4.87	－	－	－	－	51.770
	热轧薄钢板 1.0~1.5	kg	4.87	0.770	1.290	1.830	2.610	21.210
	热轧薄钢板 2.2~2.8	kg	4.67	－	－	－	－	1.330
	等边角钢 边宽60mm以下	kg	4.00	－	－	－	－	20.770
	扁钢 边宽59mm以下	kg	4.10	－	－	－	－	14.210
	圆钢 $\phi15~20$	kg	4.10					0.710

单位:100kg

定 额 编 号				11-9-14	11-9-15	11-9-16	11-9-17	11-9-18
项 目				风管插板风口 T208－1、2				旋转吹风口 T209－1
				周长（mm）				
				660 以内	840 以内	1200 以内	1680 以内	100kg 以内
材料	电焊条 结422 ϕ3.2	kg	6.70	－	－	－	－	0.140
	钢板网 5mm	m²	12.00	0.040	0.060	0.100	0.160	－
	精制六角带帽螺栓 M2～5×4～20	10 套	1.26	－	－	－	－	11.343
	精制六角带帽螺栓 M8×75	10 套	10.64	－	－	－	－	6.380
	木螺丝 6×100 以下	10 个	0.35	－	－	－	－	6.503
	垫圈 2～8	10 个	0.13	－	－	－	－	17.342
	铁铆钉 3×5～6	kg	4.68	0.010	0.020	0.020	0.020	0.310
	钢珠 ϕ<10	个	0.05	－	－	－	－	5.780
机械	交流弧焊机 21kV·A	台班	64.00	－	－	－	－	2.355
	台式钻床 ϕ16mm	台班	114.89	0.030	0.038	0.045	0.045	0.053
	法兰卷圆机 L40mm×4mm	台班	44.22	－	－	－	－	0.105
	普通车床 400mm×1000mm	台班	145.61	－	－	－	－	0.203

定 额 编 号				11-9-19	11-9-20	11-9-21	11-9-22
项 目				圆形直片散流器 CT211－1		方形直片散流器 CT211－2	
				6kg 以下	6kg 以上	5kg 以下	5kg 以上
基 价 （元）				**4477.24**	**3669.69**	**4346.70**	**3454.42**
其中	人 工 费 （元）			3025.20	2229.04	2986.24	2097.60
	材 料 费 （元）			688.58	677.99	663.73	686.30
	机 械 费 （元）			763.46	762.66	696.73	670.52
名 称		单位	单价（元）	数		量	
人工	综合工日	工日	80.00	37.815	27.863	37.328	26.220
材料	热轧薄钢板 1.0～1.5	kg	4.87	102.720	102.110	74.360	85.960
	等边角钢 边宽60mm 以下	kg	4.00	－	19.740	－	29.020
	扁钢 边宽59mm 以下	kg	4.10	20.130	6.610	32.770	7.720
	圆钢 φ10～14	kg	4.10	4.020	1.710	6.480	1.990
	圆钢 φ15～20	kg	4.10	2.130	0.900	3.430	1.050
	圆钢 φ25～32	kg	4.10	0.710	0.300	1.140	0.350
	圆钢 φ>32	kg	4.10	3.080	1.300	－	－

单位:100kg

定 额 编 号			11-9-19	11-9-20	11-9-21	11-9-22
项 目			圆形直片散流器 CT211-1		方形直片散流器 CT211-2	
			6kg 以下	6kg 以上	5kg 以下	5kg 以上
材	普碳方钢 各种规格	kg	4.15	-	-	6.480	1.990
	电焊条 结422 φ3.2	kg	6.70	0.100	0.100	0.100	0.100
	气焊条	kg	4.20	2.280	1.930	5.860	7.040
	乙炔气	m³	25.20	1.091	1.004	1.465	1.465
	氧气	m³	3.60	3.050	2.810	4.100	4.100
	木螺丝 6×100 以下	10 个	0.35	18.952	16.031	18.952	18.718
	铁铆钉 3×5~6	kg	4.68	0.100	0.190	0.100	0.340
料	聚酯乙烯泡沫塑料	kg	28.40	0.240	0.200	0.250	0.230
	开口销 1~5	10 个	1.00	2.415	1.021	3.883	1.193
机	交流弧焊机 21kV·A	台班	64.00	0.008	0.008	0.008	0.008
	台式钻床 φ16mm	台班	114.89	0.510	0.503	0.488	0.450
	法兰卷圆机 L40mm×4mm	台班	44.22	0.683	0.683	-	-
	普通车床 400mm×1000mm	台班	145.61	4.350	4.350	4.275	4.125
械	立式铣床 400mm×1250mm	台班	235.54	0.173	0.173	0.075	0.075

定 额 编 号				11-9-23	11-9-24	11-9-25	11-9-26	11-9-27
项 目				流线形散流器 CT211-4	单面送吸风口 T212-1		双面送吸风口 T212-2	
					10kg 以下	10kg 以上	10kg 以下	10kg 以上
基 价 （元）				**4765.12**	**1916.25**	**1167.80**	**2272.30**	**1403.20**
其中	人 工 费 （元）			3343.20	1101.60	507.04	1492.24	739.84
	材 料 费 （元）			658.46	573.79	540.45	539.20	543.05
	机 械 费 （元）			763.46	240.86	120.31	240.86	120.31
名 称	单位	单价（元）		数		量		
人工	综合工日	工日	80.00	41.790	13.770	6.338	18.653	9.248
材料	热轧薄钢板 0.7~0.9	kg	4.87	－	－	88.420	－	71.900
	热轧薄钢板 0.5~0.65	kg	4.87	－	89.720	－	67.310	－
	热轧薄钢板 1.0~1.5	kg	4.87	93.120	7.170	14.190	22.310	22.800
	等边角钢 边宽60mm 以下	kg	4.00	15.270	16.420	1.050	17.500	12.260
	扁钢 边宽59mm 以下	kg	4.10	5.150	－	－	－	－
	圆钢 φ25~32	kg	4.10	16.800	－	－	－	－
	电焊条 结422 φ3.2	kg	6.70	0.100	0.090	0.070	0.100	0.080

定 额 编 号			11-9-23	11-9-24	11-9-25	11-9-26	11-9-27
项 目			流线形散流器 CT211-4	单面送吸风口 T212-1		双面送吸风口 T212-2	
				10kg 以下	10kg 以上	10kg 以下	10kg 以上
材料	气焊条	kg	4.20	1.830	0.360	0.270	0.390	0.310
	乙炔气	m³	25.20	0.878	0.157	0.117	0.170	0.135
	氧气	m³	3.60	2.460	0.440	0.330	0.480	0.380
	钢板网 5mm	m²	12.00	-	2.290	2.520	1.880	2.110
	木螺丝 6×100 以下	10 个	0.35	18.952	-	-	-	-
	精制六角螺母 M12~16	10 个	3.67	1.945	-	-	-	-
	铁铆钉 3×5~6	kg	4.68	-	0.240	0.120	0.400	0.190
	垫圈 10~20	10 个	0.20	3.890	-	-	-	-
机械	交流弧焊机 21kV·A	台班	64.00	0.008	0.008	0.008	0.008	0.008
	台式钻床 φ16mm	台班	114.89	0.510	2.040	1.005	2.040	1.005
	法兰卷圆机 l40mm×4mm	台班	44.22	0.683	0.135	0.098	0.135	0.098
	普通车床 400mm×1000mm	台班	145.61	4.350	-	-	-	-
	立式铣床 400mm×1250mm	台班	235.54	0.173	-	-	-	-

定　额　编　号			11-9-28	11-9-29	11-9-30	11-9-31
项　　　　　目			活动箅式风口 T261		网式风口 T262	
			3kg 以下	3kg 以上	2kg 以下	2kg 以上
基　　　价　（元）			**6855.21**	**4601.57**	**2577.45**	**1634.25**
其中	人　工　费　（元）		4924.80	3398.40	1515.04	642.64
	材　料　费　（元）		491.41	508.56	794.07	814.36
	机　械　费　（元）		1439.00	694.61	268.34	177.25
名　　　　称	单位	单价（元）	数		量	
人工	综合工日	工日	80.00	61.560	42.480	18.938	8.033
材料	热轧薄钢板 1.0~1.5	kg	4.87	63.100	74.500	—	—
	扁钢 边宽59mm 以下	kg	4.10	42.230	33.640	80.900	72.800
	圆钢 ϕ15~20	kg	4.10	1.264	0.616	—	—
	电焊条 结422 ϕ3.2	kg	6.70	0.760	0.740	4.000	1.600
	精制六角带帽螺栓 M6×75	10 套	1.96	—	—	60.600	41.000
	钢板网 5mm	m²	12.00	—	—	26.400	35.400
	垫圈 2~8	10 个	0.13	5.381	2.598	—	—
机械	交流弧焊机 21kV·A	台班	64.00	0.735	0.368	1.500	0.750
	台式钻床 ϕ16mm	台班	114.89	2.325	0.945	1.500	1.125
	普通车床 400mm×1000mm	台班	145.61	7.725	3.863	—	—

定 额 编 号				11-9-32	11-9-33	11-9-34	11-9-35
项 目				135 型单层百叶风口 CT263-1		135 型双层百叶风口 CT263-2	
				5kg 以下	5kg 以上	10kg 以下	10kg 以上
基 价 (元)				**5360.79**	**3301.35**	**4563.85**	**2549.18**
其中	人 工 费 (元)			4582.80	2566.80	3726.00	1784.40
	材 料 费 (元)			602.21	564.74	616.34	582.91
	机 械 费 (元)			175.78	169.81	221.51	181.87
名 称	单位	单价(元)		数		量	
人工	综合工日	工日	80.00	57.285	32.085	46.575	22.305
材料	镀锌薄钢板 δ=0.5~0.9	kg	5.25	60.640	72.740	41.390	47.370
	镀锌薄钢板 δ=1.0~1.5	kg	5.05	42.350	27.710	64.790	57.650
	热轧薄钢板 2.2~2.8	kg	4.67	-	-	0.730	0.200
	扁钢 边宽 59mm 以下	kg	4.10	-	-	3.630	3.110
	圆钢 φ5.5~9	kg	4.10	0.450	0.960	0.230	0.580
	气焊条	kg	4.20	1.430	0.660	1.400	0.560
	乙炔气	m³	25.20	0.930	0.426	0.761	0.300
	氧气	m³	3.60	2.600	1.190	2.130	0.840
	精制六角带帽螺栓 M2~5×4~20	10 套	1.26	19.490	12.110	13.640	8.060
	垫圈 2~8	10 个	0.13	4.515	1.625	2.311	0.622
	弹簧垫圈 M2~10	10 个	0.06	9.029	3.249	4.622	1.244
	铁铆钉 3×5~6	kg	4.68	0.340	0.230	0.230	0.230
	紫铜铆钉 M2.5~6	10 个	0.22	9.370	20.230	4.790	12.271
机械	台式钻床 φ16mm	台班	114.89	1.530	1.478	1.928	1.583

定 额 编 号			11-9-36	11-9-37	11-9-38	11-9-39	11-9-40	11-9-41
项　　　　目			135型带导流片百叶风口 CT263-3		钢百叶窗 J718-1			活动金属百叶风口 J718-1
			10kg以下 (100kg)	10kg以上 (100kg)	0.5m²以下	2m²以下	4m²以下	
基　　价　　（元）			**4384.81**	**2453.20**	**448.38**	**326.70**	**285.42**	**529.28**
其中	人　工　费　（元）		3570.64	1710.00	174.64	135.04	108.64	449.44
	材　料　费　（元）		614.26	577.76	232.31	168.89	159.13	74.67
	机　械　费　（元）		199.91	165.44	41.43	22.77	17.65	5.17
名　　　　称	单位	单价(元)	数			量		
人工 综合工日	工日	80.00	44.633	21.375	2.183	1.688	1.358	5.618
材料 镀锌薄钢板 δ=0.5~0.9	kg	5.25	43.510	46.870	-	-	-	4.440
镀锌薄钢板 δ=1.0~1.5	kg	5.05	63.420	55.790	-	-	-	-
镀锌薄钢板 δ=1.6~2.0	kg	5.00	-	-	-	-	-	7.070
镀锌铁丝 8~12号	kg	5.36	-	-	-	-	-	0.630
高熔点焊锡丝	kg	45.53	-	-	-	-	-	0.200
盐酸	kg	0.95	-	-	-	-	-	0.500
木柴	kg	0.95	-	-	-	-	-	0.200
料 焦炭	kg	1.50	-	-	-	-	-	1.910
热轧薄钢板 1.0~1.5	kg	4.87	-	-	25.860	21.510	21.000	-

续前

单位:m²

定 额 编 号			11-9-36	11-9-37	11-9-38	11-9-39	11-9-40	11-9-41
项 目			135型带导流片百叶风口 CT263-3		钢百叶窗 J718-1			活动金属百叶风口 J718-1
			10kg 以下 (100kg)	10kg 以上 (100kg)	0.5m² 以下	2m² 以下	4m² 以下	
材 料	等边角钢 边宽60mm 以下	kg	4.00	–	–	17.520	8.160	6.440	–
	扁钢 边宽59mm 以下	kg	4.10	3.600	3.940	4.660	3.490	3.410	–
	电焊条 结422 φ3.2	kg	6.70	–	–	0.040	0.040	0.030	–
	钢板网 5mm	m²	12.00	–	–	1.410	1.410	1.410	–
	圆钢 φ5.5~9	kg	4.10	0.260	0.830	–	–	–	–
	气焊条	kg	4.20	1.400	0.560	–	–	–	–
	乙炔气	m³	25.20	0.761	0.300	–	–	–	–
	氧气	m³	3.60	2.130	0.840	–	–	–	–
	精制六角带帽螺栓 M2~5×4~20	10 套	1.26	11.290	10.370	–	–	–	–
	垫圈 2~8	10 个	0.13	2.616	1.057	–	–	–	–
	弹簧垫圈 M2~10	10 个	0.06	5.232	2.114	–	–	–	–
	铁铆钉 3×5~6	kg	4.68	0.200	0.110	–	–	–	–
	紫铜铆钉 M2.5~6	10 个	0.22	5.430	16.450	–	–	–	–
机 械	交流弧焊机 21kV·A	台班	64.00	–	–	0.405	0.248	0.195	–
	台式钻床 φ16mm	台班	114.89	1.740	1.440	0.135	0.060	0.045	0.045

· 274 ·

二、风口安装

定 额 编 号			11-9-42	11-9-43	11-9-44	11-9-45	11-9-46
项 目			百叶风口周长(mm)				
			900 以内	1280 以内	1800 以内	2500 以内	3300 以内
基 价 (元)			**16.70**	**20.52**	**35.32**	**51.28**	**65.78**
其中	人 工 费 (元)		10.80	13.84	27.04	40.80	52.80
	材 料 费 (元)		3.26	4.04	5.64	7.84	10.34
	机 械 费 (元)		2.64	2.64	2.64	2.64	2.64
名 称	单位	单价(元)	数			量	
人工 综合工日	工日	80.00	0.135	0.173	0.338	0.510	0.660
材料 扁钢 边宽59mm 以下	kg	4.10	0.610	0.800	1.130	1.570	2.070
精制六角带帽螺栓 M2～5×4～20	10 套	1.26	0.600	0.600	0.800	1.110	1.470
机械 台式钻床 φ16mm	台班	114.89	0.023	0.023	0.023	0.023	0.023

定　额　编　号				11-9-47	11-9-48	11-9-49
项　　　　　目				矩形送风口周长(mm)		
				400 以内	600 以内	800 以内
基　　　价　（元）				**16.24**	**18.89**	**22.01**
其中	人　工　费　（元）			9.04	11.44	14.40
	材　料　费　（元）			7.20	7.45	7.61
	机　械　费　（元）			–	–	–
名　　　称		单位	单价(元)	数		量
人工	综合工日	工日	80.00	0.113	0.143	0.180
材料	扁钢 边宽 59mm 以下	kg	4.10	0.120	0.180	0.220
	精制六角带帽螺栓 M8×75	10 套	10.64	0.400	0.400	0.400
	铜蝶形螺母 M8	10 个	6.00	0.400	0.400	0.400
	垫圈 2~8	10 个	0.13	0.400	0.400	0.400

定 额 编 号			11-9-50	11-9-51	11-9-52	11-9-53	11-9-54
项 目			矩形空气分布器周长(mm)			旋转吹风口直径(mm)	
			1200 以内	1500 以内	2100 以内	320 以内	450 以内
基 价 (元)			**35.35**	**41.68**	**50.35**	**45.10**	**69.60**
其中	人 工 费 (元)		31.84	37.20	44.40	28.24	46.80
	材 料 费 (元)		3.51	4.48	5.95	16.86	22.80
	机 械 费 (元)		–	–	–	–	–
名 称	单位	单价(元)	数		量		
人工 综合工日	工日	80.00	0.398	0.465	0.555	0.353	0.585
材料 精制六角带帽螺栓 M6×75	10 套	1.96	1.000	1.200	1.700	–	–
精制六角带帽螺栓 M8×75	10 套	10.64	–	–	–	0.600	0.600
精制六角螺母 M6~10	10 个	0.74	–	–	–	0.600	0.600
橡胶板 各种规格	kg	9.68	0.160	0.220	0.270	–	–
石棉橡胶板 低压 0.8~1.0	kg	13.20	–	–	–	0.760	1.210

定　额　编　号			11-9-55	11-9-56	11-9-57	11-9-58	11-9-59	11-9-60
项　　　　目			方形散流器周长(mm)			圆形、流线形散流器直径(mm)		
			500 以内	1000 以内	2000 以内	200 以内	360 以内	500 以内
基　　　价　(元)			**13.27**	**17.37**	**25.00**	**11.87**	**21.67**	**28.25**
其中	人　工　费　(元)		12.00	15.04	21.60	10.80	20.40	26.40
	材　料　费　(元)		1.27	2.33	3.40	1.07	1.27	1.85
	机　械　费　(元)		－	－	－	－	－	－
名　　称	单位	单价(元)	数			量		
人工 综合工日	工日	80.00	0.150	0.188	0.270	0.135	0.255	0.330
材料 精制六角带帽螺栓 M6×75	10 套	1.96	0.400	0.400	0.400	0.300	0.400	0.400
橡胶板 各种规格	kg	9.68	0.050	0.160	0.270	0.050	0.050	0.110

定　额　编　号			11-9-61	11-9-62	11-9-63	11-9-64	11-9-65	11-9-66
项　　　　　目			送吸风口周长（mm）			活动算式风口周长（mm）		
			1000 以内	1600 以内	2000 以内	1330 以内	1910 以内	2590 以内
基　　价　（元）			**18.46**	**20.88**	**28.70**	**28.58**	**33.14**	**40.65**
其中	人　工　费　（元）		16.80	18.64	18.64	21.04	24.64	31.20
	材　料　费　（元）		1.66	2.24	10.06	0.65	0.69	0.83
	机　械　费　（元）		－	－	－	6.89	7.81	8.62
名　　　称	单位	单价（元）	数		量			
人工	综合工日	工日	80.00	0.210	0.233	0.233	0.263	0.308	0.390
材料	圆钢 φ10~14	kg	4.10	－	－	－	0.020	0.020	0.020
	半圆头螺钉 M4×6	10 个	0.47	－	－	－	1.000	1.100	1.400
	铁铆钉 3×5~6	kg	4.68	－	－	－	0.020	0.020	0.020
	精制六角带帽螺栓 M6×75	10 套	1.96	0.600	0.600	－	－	－	－
	精制六角带帽螺栓 M8×75	10 套	10.64	－	－	0.800	－	－	－
	橡胶板 各种规格	kg	9.68	0.050	0.110	0.160	－	－	－
机械	台式钻床 φ16mm	台班	114.89	－	－	－	0.060	0.068	0.075

定 额 编 号			11-9-67	11-9-68	11-9-69	11-9-70
项 目			网式风口周长(mm)			
			900 以内	1500 以内	2000 以内	2600 以内
基 价 （元）			**8.60**	**10.36**	**10.86**	**12.70**
其 中	人 工 费 （元）		7.84	9.60	9.60	11.44
	材 料 费 （元）		0.76	0.76	1.26	1.26
	机 械 费 （元）		—	—	—	—
名 称	单位	单价（元）	数		量	
人工 综合工日	工日	80.00	0.098	0.120	0.120	0.143
材料 精制六角带帽螺栓 M2~5×4~20	10 套	1.26	0.600	0.600	1.000	1.000

定 额 编 号			11-9-71	11-9-72	11-9-73	11-9-74
项 目			钢百叶窗框内面积(m²)			
			0.5 以内	1.0 以内	2.0 以内	4.0 以内
基 价 (元)			**23.63**	**34.14**	**57.47**	**62.24**
其中	人 工 费 (元)		19.84	29.44	51.04	54.00
	材 料 费 (元)		3.79	4.70	6.43	8.24
	机 械 费 (元)		–	–	–	–
名 称	单位	单价(元)	数		量	
人工 综合工日	工日	80.00	0.248	0.368	0.638	0.675
材料 扁钢 边宽 59mm 以下	kg	4.10	0.210	0.310	0.410	0.510
精制六角带帽螺栓 M2~5×4~20	10 套	1.26	1.700	2.100	2.500	3.300
精制六角带帽螺栓 M6×75	10 套	1.96	0.400	0.400	0.800	1.000
木螺丝 6×100 以下	10 个	0.35	–	–	0.100	0.100

第十章　风帽制作安装

说　　明

工作内容：
1. 风帽制作：放样、下料、咬口，制作法兰、零件，钻孔、铆焊、组装。
2. 风帽安装：安装、找正、找平，制垫、垫垫、上螺栓、固定。

工程量计算规则

一、标准部件的制作安装，按其成品重量以"100kg"为计量单位，根据设计型号、规格按本定额附录三"国标通风部件标准重量表"计算，非标准部件按图示成品重量计算。

二、风帽筝绳按重量以"100kg"为计量单位。

三、风帽泛水按展开面积以"m²"为计量单位。

一、圆伞形、锥形风帽制作安装

定 额 编 号			11-10-1	11-10-2	11-10-3	11-10-4	11-10-5	11-10-6
项 目			圆伞形风帽 T609			锥形风帽 T610		
			10kg 以下	50kg 以下	50kg 以上	25kg 以下	100kg 以下	100kg 以上
基 价 （元）			1772.98	1081.80	876.69	1497.13	1126.89	1004.23
其中	人 工 费 （元）		1020.00	412.80	250.80	715.20	444.00	366.00
	材 料 费 （元）		655.05	622.41	604.15	718.76	647.58	625.11
	机 械 费 （元）		97.93	46.59	21.74	63.17	35.31	13.12
名 称	单位	单价（元）	数			量		
人工 综合工日	工日	80.00	12.750	5.160	3.135	8.940	5.550	4.575
材 料 热轧薄钢板 1.0～1.5	kg	4.87	82.740	96.060	101.500	98.830	105.760	114.580
等边角钢 边宽60mm 以下	kg	4.00	21.050	14.340	10.660	6.380	5.440	4.170
扁钢 边宽59mm 以下	kg	4.10	13.890	8.780	8.350	14.810	10.580	5.020
圆钢 $\phi 5.5～9$	kg	4.10	－	1.960	2.150	－	－	－
电焊条 结422 $\phi 3.2$	kg	6.70	1.570	0.280	0.110	1.380	0.790	0.280
气焊条	kg	4.20	0.100	0.100	0.100	2.110	1.180	0.700
乙炔气	m³	25.20	0.043	0.043	0.043	1.061	0.609	0.370
氧气	m³	3.60	0.120	0.120	0.120	2.970	1.710	1.040
橡胶板 各种规格	kg	9.68	1.080	0.760	0.380	3.780	0.270	0.160
精制六角带帽螺栓 M8×75	10套	10.64	8.173	3.902	1.653	5.485	3.066	0.967
垫圈 2～8	10个	0.13	8.331	3.977	1.684	5.590	3.125	0.960
机 械 交流弧焊机 21kV·A	台班	64.00	0.143	0.068	0.060	0.300	0.188	0.060
台式钻床 $\phi 16mm$	台班	114.89	0.735	0.353	0.150	0.345	0.188	0.075
法兰卷圆机 l40mm×4mm	台班	44.22	0.098	0.038	0.015	0.098	0.038	0.015

二、筒形风帽制作安装

单位:100kg

定 额 编 号				11-10-7	11-10-8	11-10-9
项 目				筒形风帽 T611		
				50kg 以下	100kg 以下	100kg 以上
基 价 (元)				**1098.74**	**790.63**	**761.51**
其中	人 工 费 (元)			513.60	208.24	201.60
	材 料 费 (元)			545.52	560.68	550.12
	机 械 费 (元)			39.62	21.71	9.79
名 称		单位	单价(元)	数		量
人工	综合工日	工日	80.00	6.420	2.603	2.520
材料	热轧薄钢板 1.0~1.5	kg	4.87	75.720	84.700	84.620
	等边角钢 边宽 60mm 以下	kg	4.00	7.270	17.890	16.630
	扁钢 边宽 59mm 以下	kg	4.10	25.970	7.070	7.750
	圆钢 φ5.5~9	kg	4.10	–	1.000	1.830
	电焊条 结 422 φ3.2	kg	6.70	0.010	0.010	0.010
	气焊条	kg	4.20	0.070	0.080	0.060
	乙炔气	m³	25.20	0.030	0.035	0.026
	氧气	m³	3.60	0.080	0.100	0.070
	橡胶板 各种规格	kg	9.68	0.380	0.220	0.160
	精制六角带帽螺栓 M6×75	10 套	1.96	16.923	–	–
	精制六角带帽螺栓 M8×75	10 套	10.64	–	3.698	2.738
	铁铆钉 3×5~6	kg	4.68	0.150	–	–
	垫圈 2~8	10 个	0.13	17.290	3.231	2.391
机械	交流弧焊机 21kV·A	台班	64.00	0.008	0.008	0.008
	台式钻床 φ16mm	台班	114.89	0.300	0.173	0.075
	法兰卷圆机 l40mm×4mm	台班	44.22	0.105	0.030	0.015

定 额 编 号			11-10-10	11-10-11	11-10-12	11-10-13
项 目			筒形风帽滴水盘 T611		风帽筝绳	风帽泛水（m²）
			15kg 以下	15kg 以上		
基 价 （元）			**1754.14**	**1167.98**	**1000.05**	**151.91**
其中	人 工 费 （元）		976.24	484.24	300.00	62.40
	材 料 费 （元）		646.06	609.22	678.02	88.59
	机 械 费 （元）		131.84	74.52	22.03	0.92
名 称	单位	单价（元）	数		量	
人工 综合工日	工日	80.00	12.203	6.053	3.750	0.780
材料 镀锌钢板 δ = 0.75	m²	30.56	－	－	－	1.420
热轧薄钢板 1.0～1.5	kg	4.87	87.550	93.120	－	－
等边角钢 边宽60mm 以下	kg	4.00	21.120	18.120	－	－
扁钢 边宽59mm 以下	kg	4.10	12.230	7.130	43.200	1.780
圆钢 φ10～14	kg	4.10	－	－	60.800	－
圆钢 φ5.5～9	kg	4.10	－	5.980	－	－
料 焊接钢管 DN15	kg	4.54	1.160	0.310	－	－

续前

定 额 编 号			11-10-10	11-10-11	11-10-12	11-10-13
项 目			筒形风帽滴水盘 T611		风帽筝绳	风帽泛水（m²）
			15kg 以下	15kg 以上		
材 料	电焊条 结422 φ3.2	kg	6.70	0.150	0.150	0.200	–
	精制六角带帽螺栓 M6×75	10 套	1.96	23.305	7.927	–	–
	精制六角带帽螺栓 M8×75	10 套	10.64	–	–	4.760	0.400
	花篮螺栓 M6×120	套	4.15	–	–	47.600	–
	垫圈 10～20	10 个	0.20	–	–	10.480	–
	气焊条	kg	4.20	1.400	0.300	–	–
	乙炔气	m³	25.20	0.610	0.130	–	–
	氧气	m³	3.60	1.710	0.360	–	–
	橡胶板 各种规格	kg	9.68	0.590	0.590	–	2.700
	油灰	kg	5.00	–	–	–	1.500
机 械	交流弧焊机 21kV·A	台班	64.00	0.030	0.030	0.075	–
	台式钻床 φ16mm	台班	114.89	1.050	0.600	0.150	0.008
	法兰卷圆机 I40mm×4mm	台班	44.22	0.210	0.083	–	–

第十一章　罩类制作安装

说　　明

工作内容：
1. 罩类制作：放样、下料、卷圆，制作罩体、来回弯、零件、法兰，钻孔、铆焊、组合成型。
2. 罩类安装：埋设支架、吊装、对口、找正，制垫、垫垫、上螺栓，固定配重环及钢丝绳、试动调整。

工程量计算规则

标准部件的制作安装，按其成品重量以"100kg"为计量单位，根据设计型号、规格按本定额附录三"国标通风部件标准重量表"计算，非标准部件按图示成品重量计算。

一、防护罩、防雨罩、侧吸罩

单位：100kg

定 额 编 号			11-11-1	11-11-2	11-11-3	11-11-4	11-11-5
项 目			皮带防护罩 T108		电机防雨罩 T110	侧吸罩 T401-1、2	
			B 式	C 式		上吸式	下吸式
基 价 （元）			**3074.68**	**2338.36**	**1196.31**	**1160.43**	**1075.09**
其中	人 工 费 （元）		2454.64	1773.60	457.84	534.64	432.64
	材 料 费 （元）		514.41	519.47	689.46	546.00	562.66
	机 械 费 （元）		105.63	45.29	49.01	79.79	79.79
名 称	单位	单价（元）	数		量		
人工 综合工日	工日	80.00	30.683	22.170	5.723	6.683	5.408
材料 热轧薄钢板 1.0~1.5	kg	4.87	−	65.700	98.230	70.930	78.490
热轧薄钢板 3.0~4.0	kg	4.67	4.000	1.900	−	−	−
热轧中厚钢板 δ=4.5~10	kg	3.90	−	−	28.200	−	−
等边角钢 边宽 60mm 以下	kg	4.00	64.700	12.300	−	40.200	34.820
扁钢 边宽 59mm 以下	kg	4.10	31.300	20.000	−	1.900	1.330
镀锌铁丝网 φ3×5×5	m²	4.20	8.600	4.100	−	−	−

定　额　编　号				11-11-1	11-11-2	11-11-3	11-11-4	11-11-5
项　　　　　目				皮带防护罩 T108		电机防雨罩 T110	侧吸罩 T401－1、2	
				B 式	C 式		上吸式	下吸式
材	电焊条 结422 φ3.2	kg	6.70	5.300	2.700	1.100	0.400	0.400
	气焊条	kg	4.20	－	－	3.000	－	－
	乙炔气	m³	25.20	－	－	1.300	－	－
	氧气	m³	3.60	－	－	3.640	－	－
	精制六角带帽螺栓 M6×75	10 套	1.96	－	3.720	－	5.518	2.725
	精制六角螺栓 M8×20	10 个	1.29	－	－	－	－	1.211
	精制六角带帽螺栓 M8×75	10 套	10.64	－	－	3.314	1.698	2.422
	精制六角带帽螺栓 M10×75	10 套	13.58	－	1.240	－	－	－
	精制蝶形带帽螺栓 M6×30	10 套	1.54	12.090	－	－	－	－
料	精制蝶形带帽螺栓 M10×60	10 套	7.98	2.300	－	－	－	－
	铁铆钉 3×5～6	kg	4.68	－	－	－	0.090	0.070
机	交流弧焊机 21kV·A	台班	64.00	1.313	0.600	0.563	0.060	0.060
	台式钻床 φ16mm	台班	114.89	0.188	0.060	0.113	0.638	0.638
械	法兰卷圆机 l40mm×4mm	台班	44.22	－	－	－	0.060	0.060

二、槽边侧吸罩、槽边通风罩、调节阀

单位:100kg

定　额　编　号				11-11-6	11-11-7	11-11-8	11-11-9
项　　　　　目				中、小型零件焊接台排气罩 T401-3	整体、分组式槽边侧吸罩 T401-3	吹、吸式槽边通风罩 94T459	各型风罩调节阀
基　　　价　（元）				1357.04	1393.02	1418.37	1406.10
其中	人　工　费　（元）			735.04	739.20	748.24	634.24
	材　料　费　（元）			562.09	610.89	618.75	487.38
	机　械　费　（元）			59.91	42.93	51.38	284.48
名　　　　称		单位	单价（元）	数		量	
人工	综合工日	工日	80.00	9.188	9.240	9.353	7.928
材料	热轧薄钢板 1.0~1.5	kg	4.87	89.180	–	–	–
	热轧薄钢板 2.2~2.8	kg	4.67	–	99.140	97.990	35.340
	等边角钢 边宽60mm以下	kg	4.00	26.810	10.430	11.480	48.700
	扁钢 边宽59mm以下	kg	4.10	–	–	–	2.170
	圆钢 $\phi15~20$	kg	4.10	–	–	–	1.910
	电焊条 结422 $\phi3.2$	kg	6.70	0.900	1.200	1.600	2.700
	乙炔气	m³	25.20	–	2.520	2.610	1.520

续前

定　额　编　号			11-11-6	11-11-7	11-11-8	11-11-9
项　　目			中、小型零件焊接台排气罩 T401－3	整体、分组式槽边侧吸罩 T401－3	吹、吸式槽边通风罩 94T459	各型风罩调节阀
材料	氧气	m³	3.60	－	7.060	7.310	4.260
	精制六角螺母 M6～10	10 个	0.74	－	－	－	0.850
	精制六角带帽螺栓 M6×75	10 套	1.96	－	2.240	3.370	3.336
	精制六角螺栓 M8×20	10 个	1.29	3.257	－	－	－
	精制六角带帽螺栓 M8×75	10 套	10.64	－	－	－	0.834
	垫圈 10～20	10 个	0.20	－	－	－	1.700
	垫圈 2～8	10 个	0.13	－	－	－	3.400
	橡胶板 各种规格	kg	9.68	－	0.500	0.600	2.300
	铁铆钉 3×5～6	kg	4.68	0.230	－	－	－
	石棉橡胶板 低压 0.8～1.0	kg	13.20	0.700	－	－	－
机械	交流弧焊机 21kV·A	台班	64.00	0.060	0.563	0.600	1.125
	台式钻床 φ16mm	台班	114.89	0.488	0.060	0.113	0.488
	普通车床 400mm×1000mm	台班	145.61	－	－	－	0.263
	卧式铣床 400mm×1600mm	台班	196.86	－	－	－	0.600

三、抽风罩、排气罩

单位:100kg

定 额 编 号				11-11-10	11-11-11	11-11-12
项 目				条缝槽边抽风罩 86T414	泥心烘炉排气罩 T407-1	升降式回转排气罩 T409
基 价 (元)				**1495.12**	**1661.53**	**2738.43**
其中	人 工 费 (元)			749.44	798.00	2198.40
	材 料 费 (元)			694.30	841.90	509.81
	机 械 费 (元)			51.38	21.63	30.22
名 称	单位	单价(元)	数		量	
人工	综合工日	工日	80.00	9.368	9.975	27.480
材料	热轧薄钢板 1.0~1.5	kg	4.87	—	39.300	63.830
	热轧薄钢板 2.2~2.8	kg	4.67	111.810	—	—
	槽钢 5~16 号	kg	4.00	—	39.560	—
	等边角钢 边宽60mm 以下	kg	4.00	8.680	25.100	25.040
	等边角钢 边宽60mm 以上	kg	4.00	—	3.020	—
	扁钢 边宽59mm 以下	kg	4.10	—	—	19.220

单位:100kg

定　额　编　号				11-11-10	11-11-11	11-11-12
项　　　目				条缝槽边抽风罩 86T414	泥心烘炉排气罩 T407-1	升降式回转排气罩 T409
材	圆钢 φ5.5~9	kg	4.10	–	–	0.240
	圆钢 φ10~14	kg	4.10	–	–	2.400
	精制六角带帽螺栓 M6×75	10套	1.96	–	1.678	–
	精制六角螺栓 M10×25	10个	2.56	–	–	0.956
	铜蝶形螺母 M8	10个	6.00	–	–	0.488
	精制六角螺母 M6~10	10个	0.74	–	–	2.922
	铁铆钉 3×5~6	kg	4.68	–	–	0.350
	电焊条 结422 φ3.2	kg	6.70	5.900	0.100	–
	橡胶板 各种规格	kg	9.68	0.600	–	–
料	石棉布 各种规格 烧失量3%	kg	41.30	–	9.100	–
	乙炔气	m³	25.20	2.610	–	–
	氧气	m³	3.60	7.310	–	–
机	交流弧焊机 21kV·A	台班	64.00	0.600	0.338	–
械	台式钻床 φ16mm	台班	114.89	0.113	–	0.263

定　额　编　号			11-11-13	11-11-14	11-11-15	11-11-16
项　　　　　目			上、下吸式圆形回转罩 T410		升降式排气罩 T412	手锻炉排气罩 T413
			墙上、混凝土柱上	钢柱上		
基　　价　（元）			**987.23**	**746.48**	**909.64**	**869.58**
其中	人　工　费　（元）		488.40	223.20	415.84	325.20
	材　料　费　（元）		491.88	510.96	433.36	516.70
	机　械　费　（元）		6.95	12.32	60.44	27.68
名　　　称	单位	单价（元）	数		量	
人工 综合工日	工日	80.00	6.105	2.790	5.198	4.065
材料 热轧薄钢板 1.0~1.5	kg	4.87	45.300	23.090	21.780	–
热轧薄钢板 2.2~2.8	kg	4.67	–	–	28.900	99.230
热轧中厚钢板 δ=18~25	kg	3.70	–	35.430	–	–
槽钢 5~16 号	kg	4.00	3.880	35.710	–	–
等边角钢 边宽60mm 以下	kg	4.00	41.390	16.210	9.060	9.950
等边角钢 边宽60mm 以上	kg	4.00	17.390	1.460	–	–
扁钢 边宽59mm 以下	kg	4.10	0.740	0.370	4.750	0.120
圆钢 φ5.5~9	kg	4.10	–	–	0.980	0.100
圆钢 φ10~14	kg	4.10			0.880	

单位:100kg

定 额 编 号			11-11-13	11-11-14	11-11-15	11-11-16
项 目			上、下吸式圆形回转罩 T410		升降式排气罩 T412	手锻炉排气罩 T413
			墙上、混凝土柱上	钢柱上		
材料	圆钢 φ15~20	kg	4.10	0.190	0.090	–	–
	圆钢 φ>32	kg	4.10	–	–	1.480	–
	焊接钢管 DN25	kg	4.43	1.650	–	–	–
	精制六角带帽螺栓 M8×75	10套	10.64	0.759	0.387	–	–
	精制六角螺母 M6~10	10个	0.74	–	–	0.375	–
	垫圈 10~20	10个	0.20	–	–	0.375	–
	电焊条 结422 φ3.2	kg	6.70	0.200	0.200	0.100	1.100
	橡胶板 各种规格	kg	9.68	–	–	–	0.540
	现浇混凝土 C15~10(砾石)	m³	179.05	–	0.260	–	–
	开口销 1~5	10个	1.00	0.086	–	0.375	–
	钢丝绳 单股 φ=4.2	kg	7.30	–	–	0.430	–
	铸铁块	kg	2.95	–	–	40.130	–
机械	交流弧焊机 21kV·A	台班	64.00	0.030	0.060	0.338	0.338
	台式钻床 φ16mm	台班	114.89	0.038	0.068	0.038	0.038
	法兰卷圆机 L40mm×4mm	台班	44.22	0.015	0.015	0.038	0.038
	普通车床 400mm×1000mm	台班	145.61	–	–	0.225	–

第十二章　消声器安装

说　　明

工作内容：
组对、安装、找正、找平,制垫、垫垫、上螺栓、固定。

工程量计算规则

消声器的安装,按其成品重量以"100kg"为计量单位,根据设计型号、规格按本定额附录三"国标通风部件标准重量表"计算,非标准部件按图示成品重量计算。

消声器制作安装

定　额　编　号				11-12-1	11-12-2	11-12-3
项　　　　目				片式消声器	矿棉管式消声器	聚酯泡沫管式消声器
基　　价　（元）				**108.03**	**108.11**	**131.87**
其中	人　工　费　（元）			37.20	60.64	40.80
	材　料　费　（元）			70.83	47.47	91.07
	机　械　费　（元）			－	－	－
名　　　　称	单位	单价（元）		数　　　　　　量		
人工 综合工日	工日	80.00		0.465	0.758	0.510
材料 片式消声器	个	－		(1.000)	－	－
矿棉管式消声器	个	－		－	(1.000)	－
聚酯泡沫管式消声器	个	－		－	－	(1.000)
过氯乙烯胶液	kg	23.50		1.560	－	－
耐酸橡胶板 $\delta = 3$	kg	10.20		－	0.840	1.330
精制六角带帽螺栓 M2~5×4~20	10套	1.26		27.120	－	－
料 精制六角带帽螺栓 M8×75	10套	10.64		－	3.656	7.284

定　额　编　号				11-12-4	11-12-5	11-12-6
项　　　　　　目				卡普隆纤维管式消声器	弧形声流式消声器	阻抗复合式消声器
基　　价　（元）				**117.05**	**81.17**	**102.55**
其中	人　工　费　（元）			60.00	60.00	85.20
	材　料　费　（元）			57.05	21.17	17.35
	机　械　费　（元）			—	—	—
名　　　　称	单位	单价(元)		数	量	
人工 综合工日	工日	80.00		0.750	0.750	1.065
材料 卡普隆纤维管式消声器	个	—		(1.000)	—	—
弧形声流式消声器	个	—		—	(1.000)	—
阻抗复合式消声器	个	—		—	—	(1.000)
耐酸橡胶板 $\delta=3$	kg	10.20		1.050	0.520	0.330
精制六角带帽螺栓 M2~5×4~20	10套	1.26		—	0.927	—
精制六角带帽螺栓 M6×75	10套	1.96		—	1.034	—
精制六角带帽螺栓 M8×75	10套	10.64		4.355	1.191	1.314

第十三章　空调部件及设备支架制作安装

说　　明

一、工作内容：

1. 金属空调器壳体：

（1）制作：放样、下料、调直、钻孔,制作箱体、水槽,焊接、组合、试装。

（2）安装：就位、找平、找正、连接、固定、表面清理。

2. 挡水板：

（1）制作：放样、下料,制作曲板、框架、底座、零件,钻孔、焊接、成型。

（2）安装：找平、找正、上螺栓、固定。

3. 滤水器、溢水盘：

（1）制作：放样、下料、配制零件,钻孔、焊接、上网、组合成型。

（2）安装：找平、找正、焊接管道、固定。

4. 密闭门：

（1）制作：放样、下料、制作门框、零件、开视孔,填料、铆焊、组装。

（2）安装：找正、固定。

5. 设备支架：

（1）制作：放样、下料、调直、钻孔,焊接、成型。

（2）安装：测位、上螺栓、固定、打洞、埋支架。

二、清洗槽、浸油槽、晾干架、LWP 滤尘器支架制作安装执行设备支架子目。

三、风机减振台座执行设备支架子目,定额中不包括减振器用量,应依设计图纸按实际计算。

四、玻璃挡水板执行钢板挡水板相应子目,其材料、机械均乘以系数 0.45,人工不变。

五、保温钢板密闭门执行钢板密闭门子目,其材料乘以系数 0.5,机械乘以系数 0.45,人工不变。

工程量计算规则

一、滤水器、溢水盘的制作安装,按其成品重量以"100kg"为计量单位,根据设计型号、规格按本定额附录三"国标通风部件标准重量表"计算,非标准部件按图示成品重量计算。

二、挡水板按空调器断面面积以"m^2"为计量单位。

三、密闭门以"个"为计量单位。

四、设备支架按重量以"100kg"为计量单位。

五、电加热器外壳按重量以"100kg"为计量单位。

一、钢板密闭门、钢板挡水板

单位:m²

定 额 编 号			11-13-1	11-13-2	11-13-3	11-13-4
项 目			钢板密闭门 T704-7		钢板挡水板 T704-9	
			带视孔 (个)	不带视孔 (个)	三折曲板	
			800mm×500mm	1200mm×500mm	片距30mm	片距50mm
基 价 (元)			**843.44**	**805.56**	**1177.49**	**898.41**
其中	人 工 费 (元)		429.04	378.00	395.44	330.00
	材 料 费 (元)		277.00	304.44	713.83	514.06
	机 械 费 (元)		137.40	123.12	68.22	54.35
名 称	单位	单价(元)	数		量	
人工 综合工日	工日	80.00	5.363	4.725	4.943	4.125
材料 热轧薄钢板 1.0~1.5	kg	4.87	7.880	13.280	—	—
热轧薄钢板 2.2~2.8	kg	4.67	1.690	—	—	—
热轧中厚钢板 δ=26~32	kg	3.70	6.700	6.700	—	—
钢板 δ>32	kg	3.70	3.100	3.100	—	—
镀锌薄钢板 δ=0.5~0.9	kg	5.25	—	—	55.340	33.560
电焊条 结422 φ4	kg	8.60	1.440	1.220	1.940	1.940
等边角钢 边宽60mm 以下	kg	4.00	32.500	35.710	22.200	22.200
扁钢 边宽59mm 以下	kg	4.10	3.200	3.570	7.800	7.800
铁铆钉 3×5~6	kg	4.68	0.100	0.120	0.120	0.080
精制蝶形带帽螺栓 M12×100	10套	10.78	0.400	0.400	—	—

单位:m²

定 额 编 号			11-13-1	11-13-2	11-13-3	11-13-4
项 目			钢板密闭门 T704-7		钢板挡水板 T704-9	
			带视孔 （个）	不带视孔 （个）	三折曲板	
			800mm×500mm	1200mm×500mm	片距 30mm	片距 50mm
材料	精制六角螺栓 M6×25	10 个	0.66	–	–	1.300	0.800
	精制六角带帽螺栓 M6×75	10 套	1.96	5.400	2.500	–	–
	精制六角带帽螺栓 M8×75	10 套	10.64	–	–	6.200	3.700
	精制六角带帽螺栓 M10×75	10 套	13.58	0.400	0.400	–	–
	槽钢 5~16 号	kg	4.00	–	–	18.500	18.500
	圆钢 φ5.5~9	kg	4.10	–	–	29.000	17.200
	圆钢 φ25~32	kg	4.10	0.580	0.560	–	–
	焊接钢管 DN15	kg	4.54	0.250	–	–	–
	平板玻璃 δ=3	m²	13.80	0.080	–	–	–
	高熔点焊锡丝	kg	45.53	–	–	0.440	0.270
	木炭	kg	2.80	–	–	1.800	1.100
	盐酸	kg	0.95	–	–	0.500	0.250
	橡胶板（定型条）	kg	11.20	1.210	1.610	–	–
机械	交流弧焊机 21kV·A	台班	64.00	0.750	0.473	0.285	0.248
	台式钻床 φ16mm	台班	114.89	0.293	0.323	0.323	0.323
	牛头刨床 650m	台班	132.71	0.420	0.420	–	–
	剪板机 6.3mm×2000mm	台班	171.55	–	–	0.075	0.008

定 额 编 号				11-13-5	11-13-6	11-13-7	11-13-8
项 目				钢板挡水板 T704－9		滤水器	溢水盘
				六折曲板		T704－11	
				片距30mm	片距50mm	100kg	
基 价 （元）				**1532.72**	**1142.15**	**2720.07**	**1722.13**
其中	人 工 费 （元）			479.44	411.04	1351.84	1129.84
	材 料 费 （元）			985.06	674.39	1211.74	569.27
	机 械 费 （元）			68.22	56.72	156.49	23.02
名 称		单位	单价（元）	数		量	
人工	综合工日	工日	80.00	5.993	5.138	16.898	14.123
材料	热轧薄钢板 2.2~2.8	kg	4.67	－	－	－	41.700
	镀锌薄钢板 δ=0.5~0.9	kg	5.25	102.440	61.290	－	－
	焊接钢管 DN150	m	71.33	－	－	6.000	－
	热轧无缝钢管 φ203~245 δ=7.1~12	kg	5.45	－	－	－	57.300
	电焊条 结422 φ4	kg	8.60	1.940	1.940	4.700	1.900
	等边角钢 边宽60mm以下	kg	4.00	22.200	22.200	3.700	－
	扁钢 边宽59mm以下	kg	4.10	7.800	7.800	17.000	6.600
	槽钢 5~16号	kg	4.00	18.500	18.500	7.600	－
	热轧薄钢板 3.0~4.0	kg	4.67	－	－	24.900	－
	热轧中厚钢板 δ=18~25	kg	3.70	－	－	36.100	－

定 额 编 号			11-13-5	11-13-6	11-13-7	11-13-8
项 目			钢板挡水板 T704-9		滤水器	溢水盘
			六折曲板		T704-11	
			片距 30mm	片距 50mm	100kg	
材	圆钢 φ5.5~9	kg	4.10	29.000	17.200	17.000	–
	铁铆钉 3×5~6	kg	4.68	0.240	0.150	–	–
	精制六角螺栓 M6×25	10 个	0.66	1.300	0.800	–	–
	精制六角带帽螺栓 M8×75	10 套	10.64	6.200	3.700	5.100	1.750
	精制六角带帽螺栓 M16×61~80	10 套	16.24	–	–	5.100	–
	高熔点焊锡丝	kg	45.53	0.850	0.520	–	–
	木炭	kg	2.80	3.400	2.100	–	–
	盐酸	kg	0.95	0.750	0.500	–	–
	乙炔气	m³	25.20	–	–	1.043	–
料	氧气	m³	3.60	–	–	2.920	–
	垫圈 2~8	10 个	0.13	–	–	–	1.750
	铜丝布 16 目	m²	45.00	–	–	3.000	–
机	普通车床 400mm×1000mm	台班	145.61	–	–	0.450	–
	台式钻床 φ16mm	台班	114.89	0.323	0.323	0.750	0.075
	交流弧焊机 21kV·A	台班	64.00	0.285	0.285	0.075	0.225
械	剪板机 6.3mm×2000mm	台班	171.55	0.075	0.008	–	–

二、壳体、设备支架制作安装

定 额 编 号				11-13-9	11-13-10	11-13-11	11-13-12
项 目				电加热器外壳	金属空调器壳体	设备支架 CG327	
						50kg 以下	50kg 以上
基 价 （元）				**6460.99**	**1042.54**	**904.35**	**641.02**
其中	人 工 费 （元）			3806.40	419.44	412.80	194.40
	材 料 费 （元）			1412.79	551.36	467.94	434.18
	机 械 费 （元）			1241.80	71.74	23.61	12.44
名 称		单位	单价(元)	数		量	
人工	综合工日	工日	80.00	47.580	5.243	5.160	2.430
材料	热轧薄钢板 1.0~1.5	kg	4.87	46.800	–	–	–
	热轧薄钢板 2.2~2.8	kg	4.67	–	56.850	–	–
	热轧薄钢板 3.0~4.0	kg	4.67	–	21.470	–	–
	热轧中厚钢板 δ=4.5~10	kg	3.90	–	0.460	–	–
	电焊条 结422 φ3.2	kg	6.70	–	1.850	–	–
	电焊条 结422 φ4	kg	8.60	2.100	–	1.610	0.570

定　额　编　号			11-13-9	11-13-10	11-13-11	11-13-12
项　　　　　目			电加热器外壳	金属空调器壳体	设备支架 CG327	
					50kg 以下	50kg 以上
材	扁钢 边宽 59mm 以下	kg	4.10	6.300	–	–	0.120
	等边角钢 边宽 60mm 以下	kg	4.00	52.600	27.850	55.270	7.230
	等边角钢 边宽 60mm 以上	kg	4.00	–	–	48.730	17.550
	槽钢 5～16 号	kg	4.00	–	0.730	–	79.090
	铁铆钉 3×5～6	kg	4.68	0.800	–	–	–
	乙炔气	m³	25.20	–	0.152	0.409	0.178
	氧气	m³	3.60	–	0.430	1.150	0.500
	精制六角带帽螺栓 M10×75	10 套	13.58	68.250	3.200	1.741	–
	精制六角带帽螺栓 M14×75	10 套	13.02	–	–	–	0.208
料	精制六角带帽螺栓 M20×101～150	10 套	41.44	–	–	–	0.104
	耐酸橡胶板 δ=3	kg	10.20	–	0.810	–	–
机	台式钻床 φ16mm	台班	114.89	10.725	0.098	0.030	0.008
械	交流弧焊机 21kV·A	台班	64.00	0.150	0.945	0.315	0.180

第十四章　通风空调设备安装

说　明

一、工作内容：

1. 开箱检查设备、附件、底座螺栓。

2. 吊装、找平、找正、垫垫、灌浆、螺栓固定、装梯子。

二、通风机安装项目内包括电动机安装，其安装形式包括 A、B、C 或 D 型，也适用不锈钢、塑料和玻璃钢风机安装。

三、设备安装子目的基价中不包括设备费和应配备的地脚螺栓价值。

四、诱导器安装执行风机盘管安装子目。

五、风机盘管的配管执行本册管道安装相应子目。

六、过滤器安装子目中包括试装，如设计不要求试装者，其人工、材料、机械不变。

七、过滤器指：M－A 型、WL 型、LWP 型系列、ZKL 型、YB 型、M 型、ZX－1 型等系列。

工程量计算规则

一、风机安装按不同型号以"台"为计量单位。

二、空调器安装按不同重量(室内机、室外机之和)以"台"为计量单位，分段组装式空调器安装按重量以"100kg"为计量单位。

三、加热器、除尘器安装按不同重量以"台"为计量单位。

四、风机盘管安装按安装方式不同以"台"为计量单位。

五、过滤器安装以"台"为计量单位。

一、空气加热器（冷却器）安装

定　额　编　号			11-14-1	11-14-2	11-14-3
项　　　目			空气加热器（冷却器）安装		
			100kg 以下	200kg 以下	400kg 以下
基　　　价　（元）			**162.42**	**203.75**	**312.34**
其中	人　工　费　（元）		76.24	98.40	154.24
	材　料　费　（元）		71.09	86.62	128.80
	机　械　费　（元）		15.09	18.73	29.30
名　　　称	单位	单价（元）	数		量
人工 综合工日	工日	80.00	0.953	1.230	1.928
材料 空气加热器（冷却器）	台	—	(1.000)	(1.000)	(1.000)
热轧薄钢板 1.0～1.5	kg	4.87	0.270	0.480	0.600
等边角钢 边宽60mm 以下	kg	4.00	5.240	6.950	9.610
扁钢 边宽59mm 以下	kg	4.10	0.870	0.960	1.130
精制六角带帽螺栓 M8×75	10套	10.64	3.700	4.200	6.200
电焊条 结422 φ4	kg	8.60	0.100	0.100	0.100
石棉橡胶板 低压 0.8～1.0	kg	13.20	0.380	0.530	1.210
机械 交流弧焊机 21kV·A	台班	64.00	0.128	0.158	0.255
台式钻床 φ16mm	台班	114.89	0.060	0.075	0.113

二、离心式通风机安装

定 额 编 号			11-14-4	11-14-5	11-14-6	11-14-7	11-14-8	11-14-9
项 目			离心式通风机安装					
			4 号	6 号	8 号	12 号	16 号	20 号
基 价（元）			**70.38**	**233.16**	**483.38**	**1049.96**	**1792.73**	**2494.35**
其中	人 工 费（元）		51.04	202.80	447.04	935.44	1634.40	2323.20
	材 料 费（元）		19.34	30.36	36.34	114.52	158.33	171.15
	机 械 费（元）		－	－	－	－	－	－
名 称	单位	单价(元)	数		量			
人工 综合工日	工日	80.00	0.638	2.535	5.588	11.693	20.430	29.040
材料 离心式通风机	台	－	(1.000)	(1.000)	(1.000)	(1.000)	(1.000)	(1.000)
铸铁垫板	kg	4.50	3.900	3.900	5.200	21.600	28.800	28.800
现浇混凝土 C15～10（砾石）	m³	179.05	0.010	0.030	0.030	0.030	0.070	0.100
煤油	kg	4.20	－	0.750	0.750	1.500	2.000	3.000
黄干油 钙基脂	kg	9.78	－	0.400	0.400	0.500	0.700	1.000
棉纱头	kg	6.34	－	0.060	0.080	0.120	0.150	0.200

三、轴流式通风机安装

定 额 编 号			11-14-10	11-14-11	11-14-12	11-14-13	11-14-14
项 目			轴流式通风机安装				
			5 号	7 号	10 号	16 号	20 号
基 价 (元)			91.79	132.03	430.17	935.33	1460.31
其中	人 工 费 (元)		90.00	130.24	424.80	922.80	1442.40
	材 料 费 (元)		1.79	1.79	5.37	12.53	17.91
	机 械 费 (元)		—	—	—	—	—
名 称	单位	单价(元)	数		量		
人工 综合工日	工日	80.00	1.125	1.628	5.310	11.535	18.030
材 轴流式通风机	台	—	(1.000)	(1.000)	(1.000)	(1.000)	(1.000)
料 现浇混凝土 C15～10(砾石)	m³	179.05	0.010	0.010	0.030	0.070	0.100

四、屋顶式通风机、卫生间通风机安装

定 额 编 号			11-14-15	11-14-16	11-14-17	11-14-18
项 目			屋顶式通风机安装			卫生间通风机安装
			3.6 号	4.5 号	6.3 号	
基 价 （元）			**80.54**	**95.53**	**116.52**	**9.04**
其中	人 工 费 （元）		61.20	74.40	93.60	9.04
	材 料 费 （元）		19.34	21.13	22.92	－
	机 械 费 （元）		－	－	－	－
名 称	单位	单价(元)	数		量	
人工 综合工日	工日	80.00	0.765	0.930	1.170	0.113
材料 屋顶式通风机	台	－	(1.000)	(1.000)	(1.000)	－
卫生间通风机	台	－	－	－	－	(1.000)
铸铁垫板	kg	4.50	3.900	3.900	3.900	－
现浇混凝土 C15～10(砾石)	m³	179.05	0.010	0.020	0.030	－

五、除尘设备安装

定　额　编　号				11-14-19	11-14-20	11-14-21	11-14-22
项　　　　　目				除尘设备安装			
				100kg以下	500kg以下	1000kg以下	3000kg以下
基　　　价　（元）				**187.29**	**382.33**	**994.98**	**2079.85**
其中	人　工　费　（元）			176.40	371.44	974.40	2058.64
	材　料　费　（元）			6.09	6.09	6.09	6.09
	机　械　费　（元）			4.80	4.80	14.49	15.12
名　　　　称		单位	单价（元）	数		量	
人工	综合工日	工日	80.00	2.205	4.643	12.180	25.733
材料	除尘设备	台	－	(1.000)	(1.000)	(1.000)	(1.000)
	现浇混凝土 C15～10（砾石）	m³	179.05	0.010	0.010	0.010	0.010
	电焊条 结422 φ4	kg	8.60	0.500	0.500	0.500	0.500
机械	交流弧焊机 21kV·A	台班	64.00	0.075	0.075	0.075	0.075
	电动卷扬机（单筒慢速）30kN	台班	137.62	－	－	－	0.075
	电动卷扬机（单筒快速）10kN	台班	129.21	－	－	0.075	－

六、空调器安装

定 额 编 号			11-14-23	11-14-24	11-14-25	11-14-26	11-14-27	11-14-28
项　　　　目			空调器安装					
			吊顶式 重量(t)			落地式 重量(t)		
			0.15 以内	0.2 以内	0.4 以内	1.0 以内	1.5 以内	2.0 以内
基　　　价　　（元）			**111.17**	**129.17**	**141.17**	**819.17**	**1074.21**	**1395.17**
其中	人 工 费 （元）		108.00	126.00	138.00	816.00	1071.04	1392.00
	材 料 费 （元）		3.17	3.17	3.17	3.17	3.17	3.17
	机 械 费 （元）		–	–	–	–	–	–
名　　称	单位	单价(元)	数			量		
人工 综合工日	工日	80.00	1.350	1.575	1.725	10.200	13.388	17.400
材料 空调器	台	–	(1.000)	(1.000)	(1.000)	(1.000)	(1.000)	(1.000)
棉纱头	kg	6.34	0.500	0.500	0.500	0.500	0.500	0.500

定　额　编　号				11-14-29	11-14-30	11-14-31	11-14-32
项　　　　目				空调器安装			
				墙上式 重量(t)			窗式
				0.1 以内	0.15 以内	0.2 以内	
基　　　价　（元）				**93.17**	**111.17**	**123.17**	**69.11**
其 中	人　工　费（元）			90.00	108.00	120.00	64.80
	材　料　费（元）			3.17	3.17	3.17	4.31
	机　械　费（元）			－	－	－	－
	名　　　称	单位	单价（元）	数			量
人工	综合工日	工日	80.00	1.125	1.350	1.500	0.810
材 料	空调器	台	－	(1.000)	(1.000)	(1.000)	(1.000)
	棉纱头	kg	6.34	0.500	0.500	0.500	－
	精制蝶形带帽螺栓 M12×100	10 套	10.78	－	－	－	0.400

定　额　编　号			11-14-33	11-14-34	11-14-35	11-14-36	11-14-37
项　　目			风机盘管安装		分段组装式空调器安装（100kg）	过滤器安装	过滤器框架（100kg）
			吊顶式	落地式			
基　　价　（元）			**165.01**	**63.62**	**116.40**	**4.80**	**1349.41**
其中	人　工　费　（元）		74.40	60.64	116.40	4.80	336.00
	材　料　费　（元）		83.17	2.98	–	–	981.78
	机　械　费　（元）		7.44	–	–	–	31.63
名　　称		单位	单价(元)	数		量	
人工	综合工日	工日	80.00	0.930	0.758	1.455	0.060	4.200
材料	风机盘管	台	–	(1.000)	(1.000)	–	–	–
	过滤器	台	–	–	–	–	(1.000)	–
	热轧薄钢板 1.0~1.5	kg	4.87	0.790	–	–	–	–
	等边角钢 边宽60mm以下	kg	4.00	17.720	–	–	–	17.000
	等边角钢 边宽60mm以上	kg	4.00	–	–	–	–	14.000
	槽钢 5~16号	kg	4.00	–	–	–	–	73.800
	圆钢 $\phi10~14$	kg	4.10	1.240	–	–	–	–
	电焊条 结422 $\phi3.2$	kg	6.70	–	–	–	–	1.900
	精制六角带帽螺栓带垫 M8×14~75	套	0.35	–	–	–	–	23.900

单位:台

定 额 编 号			11-14-33	11-14-34	11-14-35	11-14-36	11-14-37
项 目			风机盘管安装		分段组装式空调器安装（100kg）	过滤器安装	过滤器框架（100kg）
			吊顶式	落地式			
材	镀锌螺栓 M8×250	个	1.56	–	–	–	–	5.600
	铝蝶形螺母 M<12	10个	2.38	–	–	–	–	0.560
	镀锌铆钉 M4	kg	7.50	–	–	–	–	35.100
	闭孔乳胶海绵 δ=5mm	kg	27.98	–	–	–	–	7.100
	聚酯乙烯泡沫塑料	kg	28.40	0.100	0.100	–	–	–
	聚氯乙烯薄膜	kg	14.00	0.010	0.010	–	–	0.400
	精制六角螺母 M6~10	10个	0.74	0.400	–	–	–	–
	垫圈 10~20	10个	0.20	0.400	–	–	–	–
料	密封胶 KS 型	kg	6.50	–	–	–	–	2.600
	洗涤剂	kg	5.20	–	–	–	–	7.770
	白布 0.9m	m²	8.54	–	–	–	–	0.200
	白绸	m²	18.00	–	–	–	–	0.200
	打包带	kg	10.00	–	–	–	–	0.100
	打包铁卡子	10个	0.49	–	–	–	–	0.600
机	交流弧焊机 21kV·A	台班	64.00	0.075	–	–	–	0.225
械	台式钻床 φ16mm	台班	114.89	0.023	–	–	–	0.150

第十五章　玻璃钢通风管道及部件安装

说　　明

一、工作内容：

1. 风管：找标高、打支架墙洞、配合预留孔洞、吊托支架制作及埋设、风管配合修补、粘接、组装就位、找平、找正、制垫、垫垫、上螺栓、紧固。

2. 部件：组对、组装、就位、找正、制垫、垫垫、上螺栓、紧固。

二、玻璃钢通风管道安装子目中，包括弯头、三通、变径管、天圆地方等管件的安装及法兰、加固框和吊托架的制作安装，不包括过跨风管落地支架。落地支架执行设备支架子目。

三、本定额玻璃钢风管及管件按计算工程量加损耗外加工制作，其价值按实际价格；风管修补应由加工单位负责，其费用按实际价格发生，计算在主材费内。

四、本册定额未考虑预留铁件的制作和埋设，如果设计要求用膨胀螺栓安装吊托支架者，膨胀螺栓可按实际调整，其余不变。

工程量计算规则

一、风管按图注不同规格以展开面积计算，检查孔、测定孔、送风口、吸风口等所占面积不扣除。

二、计算风管长度时，一律按图注中心线长度为准，包括弯头、三通、变径管、天圆地方等管件的长度，但不得包括部件所在位置的长度，其直径和周长按图注尺寸展开。

三、部件按成品重量以"100kg"为计量单位。

一、玻璃钢通风管道安装

定 额 编 号			11-15-1	11-15-2	11-15-3	11-15-4
项 目			玻璃钢圆形风管(δ=4mm 以内)直径(mm)			
			200 以下	500 以下	1120 以下	1120 以上
基 价 (元)			**793.85**	**490.52**	**399.65**	**464.70**
其中	人 工 费 (元)		568.80	297.04	222.00	281.44
	材 料 费 (元)		181.27	165.97	159.64	170.02
	机 械 费 (元)		43.78	27.51	18.01	13.24
名 称	单位	单价(元)	数			量
人工 综合工日	工日	80.00	7.110	3.713	2.775	3.518
材料 玻璃钢风管 1.5~4mm	m²	—	(10.320)	(10.320)	(10.320)	(10.320)
等边角钢 边宽60mm 以下	kg	4.00	8.620	12.640	14.020	14.850
扁钢 边宽59mm 以下	kg	4.10	4.130	1.420	0.860	3.710
圆钢 φ5.5~9	kg	4.10	2.930	1.900	0.750	0.120
圆钢 φ10~14	kg	4.10	—	—	1.210	4.900
电焊条 结422 φ3.2	kg	6.70	0.170	0.140	0.060	0.040
精制六角带帽螺栓 M8×75	10套	10.64	9.350	7.890	—	—
精制六角带帽螺栓 M10×75	10套	13.58	—	—	5.670	4.290
橡胶板 各种规格	kg	9.68	1.400	1.240	0.970	0.920
氧气	m³	3.60	0.290	0.390	0.410	0.590
乙炔气	m³	25.20	0.104	0.139	0.148	0.209
机械 交流弧焊机 21kV·A	台班	64.00	0.048	0.039	0.015	0.008
台式钻床 φ16mm	台班	114.89	0.210	0.180	0.128	0.105
法兰卷圆机 l40mm×4mm	台班	44.22	0.375	0.098	0.053	0.015

定　额　编　号			11-15-5	11-15-6	11-15-7	11-15-8
项　　　　　　目			玻璃钢矩形风管(δ=4mm 以内)周长(mm)			
			800 以下	2000 以下	4000 以下	4000 以上
基　　价　　(元)			**717.63**	**437.77**	**323.47**	**359.22**
其中	人　工　费　(元)		367.20	219.04	165.04	199.84
	材　料　费　(元)		301.19	193.70	143.53	147.57
	机　械　费　(元)		49.24	25.03	14.90	11.81
名　　　　称	单位	单价(元)	数		量	
人工 综合工日	工日	80.00	4.590	2.738	2.063	2.498
材料 玻璃钢风管 1.5~4mm	m²	－	(10.320)	(10.320)	(10.320)	(10.320)
等边角钢 边宽60mm 以下	kg	4.00	16.170	14.260	14.080	18.160
扁钢 边宽59mm 以下	kg	4.10	0.860	0.530	0.450	0.410
圆钢 φ5.5~9	kg	4.10	1.350	1.930	1.490	0.080
圆钢 φ10~14	kg	4.10	－	－	－	1.850
电焊条 结422 φ3.2	kg	6.70	0.900	0.420	0.180	0.140
精制六角带帽螺栓 M8×75	10套	10.64	18.590	9.960	－	－
精制六角带帽螺栓 M10×75	10套	13.58	－	－	4.730	3.690
橡胶板 各种规格	kg	9.68	1.840	1.300	0.920	0.810
氧气	m³	3.60	0.460	0.410	0.390	0.510
乙炔气	m³	25.20	0.165	0.148	0.139	0.183
机械 交流弧焊机 21kV·A	台班	64.00	0.150	0.068	0.030	0.023
台式钻床 φ16mm	台班	114.89	0.345	0.180	0.113	0.090

定 额 编 号			11-15-9	11-15-10	11-15-11	11-15-12
项　　　　目			玻璃钢圆形风管(δ=4mm 以外)直径(mm)			
			200 以下	500 以下	1120 以下	1120 以上
基　　　价　　（元）			**973.29**	**587.43**	**482.53**	**567.31**
其中	人　工　费　（元）		739.20	386.40	288.64	366.00
	材　料　费　（元）		190.31	173.52	175.88	188.07
	机　械　费　（元）		43.78	27.51	18.01	13.24
名　　　　称	单位	单价(元)	数		量	
人工 综合工日	工日	80.00	9.240	4.830	3.608	4.575
材料 玻璃钢风管 4mm 以上	m²	－	(10.320)	(10.320)	(10.320)	(10.320)
等边角钢 边宽 60mm 以下	kg	4.00	8.620	12.640	14.020	14.850
等边角钢 边宽 60mm 以上	kg	4.00	－	－	2.330	3.190
扁钢 边宽 59mm 以下	kg	4.10	4.130	1.420	0.860	3.710
圆钢 φ5.5～9	kg	4.10	2.930	1.900	0.750	0.120
圆钢 φ10～14	kg	4.10	－	－	1.210	4.900
电焊条 结 422 φ3.2	kg	6.70	0.170	0.140	0.060	0.040
乙炔气	m³	25.20	0.104	0.139	0.148	0.209
氧气	m³	3.60	0.290	0.390	0.410	0.590
精制六角带帽螺栓 M8×75	10 套	10.64	10.200	8.600	－	－
精制六角带帽螺栓 M10×75	10 套	13.58	－	－	6.180	4.680
橡胶板 各种规格	kg	9.68	1.400	1.240	0.970	0.920
机械 交流弧焊机 21kV·A	台班	64.00	0.048	0.039	0.015	0.008
台式钻床 φ16mm	台班	114.89	0.210	0.180	0.128	0.105
法兰卷圆机 L40mm×4mm	台班	44.22	0.375	0.098	0.053	0.015

单位:10m²

定 额 编 号			11-15-13	11-15-14	11-15-15	11-15-16
项 目			玻璃钢矩形风管(δ=4mm 以外)周长(mm)			
			800 以下	2000 以下	4000 以下	4000 以上
基 价 (元)			**843.89**	**501.86**	**380.18**	**425.83**
其中	人 工 费 (元)		477.60	285.04	214.80	259.84
	材 料 费 (元)		317.05	191.79	150.48	154.18
	机 械 费 (元)		49.24	25.03	14.90	11.81
名 称	单位	单价(元)	数		量	
人工	综合工日	工日	80.00	5.970	3.563	2.685	3.248
材料	玻璃钢风管 4mm 以上	m²	—	(10.320)	(10.320)	(10.320)	(10.320)
	等边角钢 边宽 60mm 以下	kg	4.00	16.170	14.260	14.080	18.160
	等边角钢 边宽 60mm 以上	kg	4.00	—	—	0.160	0.260
	扁钢 边宽 59mm 以下	kg	4.10	0.860	0.530	0.450	0.410
	圆钢 φ5.5~9	kg	4.10	1.350	1.930	1.490	0.080
	圆钢 φ10~14	kg	4.10	—	—	—	1.850
	电焊条 结422 φ3.2	kg	6.70	0.900	0.420	0.180	0.140
	乙炔气	m³	25.20	0.165	0.148	0.152	0.200
	氧气	m³	3.60	0.460	0.410	0.430	0.560
	精制六角带帽螺栓 M8×75	10 套	10.64	20.080	9.780	—	—
	精制六角带帽螺栓 M10×75	10 套	13.58	—	—	5.160	4.020
	橡胶板 各种规格	kg	9.68	1.840	1.300	0.920	0.860
机械	交流弧焊机 21kV·A	台班	64.00	0.150	0.068	0.030	0.023
	台式钻床 φ16mm	台班	114.89	0.345	0.180	0.113	0.090

二、玻璃钢通风管道部件安装

定　额　编　号			11-15-17	11-15-18	11-15-19	11-15-20	11-15-21	11-15-22
项　　　　目			圆伞形风帽		锥形风帽		筒形风帽	
			10kg 以下	10kg 以上	25kg 以下	25kg 以上	50kg 以下	50kg 以上
基　　价　（元）			**523.64**	**231.29**	**336.24**	**200.63**	**392.82**	**196.26**
其 中	人　工　费　（元）		299.44	121.20	210.00	130.24	151.20	61.20
	材　料　费　（元）		125.05	62.64	79.71	45.34	99.39	54.06
	机　械　费　（元）		99.15	47.45	46.53	25.05	142.23	81.00
名　　称	单位	单价（元）	数			量		
人工 综合工日	工日	80.00	3.743	1.515	2.625	1.628	1.890	0.765
材料 玻璃钢管道部件	kg	—	(100.000)	(100.000)	(100.000)	(100.000)	(100.000)	(100.000)
精制六角带帽螺栓 M8×75	10套	10.64	10.570	5.050	7.100	3.970	8.950	4.790
橡胶板 各种规格	kg	9.68	1.300	0.920	0.430	0.320	0.430	0.320
机械 台式钻床 φ16mm	台班	114.89	0.863	0.413	0.405	0.218	1.238	0.705

第十六章　复合型风管制作安装

说　　明

一、工作内容：

1. 复合型风管制作：放样、切割、开槽、成型、粘合、制作管件、钻孔、组合。

2. 复合型风管安装：就位、制垫、垫垫、连接、找正、找平、固定。

二、风管子目规格表示的直径为内径，周长为内周长。

三、风管制作安装子目中包括管件、法兰、加固框、吊托支架。

工程量计算规则

一、风管按图注不同规格以展开面积计算，检查孔、测定孔、送风口、吸风口等所占面积不扣除。

二、计算风管长度时，一律按图注中心线长度为准，包括弯头、三通、变径管、天圆地方等管件的长度，但不得包括部件所在位置的长度，其直径和周长按图注尺寸展开。

一、复合型矩形风管

单位：10m²

定 额 编 号			11-16-1	11-16-2	11-16-3	11-16-4	11-16-5
项 目			复合型矩形风管周长（mm）				
			1300 以下	2000 以下	3200 以下	4500 以下	6500 以下
基 价 （元）			**156.62**	**175.46**	**139.60**	**149.88**	**153.77**
其中	人 工 费 （元）		65.44	62.40	58.80	58.24	52.24
	材 料 费 （元）		59.79	79.91	48.68	60.43	65.83
	机 械 费 （元）		31.39	33.15	32.12	31.21	35.70
名 称	单位	单价（元）	数		量		
人工 综合工日	工日	80.00	0.818	0.780	0.735	0.728	0.653
材料 复合型板材	m²	–	(11.600)	(11.600)	(11.600)	(11.600)	(11.600)
热敏铝箔胶带 64mm	m	–	(22.290)	(21.230)	(18.040)	(18.520)	(10.270)
等边角钢 边宽 60mm 以下	kg	4.00	8.390	11.870	4.730	2.980	4.400
圆钢 φ5.5～9	kg	4.10	5.420	6.120	4.300	8.000	7.900
镀锌薄钢板 δ=1.0～1.5	kg	5.05	0.710	0.710	1.260	1.260	1.650
膨胀螺栓 M12	套	0.21	2.000	1.500	1.500	1.500	1.000
精制六角螺母 M6～10	10 个	0.74	–	–	2.310	5.440	3.450
垫圈 2～8	10 个	0.13	–	–	2.310	5.440	3.450
镀锌自攻螺钉 φ4～6×10～16	10 个	0.86	–	4.000	4.000	5.000	5.000
机械 开槽机	台班	170.00	0.098	0.120	0.120	0.120	0.135
封口机	台班	129.00	0.113	0.098	0.090	0.083	0.098
电锤 520kW	台班	3.51	0.045	0.030	0.030	0.030	0.030

二、复合型圆形风管

定　额　编　号			11-16-6	11-16-7	11-16-8	11-16-9
项　　　　　目			复合型圆形风管直径(mm)			
			300 以下	630 以下	1000 以下	2000 以下
基　　价　（元）			**185.45**	**120.06**	**122.60**	**136.89**
其中	人　工　费　（元）		87.60	54.00	52.24	55.84
	材　料　费　（元）		47.65	31.25	40.95	50.12
	机　械　费　（元）		50.20	34.81	29.41	30.93
名　　　称	单位	单价(元)	数		量	
人工 综合工日	工日	80.00	1.095	0.675	0.653	0.698
材料 复合型板材	m²	—	(11.600)	(11.600)	(11.600)	(11.600)
热敏铝箔胶带 64mm	m	—	(35.120)	(20.360)	(13.530)	(8.490)
扁钢 边宽 59mm 以下	kg	4.10	6.640	4.770	3.780	4.440
圆钢 φ5.5～9	kg	4.10	4.880	2.750	5.380	7.090
膨胀螺栓 M12	套	0.21	2.000	2.000	1.500	1.000
精制六角螺母 M6～10	10 个	0.74	—	—	3.540	3.030
垫圈 2～8	10 个	0.13	—	—	3.540	3.030
机械 开槽机	台班	170.00	0.135	0.090	0.098	0.113
封口机	台班	129.00	0.210	0.150	0.098	0.090
电锤 520kW	台班	3.51	0.045	0.045	0.030	0.030

第十七章　除尘管道及附件制作安装

说　　明

一、工作内容：

1. 制作：

（1）圆形管道制作：切割、坡口、压头、卷圆、组对、焊口处理、焊接、透油、堆放。

（2）矩形管道制作：切割、坡口、组对、焊口处理、焊接、透油、堆放。

（3）圆形弯头制作：切割、坡口加工、坡口磨平、压头、卷圆、组对、焊口处理、焊接、透油、堆放。

（4）三通制作：切割、坡口加工、压头、卷圆、焊口处理、焊接、透油、堆放。

（5）异径管制作：管子切口、管口坡口、切割、管口磨平、压头、卷圆、焊口处理、焊接、透油、堆放。

2. 安装：

（1）管道安装：管子切口、坡口加工、坡口磨平、管口组对、焊接、垂直运输、管道安装。

（2）管件安装：管子切口、坡口加工、坡口磨平、管口组对、焊接。

（3）法兰安装：管子切口、磨平、管口组对、焊接。

二、本章适用于冶金工程中壁厚大于 3mm 的除尘管道。

三、下列子目套用有关定额或乘以系数：

1. 天圆地方制作按相应矩形风管制作定额子目（按天圆地方平均周长）乘以系数 1.5，其主材损耗率按 11% 计算。

2. 矩形除尘管件制作按矩形风管制作定额子目乘以系数 1.15，其主材损耗率按 8% 计算。

3. 角、扁钢法兰制作执行《冶金工业建设工程预算定额》（2012 年版）第六册《金属结构件制作与安装工程》预算定额相应子目。

4. 大型除尘器、风机安装执行《冶金工业建设工程预算定额》(2012 年版)第三册《机械设备安装工程》预算定额相应子目。

5. 管道支架单件重量小于 100kg 的,执行《冶金工业建设工程预算定额》(2012 年版)第十册《工艺管道安装工程》预算定额相应子目;单件重量大于 100kg 的,执行《冶金工业建设工程预算定额》(2012 年版)第六册《金属结构件制作与安装工程》定额相应子目。

工程量计算规则

一、管道安装按延长米计算,以"10m"为计量单位,不扣除阀门等各种管件所占的长度。制作工程量为:管道延长米×(1＋安装损耗率)－管件长度,以"t"为计量单位。

二、管件安装综合以"10 件"为计量单位,其中包括弯头、三通、异径管。

三、管道与管件制作,按不同规格、壁厚以"t"为计量单位,主材用量包括规定的损耗量。

四、三通不分同径或异径,均按主管径计算;异径管不分同心或偏心,按大管径计算。

五、矩形风管与管件安装,按其周长折算成圆形直径执行圆形管道与管件安装相应子目。

一、圆形管道直管制作

单位:t

定　额　编　号			11-17-1	11-17-2	11-17-3
项　　　目			(壁厚 $\delta = 4 \sim 5mm$)直径(mm)		
			$\phi400$ 以下	$\phi800$ 以下	$\phi800$ 以上
基　　　价　(元)			**1558.08**	**957.97**	**535.27**
其中	人　工　费　(元)		646.72	394.56	216.32
	材　料　费　(元)		143.58	106.81	66.98
	机　械　费　(元)		767.78	456.60	251.97
名　　　称	单位	单价(元)	数		量
人工 综合工日	工日	80.00	8.084	4.932	2.704
材料 钢板	t	－	(1.050)	(1.050)	(1.050)
电焊条 结422 $\phi3.2$	kg	6.70	16.687	12.997	8.199
尼龙砂轮片 $\phi100$	片	7.60	3.699	2.343	1.445
其他材料费	元	－	3.660	1.920	1.060
机械 电焊机(综合)	台班	183.97	2.420	1.578	0.891
剪板机 20mm×2500mm	台班	302.52	0.124	0.051	0.024
刨边机 12000mm	台班	777.63	0.119	0.062	0.034
卷板机 20mm×2500mm	台班	291.50	0.155	0.099	0.058
油压机 500t	台班	297.62	0.079	0.051	0.031
电动双梁桥式起重机 20t/5t	台班	536.00	0.218	0.100	0.047
电焊条烘干箱 60×50×75cm³	台班	28.84	0.242	0.174	0.105

定 额 编 号			11-17-4	11-17-5	11-17-6	11-17-7
项 目			(壁厚 δ = 6 ~ 7mm)直径(mm)			
			φ800 以下	φ1600 以下	φ2200 以下	φ2200 以上
基 价 (元)			**1379.94**	**611.16**	**398.18**	**358.19**
其中	人 工 费 (元)		569.92	250.16	165.92	132.64
	材 料 费 (元)		150.25	77.71	53.85	53.51
	机 械 费 (元)		659.77	283.29	178.41	172.04
名 称	单位	单价(元)	数		量	
人工 综合工日	工日	80.00	7.124	3.127	2.074	1.658
材料 钢板	t	–	(1.050)	(1.050)	(1.050)	(1.050)
电焊条 结422 φ3.2	kg	6.70	18.173	9.571	6.728	6.810
尼龙砂轮片 φ100	片	7.60	3.384	1.637	1.073	0.969
其他材料费	元	–	2.770	1.140	0.620	0.520
机械 电焊机(综合)	台班	183.97	2.279	1.000	0.621	0.614
剪板机 20mm × 2500mm	台班	302.52	0.074	0.027	0.014	0.011
刨边机 12000mm	台班	777.63	0.090	0.038	0.026	0.025
卷板机 20mm × 2500mm	台班	291.50	0.143	0.063	0.043	0.038
油压机 500t	台班	297.62	0.074	0.033	0.021	0.020
电动双梁桥式起重机 20t/5t	台班	536.00	0.144	0.056	0.035	0.032
电焊条烘干箱 60 × 50 × 75cm³	台班	28.84	0.251	0.118	0.075	0.074

定　额　编　号			11-17-8	11-17-9	11-17-10	11-17-11
项　　　　　目			（壁厚 δ＝8～10mm）直径（mm）			
			φ1000 以下	φ2200 以下	φ3000 以下	φ3000 以上
基　　　价（元）			**1145.89**	**598.48**	**497.12**	**394.82**
其中	人　工　费（元）		460.40	250.00	183.60	117.20
	材　料　费（元）		141.28	79.85	74.09	68.33
	机　械　费（元）		544.21	268.63	239.43	209.29
名　　　　称	单位	单价（元）	数		量	
人工	综合工日	工日	80.00	5.755	3.125	2.295	1.465
材料	钢板	t	–	(1.050)	(1.050)	(1.050)	(1.050)
	电焊条 结422 φ3.2	kg	6.70	17.267	9.945	9.430	8.915
	尼龙砂轮片 φ100	片	7.60	3.078	1.605	1.341	1.077
	其他材料费	元	–	2.200	1.020	0.720	0.410
机械	电焊机(综合)	台班	183.97	1.934	0.938	0.851	0.763
	剪板机 20mm×2500mm	台班	302.52	0.054	0.023	0.016	0.008
	刨边机 12000mm	台班	777.63	0.071	0.038	0.035	0.031
	卷板机 20mm×2500mm	台班	291.50	0.119	0.063	0.053	0.044
	油压机 500t	台班	297.62	0.065	0.032	0.028	0.024
	电动双梁桥式起重机 20t/5t	台班	536.00	0.105	0.053	0.045	0.037
	电焊条烘干箱 60×50×75cm³	台班	28.84	0.227	0.113	0.101	0.090

定　额　编　号				11-17-12	11-17-13
项　　　　　　目				（壁厚 $\delta = 10mm$ 以上）直径（mm）	
				$\phi4000$ 以下	$\phi4000$ 以上
基　　　　价　　（元）				**499.48**	**391.16**
其中	人　工　费　（元）			177.04	135.44
	材　料　费　（元）			76.61	58.97
	机　械　费　（元）			245.83	196.75
名　　　　称		单位	单价（元）	数	量
人工	综合工日	工日	80.00	2.213	1.693
材料	钢板	t	—	(1.050)	(1.050)
	电焊条 结422 $\phi3.2$	kg	6.70	9.870	7.727
	尼龙砂轮片 $\phi100$	片	7.60	1.290	0.876
	其他材料费	元	—	0.680	0.540
机械	电焊机(综合)	台班	183.97	0.878	0.682
	剪板机 20mm×2500mm	台班	302.52	0.017	0.016
	刨边机 12000mm	台班	777.63	0.036	0.029
	卷板机 20mm×2500mm	台班	291.50	0.053	0.048
	油压机 500t	台班	297.62	0.027	0.022
	电动双梁桥式起重机 20t/5t	台班	536.00	0.046	0.039
	电焊条烘干箱 60×50×75cm³	台班	28.84	0.105	0.085

二、矩形除尘管道直管制作

单位：t

定　额　编　号				11-17-14	11-17-15	11-17-16	11-17-17
项　　　目				壁厚（mm）			
				4～5	6～7	8～10	10以上
基　　价　（元）				**1408.20**	**906.73**	**884.92**	**685.30**
其中	人　工　费　（元）			473.44	300.16	300.00	156.24
	材　料　费　（元）			211.69	154.27	158.68	151.44
	机　械　费　（元）			723.07	452.30	426.24	377.62
名　　　称		单位	单价（元）	数		量	
人工	综合工日	工日	80.00	5.918	3.752	3.750	1.953
材料	钢板	t	－	（1.050）	（1.050）	（1.050）	（1.050）
	电焊条 结422 φ3.2	kg	6.70	25.994	19.142	19.890	19.812
	尼龙砂轮片 φ100	片	7.60	4.686	3.274	3.210	2.400
	其他材料费	元	－	1.920	1.140	1.020	0.460
机械	电焊机（综合）	台班	183.97	3.156	2.000	1.877	1.695
	剪板机 20mm×2500mm	台班	302.52	0.051	0.027	0.023	0.011
	刨边机 12000mm	台班	777.63	0.062	0.038	0.038	0.035
	油压机 500t	台班	297.62	0.051	0.033	0.032	0.027
	电动双梁桥式起重机 20t/5t	台班	536.00	0.100	0.056	0.053	0.040
	电焊条烘干箱 60×50×75cm³	台班	28.84	0.348	0.236	0.225	0.200

三、弯头制作

定 额 编 号			11-17-18	11-17-19	11-17-20
项 目			(壁厚 δ = 4 ~ 5mm) 直径(mm)		
			φ400 以下	φ800 以下	φ800 以上
基 价 (元)			**6685.26**	**4566.38**	**1732.39**
其中	人 工 费 (元)		2697.68	1827.12	696.40
	材 料 费 (元)		1296.19	916.65	365.24
	机 械 费 (元)		2691.39	1822.61	670.75
名 称	单位	单价(元)	数		量
人工 综合工日	工日	80.00	33.721	22.839	8.705
材料	钢板	t	–	(1.060)	(1.060)	(1.060)
	电焊条 结422 φ3.2	kg	6.70	76.321	64.485	25.992
	氧气	m³	3.60	56.391	34.016	13.338
	乙炔气	m³	25.20	18.725	11.421	4.469
	尼龙砂轮片 φ100	片	7.60	12.375	8.703	3.605
	其他材料费	元	–	15.910	8.190	3.060
机械	电焊机(综合)	台班	183.97	11.656	8.046	2.920
	卷板机 20mm×2500mm	台班	291.50	0.326	0.203	0.084
	油压机 500t	台班	297.62	0.163	0.101	0.044
	电动双梁桥式起重机 20t/5t	台班	536.00	0.690	0.398	0.152
	电焊条烘干箱 60×50×75cm³	台班	28.84	1.167	1.381	0.503

定 额 编 号			11-17-21	11-17-22	11-17-23	11-17-24
项 目			(壁厚 δ = 6 ~ 7mm)直径(mm)			
			φ400 以下	φ1400 以下	φ2200 以下	φ2200 以上
基 价 (元)			**6385.47**	**2157.29**	**917.03**	**685.46**
其中	人 工 费 (元)		2203.92	876.72	374.32	284.72
	材 料 费 (元)		1431.45	464.04	209.23	154.44
	机 械 费 (元)		2750.10	816.53	333.48	246.30
名 称	单位	单价(元)	数		量	
人工 综合工日	工日	80.00	27.549	10.959	4.679	3.559
材料	钢板	t	–	(1.060)	(1.060)	(1.060)	(1.060)
	电焊条 结422 φ3.2	kg	6.70	94.861	34.112	15.910	12.101
	氧气	m³	3.60	56.706	16.354	7.215	5.163
	乙炔气	m³	25.20	19.045	5.480	2.402	1.721
	尼龙砂轮片 φ100	片	7.60	13.007	4.563	1.924	1.378
	其他材料费	元	–	12.950	3.840	1.510	0.930
机械	电焊机(综合)	台班	183.97	11.813	3.491	1.347	0.987
	卷板机 20mm×2500mm	台班	291.50	0.419	0.122	0.082	0.071
	油压机 500t	台班	297.62	0.210	0.064	0.041	0.036
	电动双梁桥式起重机 20t/5t	台班	536.00	0.668	0.191	0.080	0.053
	电焊条烘干箱 60×50×75cm³	台班	28.84	1.185	0.600	0.232	0.170

定 额 编 号			11-17-25	11-17-26	11-17-27	11-17-28	11-17-29
项 目			（壁厚 $\delta = 8 \sim 10mm$）直径（mm）				
			$\phi600$ 以下	$\phi1400$ 以下	$\phi2200$ 以下	$\phi3000$ 以下	$\phi3000$ 以上
基 价 （元）			**7107.80**	**3452.66**	**1444.10**	**949.24**	**629.92**
其中	人 工 费 （元）		2543.92	1387.36	582.16	394.24	270.16
	材 料 费 （元）		1563.59	729.78	335.76	213.87	138.06
	机 械 费 （元）		3000.29	1335.52	526.18	341.13	221.70
名 称	单位	单价（元）	数			量	
人工 综合工日	工日	80.00	31.799	17.342	7.277	4.928	3.377
材料	钢板	t	–	(1.060)	(1.060)	(1.060)	(1.060)	(1.060)
	电焊条 结422 $\phi3.2$	kg	6.70	103.689	52.524	25.452	16.756	11.482
	氧气	m^3	3.60	61.956	26.403	11.637	7.146	4.302
	乙炔气	m^3	25.20	20.808	8.846	3.870	2.385	1.445
	尼龙砂轮片 $\phi100$	片	7.60	14.256	7.067	3.078	1.908	1.152
	其他材料费	元	–	13.120	6.190	2.420	1.280	0.470
机械	电焊机(综合)	台班	183.97	12.914	5.768	2.153	1.367	0.871
	卷板机 20mm×2500mm	台班	291.50	0.446	0.189	0.115	0.099	0.085
	油压机 500t	台班	297.62	0.223	0.095	0.058	0.050	0.044
	电动双梁桥式起重机 20t/5t	台班	536.00	0.729	0.303	0.128	0.073	0.036
	电焊条烘干箱 60×50×75cm³	台班	28.84	1.296	0.992	0.371	0.235	0.149

定 额 编 号			11-17-30	11-17-31	11-17-32	11-17-33
项 目			(壁厚 $\delta = 10$mm 以上)直径(mm)			
			$\phi2000$ 以下	$\phi3000$ 以下	$\phi4000$ 以下	$\phi4000$ 以上
基 价 (元)			**1758.36**	**1266.15**	**839.99**	**441.89**
其中	人 工 费 (元)		714.48	525.60	360.16	194.72
	材 料 费 (元)		403.51	285.17	184.07	84.06
	机 械 费 (元)		640.37	455.38	295.76	163.11
名 称	单位	单价(元)	数		量	
人工 综合工日	工日	80.00	8.931	6.570	4.502	2.434
材料	钢板	t	–	(1.060)	(1.060)	(1.060)	(1.060)
	电焊条 结422 $\phi3.2$	kg	6.70	30.704	22.342	15.310	8.278
	氧气	m³	3.60	13.900	9.528	5.736	1.949
	乙炔气	m³	25.20	4.628	3.180	1.926	0.672
	尼龙砂轮片 $\phi100$	片	7.60	3.712	2.544	1.536	0.528
	其他材料费	元	–	2.920	1.710	0.630	0.630
机械	电焊机(综合)	台班	183.97	2.598	1.823	1.161	0.500
	卷板机 20mm×2500mm	台班	291.50	0.153	0.132	0.113	0.095
	油压机 500t	台班	297.62	0.077	0.067	0.059	0.050
	电动双梁桥式起重机 20t/5t	台班	536.00	0.153	0.098	0.048	0.048
	电焊条烘干箱 60×50×75cm³	台班	28.84	0.447	0.314	0.206	0.098

四、三通制作

定 额 编 号			11-17-34	11-17-35	11-17-36
项 目			(壁厚δ=4~5mm) 直径(mm)		
			φ400 以下	φ800 以下	φ800 以上
基 价 (元)			**3076.47**	**1346.30**	**712.39**
其中	人 工 费 (元)		1410.24	629.92	292.56
	材 料 费 (元)		379.44	186.81	109.70
	机 械 费 (元)		1286.79	529.57	310.13
名 称	单位	单价(元)	数		量
人工 综合工日	工日	80.00	17.628	7.874	3.657
材料 钢板	t	—	(1.070)	(1.070)	(1.070)
电焊条 结422 φ3.2	kg	6.70	30.723	15.953	8.765
氧气	m³	3.60	11.369	5.426	3.497
乙炔气	m³	25.20	3.941	1.823	1.169
尼龙砂轮片 φ100	片	7.60	3.689	1.621	1.045
其他材料费	元	—	5.320	2.130	0.980
机械 电焊机(综合)	台班	183.97	4.452	1.961	1.230
剪板机 20mm×2500mm	台班	302.52	0.270	0.052	0.020
刨边机 12000mm	台班	777.63	0.061	0.028	0.017
卷板机 20mm×2500mm	台班	291.50	0.233	0.148	0.065
油压机 500t	台班	297.62	0.117	0.075	0.033
电动双梁桥式起重机 20t/5t	台班	536.00	0.416	0.111	0.059
电焊条烘干箱 60×50×75cm³	台班	28.84	0.448	0.220	0.145

单位:t

定 额 编 号			11-17-37	11-17-38	11-17-39	11-17-40
项 目			(壁厚 $\delta = 6 \sim 7$mm)直径(mm)			
			ϕ800 以下	ϕ1600 以下	ϕ2200 以下	ϕ2200 以上
基 价 (元)			**1943.86**	**1030.49**	**773.62**	**625.72**
其中	人 工 费 (元)		909.92	422.56	277.04	210.80
	材 料 费 (元)		269.81	158.46	154.12	129.44
	机 械 费 (元)		764.13	449.47	342.46	285.48
名 称	单位	单价(元)	数		量	
人工 综合工日	工日	80.00	11.374	5.282	3.463	2.635
材料 钢板	t	–	(1.070)	(1.070)	(1.070)	(1.070)
电焊条 结422 ϕ3.2	kg	6.70	23.043	12.661	16.252	13.782
氧气	m³	3.60	7.838	5.052	2.867	2.293
乙炔气	m³	25.20	2.633	1.689	0.956	0.795
尼龙砂轮片 ϕ100	片	7.60	2.340	1.510	1.296	1.058
其他材料费	元	–	3.070	1.410	0.970	0.770
机械 电焊机(综合)	台班	183.97	2.833	1.777	1.435	1.205
剪板机 20mm×2500mm	台班	302.52	0.074	0.029	0.022	0.014
刨边机 12000mm	台班	777.63	0.040	0.026	0.015	0.013
卷板机 20mm×2500mm	台班	291.50	0.214	0.095	0.065	0.056
油压机 500t	台班	297.62	0.108	0.048	0.032	0.029
电动双梁桥式起重机 20t/5t	台班	536.00	0.160	0.085	0.050	0.038
电焊条烘干箱 60×50×75cm³	台班	28.84	0.318	0.209	0.169	0.143

定 额 编 号			11-17-41	11-17-42	11-17-43	11-17-44
项 目			(壁厚 δ = 8 ~ 10mm)直径(mm)			
			φ1000 以下	φ2200 以下	φ3000 以下	φ3000 以上
基 价 (元)			**1842.74**	**1071.80**	**866.66**	**662.25**
其中	人 工 费 (元)		801.12	383.60	291.92	200.16
	材 料 费 (元)		252.04	213.35	179.18	145.02
	机 械 费 (元)		789.58	474.85	395.56	317.07
名 称	单位	单价(元)	数			量
人工	综合工日	工日	80.00	10.014	4.795	3.649	2.502
材料	钢板	t	–	(1.070)	(1.070)	(1.070)	(1.070)
	电焊条 结422 φ3.2	kg	6.70	18.666	22.500	19.080	15.660
	氧气	m³	3.60	8.775	3.969	3.175	2.381
	乙炔气	m³	25.20	2.939	1.323	1.100	0.877
	尼龙砂轮片 φ100	片	7.60	2.462	1.794	1.465	1.137
	其他材料费	元	–	2.610	1.340	1.060	0.780
机械	电焊机(综合)	台班	183.97	3.078	1.987	1.670	1.352
	剪板机 20mm×2500mm	台班	302.52	0.053	0.030	0.020	0.010
	刨边机 12000mm	台班	777.63	0.047	0.021	0.017	0.014
	卷板机 20mm×2500mm	台班	291.50	0.182	0.090	0.078	0.065
	油压机 500t	台班	297.62	0.092	0.045	0.041	0.037
	电动双梁桥式起重机 20t/5t	台班	536.00	0.149	0.070	0.053	0.037
	电焊条烘干箱 60×50×75cm³	台班	28.84	0.362	0.234	0.198	0.161

定 额 编 号			11-17-45	11-17-46
项 目			(壁厚 δ=10mm 以上)直径(mm)	
			φ4000 以下	φ4000 以上
基 价 (元)			**736.22**	**512.47**
其中	人 工 费 (元)		222.40	120.56
	材 料 费 (元)		161.11	123.14
	机 械 费 (元)		352.71	268.77
名 称	单位	单价(元)	数	量
人工 综合工日	工日	80.00	2.780	1.507
材料 钢板	t	-	(1.070)	(1.070)
电焊条 结422 φ3.2	kg	6.70	17.400	13.600
氧气	m³	3.60	2.646	1.764
乙炔气	m³	25.20	0.974	0.726
尼龙砂轮片 φ100	片	7.60	1.263	0.898
其他材料费	元	-	0.860	0.550
机械 电焊机(综合)	台班	183.97	1.502	1.150
剪板机 20mm×2500mm	台班	302.52	0.011	0.011
刨边机 12000mm	台班	777.63	0.016	0.012
卷板机 20mm×2500mm	台班	291.50	0.073	0.059
油压机 500t	台班	297.62	0.041	0.037
电动双梁桥式起重机 20t/5t	台班	536.00	0.041	0.023
电焊条烘干箱 60×50×75cm³	台班	28.84	0.179	0.139

五、异径管制作

定　额　编　号			11-17-47	11-17-48	11-17-49
项　　　目			（壁厚δ=4~5mm）直径（mm）		
			φ400 以下	φ800 以下	φ800 以上
基　　价　（元）			**4282.28**	**2133.99**	**1049.36**
其中	人　工　费　（元）		2253.60	924.56	473.36
	材　料　费　（元）		676.61	450.18	281.73
	机　械　费　（元）		1352.07	759.25	294.27
名　　　称		单位	单价（元）	数　　　量	
人工	综合工日	工日	80.00	28.170	11.557	5.917
材料	钢板	t	－	(1.120)	(1.120)	(1.120)
	电焊条 结422 φ3.2	kg	6.70	12.835	7.045	7.133
	氧气	m³	3.60	46.088	32.093	18.603
	乙炔气	m³	25.20	15.478	10.775	6.233
	尼龙砂轮片 φ100	片	7.60	3.993	1.863	1.170
	其他材料费	元	－	4.310	1.750	1.000
机械	电焊机(综合)	台班	183.97	1.661	0.845	0.101
	剪板机 20mm×2500mm	台班	302.52	0.532	0.296	0.088
	刨边机 12000mm	台班	777.63	0.086	0.036	0.015
	卷板机 20mm×2500mm	台班	291.50	0.304	0.246	0.146
	油压机 500t	台班	297.62	0.155	0.125	0.074
	电动双梁桥式起重机 20t/5t	台班	536.00	1.267	0.699	0.317
	电焊条烘干箱 60×50×75cm³	台班	28.84	0.167	0.093	0.101

定　额　编　号			11-17-50	11-17-51	11-17-52	11-17-53
项　　　　　目			(壁厚 $\delta = 6 \sim 7$ mm) 直径(mm)			
			$\phi800$ 以下	$\phi1600$ 以下	$\phi2200$ 以下	$\phi2200$ 以上
基　　　价　　(元)			**3084.06**	**1249.08**	**840.67**	**678.15**
其中	人　工　费　(元)		1335.44	483.92	300.16	228.72
	材　料　费　(元)		652.55	319.69	258.57	213.83
	机　械　费　(元)		1096.07	445.47	281.94	235.60
名　　　　　称	单位	单价(元)	数		量	
人工	综合工日	工日	80.00	16.693	6.049	3.752	2.859
材料	钢板	t	–	(1.100)	(1.100)	(1.100)	(1.100)
	电焊条 结422 $\phi3.2$	kg	6.70	10.176	6.731	3.861	2.889
	氧气	m³	3.60	46.357	22.022	18.924	15.920
	乙炔气	m³	25.20	15.564	7.363	6.299	5.306
	尼龙砂轮片 $\phi100$	片	7.60	2.991	1.147	0.672	0.377
	其他材料费	元	–	2.540	1.050	0.730	0.590
机械	电焊机(综合)	台班	183.97	1.220	0.771	0.408	0.301
	剪板机 20mm×2500mm	台班	302.52	0.427	0.094	0.047	0.043
	刨边机 12000mm	台班	777.63	0.052	0.016	0.010	0.011
	卷板机 20mm×2500mm	台班	291.50	0.355	0.156	0.099	0.092
	油压机 500t	台班	297.62	0.179	0.080	0.050	0.047
	电动双梁桥式起重机 20t/5t	台班	536.00	1.010	0.356	0.260	0.218
	电焊条烘干箱 60×50×75cm³	台班	28.84	0.135	0.092	0.062	0.035

定　额　编　号			11-17-54	11-17-55	11-17-56	11-17-57
项　　　目			(壁厚 $\delta = 8 \sim 10mm$) 直径(mm)			
			$\phi1000$ 以下	$\phi2200$ 以下	$\phi3000$ 以下	$\phi3000$ 以上
基　　价　　(元)			**2339.38**	**1164.30**	**939.48**	**712.04**
其中	人　工　费　(元)		949.12	415.60	316.72	217.84
	材　料　费　(元)		560.26	358.00	296.10	234.16
	机　械　费　(元)		830.00	390.70	326.66	260.04
名　　　　称	单位	单价(元)	数			量
人工	综合工日	工日	80.00	11.864	5.195	3.959	2.723
材料	钢板	t	–	(1.100)	(1.100)	(1.100)	(1.100)
	电焊条 结422 $\phi3.2$	kg	6.70	11.628	5.346	4.001	2.655
	氧气	m^3	3.60	38.448	26.202	22.044	17.886
	乙炔气	m^3	25.20	12.884	8.721	7.347	5.972
	尼龙砂轮片 $\phi100$	片	7.60	2.277	0.930	0.522	0.114
	其他材料费	元	–	1.960	1.020	0.820	0.620
机械	电焊机(综合)	台班	183.97	1.388	0.565	0.417	0.269
	剪板机 20mm×2500mm	台班	302.52	0.193	0.065	0.059	0.053
	刨边机 12000mm	台班	777.63	0.032	0.014	0.016	0.014
	卷板机 20mm×2500mm	台班	291.50	0.297	0.137	0.127	0.116
	油压机 500t	台班	297.62	0.152	0.070	0.065	0.061
	电动双梁桥式起重机 20t/5t	台班	536.00	0.662	0.360	0.302	0.245
	电焊条烘干箱 60×50×75cm³	台班	28.84	0.164	0.086	0.049	0.012

定　额　编　号			11-17-58	11-17-59
项　　　目			(壁厚 δ=10mm 以上) 直径(mm)	
			φ4000 以下	φ4000 以上
基　　　价　(元)			**791.01**	**544.69**
其中	人　工　费　(元)		242.00	132.08
	材　料　费　(元)		260.19	194.83
	机　械　费　(元)		288.82	217.78
名　　　　称	单位	单价(元)	数	量
人工 综合工日	工日	80.00	3.025	1.651
材料 钢板	t	－	(1.100)	(1.100)
电焊条 结422 φ3.2	kg	6.70	2.950	1.455
氧气	m³	3.60	19.873	15.253
乙炔气	m³	25.20	6.636	5.109
尼龙砂轮片 φ100	片	7.60	0.127	0.127
其他材料费	元	－	0.690	0.460
机械 电焊机(综合)	台班	183.97	0.299	0.135
剪板机 20mm×2500mm	台班	302.52	0.059	0.053
刨边机 12000mm	台班	777.63	0.015	0.015
卷板机 20mm×2500mm	台班	291.50	0.130	0.118
油压机 500t	台班	297.62	0.068	0.062
电动双梁桥式起重机 20t/5t	台班	536.00	0.272	0.209
电焊条烘干箱 60×50×75cm³	台班	28.84	0.013	0.013

六、除尘管道直管安装

定　额　编　号			11-17-60	11-17-61	11-17-62	11-17-63
项　　　目			直径(mm)			
			ϕ500 以下	ϕ800 以下	ϕ1200 以下	ϕ1800 以下
基　　价　(元)			**402.35**	**844.83**	**1370.23**	**2481.75**
其中	人　工　费　(元)		159.28	356.32	554.96	938.56
	材　料　费　(元)		37.11	83.32	160.66	355.64
	机　械　费　(元)		205.96	405.19	654.61	1187.55
名　　　称	单位	单价(元)	数		量	
人工 综合工日	工日	80.00	1.991	4.454	6.937	11.732
材料 碳钢板卷管	m	–	(9.850)	(9.710)	(9.600)	(9.430)
电焊条 结422 ϕ3.2	kg	6.70	2.132	5.659	11.674	26.844
氧气	m³	3.60	1.496	2.860	5.122	10.812
乙炔气	m³	25.20	0.499	0.954	1.711	3.604
尼龙砂轮片 ϕ100	片	7.60	0.493	1.153	2.295	5.248
其他材料费	元	–	1.120	2.310	3.450	6.160
机械 电焊机(综合)	台班	183.97	0.305	0.746	1.252	2.302
汽车式起重机 8t	台班	728.19	0.021	0.050	0.083	0.171
吊装机械综合(1)	台班	1312.50	0.092	0.151	0.235	0.401
载货汽车 8t	台班	619.25	0.021	0.050	0.083	0.171
电焊条烘干箱 60×50×75cm³	台班	28.84	0.028	0.083	0.139	0.254

定　　额　　编　　号			11-17-64	11-17-65	11-17-66	11-17-67	11-17-68
项　　　　　目			直径(mm)				
			φ2400 以下	φ3000 以下	φ3600 以下	φ4200 以下	φ4800 以下
基　　　价　（元）			**4252、27**	**6292.71**	**7470.41**	**8648.09**	**9826.02**
其中	人　工　费　（元）		1578.56	2403.20	2852.00	3300.72	3749.52
	材　料　费　（元）		639.82	949.26	1131.68	1314.10	1496.56
	机　械　费　（元）		2033.89	2940.25	3486.73	4033.27	4579.94
名　　　　称	单位	单价(元)	数			量	
人工 综合工日	工日	80.00	19.732	30.040	35.650	41.259	46.869
材料 碳钢板卷管	m	—	(9.360)	(9.360)	(9.360)	(9.360)	(9.360)
电焊条 结422 φ3.2	kg	6.70	48.610	74.903	89.457	104.011	118.566
氧气	m³	3.60	19.323	27.255	32.407	37.559	42.711
乙炔气	m³	25.20	6.441	9.085	10.802	12.519	14.237
尼龙砂轮片 φ100	片	7.60	9.465	14.163	16.897	19.631	22.365
其他材料费	元	—	10.320	12.710	15.030	17.340	19.660
机械 电焊机（综合）	台班	183.97	4.214	6.137	7.303	8.469	9.636
汽车式起重机 8t	台班	728.19	0.291	0.413	0.491	0.569	0.647
吊装机械综合(1)	台班	1312.50	0.650	0.941	1.111	1.281	1.451
载货汽车 8t	台班	619.25	0.291	0.413	0.491	0.569	0.647
电焊条烘干箱 60×50×75cm³	台班	28.84	0.465	0.682	0.812	0.944	1.074

七、除尘管道管件安装

单位:10 个

定　额　编　号			11-17-69	11-17-70	11-17-71	11-17-72
项　　　　目			直径(mm)			
			φ500 以下	φ800 以下	φ1200 以下	φ1800 以下
基　　　价　　（元）			883.39	4084.63	6283.53	10685.22
其中	人　工　费　（元）		978.32	1321.76	1969.44	3153.52
	材　料　费　（元）		521.72	908.93	1473.96	2770.57
	机　械　费　（元）		983.35	1853.94	2840.13	4761.13
名　　称	单位	单价（元）	数		量	
人工 综合工日	工日	80.00	12.229	16.522	24.618	39.419
材料 碳钢板卷管件	个	－	(10.000)	(10.000)	(10.000)	(10.000)
电焊条 结422 φ3.2	kg	6.70	38.152	76.598	129.762	252.957
氧气	m³	3.60	16.275	24.597	38.151	67.446
乙炔气	m³	25.20	5.425	8.199	12.771	22.482
尼龙砂轮片 φ100	片	7.60	7.665	10.172	15.277	29.129
其他材料费	元	－	12.550	23.250	29.280	45.030
机械 电焊机（综合）	台班	183.97	5.082	9.452	13.951	21.919
汽车式起重机 8t	台班	728.19	0.026	0.063	0.170	0.489
载货汽车 8t	台班	619.25	0.026	0.063	0.170	0.489
电焊条烘干箱 60×50×75cm³	台班	28.84	0.464	1.046	1.543	2.420

定 额 编 号			11-17-73	11-17-74	11-17-75	11-17-76	11-17-77
项 目			直径(mm)				
			$\phi2400$ 以下	$\phi3000$ 以下	$\phi3600$ 以下	$\phi4200$ 以下	$\phi4800$ 以下
基 价 (元)			**15002.42**	**21990.30**	**26019.39**	**30046.68**	**34072.75**
其中	人 工 费 (元)		4360.72	6162.40	7248.16	8333.84	9419.52
	材 料 费 (元)		3786.00	5648.30	6700.35	7752.45	8804.47
	机 械 费 (元)		6855.70	10179.60	12070.88	13960.39	15848.76
名 称	单位	单价(元)	数		量		
人工 综合工日	工日	80.00	54.509	77.030	90.602	104.173	117.744
材料 碳钢板卷管件	个	—	(10.000)	(10.000)	(10.000)	(10.000)	(10.000)
电焊条 结422 $\phi3.2$	kg	6.70	347.213	535.020	636.696	738.372	840.047
氧气	m³	3.60	91.428	128.431	151.503	174.575	197.648
乙炔气	m³	25.20	30.476	42.810	50.501	58.191	65.882
尼龙砂轮片 $\phi100$	片	7.60	40.002	59.408	70.194	80.979	91.765
其他材料费	元	—	58.520	71.000	82.980	95.030	106.980
机械 电焊机(综合)	台班	183.97	30.094	43.832	51.839	59.844	67.850
汽车式起重机 8t	台班	728.19	0.908	1.466	1.757	2.047	2.336
载货汽车 8t	台班	619.25	0.908	1.466	1.757	2.047	2.336
电焊条烘干箱 $60 \times 50 \times 75cm^3$	台班	28.84	3.323	4.871	5.777	6.681	7.586

八、法兰安装

定 额 编 号			11-17-78	11-17-79	11-17-80	11-17-81
项 目			直径(mm)			
			ϕ500 以下	ϕ800 以下	ϕ1200 以下	ϕ1800 以下
基 价 (元)			**253.08**	**431.89**	**679.15**	**1329.33**
其中	人 工 费 (元)		88.96	160.64	255.28	466.64
	材 料 费 (元)		53.72	95.30	149.01	337.37
	机 械 费 (元)		110.40	175.95	274.86	525.32
名 称	单位	单价(元)	数		量	
人工 综合工日	工日	80.00	1.112	2.008	3.191	5.833
材料 法兰	片	—	(2.000)	(2.000)	(2.000)	(2.000)
电焊条 结422 ϕ3.2	kg	6.70	4.154	8.068	13.859	35.658
氧气	m³	3.60	0.626	0.822	1.064	1.752
乙炔气	m³	25.20	0.209	0.274	0.360	0.584
尼龙砂轮片 ϕ100	片	7.60	0.828	1.502	2.206	4.355
石棉橡胶板 低压 0.8~1.0	kg	13.20	0.567	1.010	1.357	2.403
其他材料费	元	—	4.590	6.630	8.570	12.620
机械 电焊机(综合)	台班	183.97	0.570	0.899	1.402	2.672
汽车式起重机 8t	台班	728.19	0.003	0.006	0.010	0.020
载货汽车 8t	台班	619.25	0.003	0.006	0.010	0.020
电焊条烘干箱 60×50×75cm³	台班	28.84	0.052	0.086	0.120	0.236

定 额 编 号			11-17-82	11-17-83	11-17-84	11-17-85	11-17-86
项 目			直径(mm)				
			φ2400 以下	φ3000 以下	φ3600 以下	φ4200 以下	φ4800 以下
基 价 (元)			**1687.46**	**2046.37**	**2404.02**	**2761.98**	**3121.08**
其中	人 工 费 (元)		592.48	718.48	844.32	970.24	1096.16
	材 料 费 (元)		432.38	526.48	621.02	715.57	810.13
	机 械 费 (元)		662.60	801.41	938.68	1076.17	1214.79
名 称	单位	单价(元)	数		量		
人工 综合工日	工日	80.00	7.406	8.981	10.554	12.128	13.702
材料	法兰	片	–	(2.000)	(2.000)	(2.000)	(2.000)	(2.000)
	电焊条 结422 φ3.2	kg	6.70	46.159	56.661	67.162	77.663	88.165
	氧气	m³	3.60	2.127	2.503	2.878	3.253	3.629
	乙炔气	m³	25.20	0.709	0.834	0.959	1.084	1.209
	尼龙砂轮片 φ100	片	7.60	5.591	6.706	7.882	9.058	10.234
	石棉橡胶板 低压 0.8~1.0	kg	13.20	3.015	3.627	4.239	4.851	5.463
	其他材料费	元	–	15.300	17.980	20.650	23.330	26.000
机械	电焊机(综合)	台班	183.97	3.372	4.073	4.773	5.474	6.174
	汽车式起重机 8t	台班	728.19	0.025	0.031	0.036	0.041	0.047
	载货汽车 8t	台班	619.25	0.025	0.031	0.036	0.041	0.047
	电焊条烘干箱 60×50×75cm³	台班	28.84	0.297	0.358	0.419	0.481	0.542

附　　录

一、主要材料损耗率表

1.给排水、采暖工程

序号	名　　称	损耗率(%)	序号	名　　称	损耗率(%)
1	室外钢管(丝接、焊接)	1.5	15	木螺钉	4.0
2	室内钢管(丝接)	2.0	16	锯条	5.0
3	室内钢管(焊接)	2.0	17	氧气	17.0
4	室外排水铸铁管	3.0	18	乙炔气	17.0
5	室内排水铸铁管	7.0	19	铅油	2.5
6	室内塑料管	2.0	20	清油	2.0
7	铸铁散热器	1.0	21	机油	3.0
8	光排管散热器制作用钢管	3.0	22	沥青油	2.0
9	散热器对丝及托管	5.0	23	石棉橡胶板	15.0
10	散热器补芯	4.0	24	橡胶板	15.0
11	散热器丝堵	4.0	25	石棉绳	4.0
12	散热器胶垫	10.0	26	石棉	10.0
13	洗涤盆	1.0	27	青铅	8.0
14	普通水嘴	1.0	28	铜丝	1.0

续表

序号	名　　称	损耗率(%)	序号	名　　称	损耗率(%)
29	丝扣阀门	1.0	42	锁紧螺母	6.0
30	化验盆	1.0	43	压盖	6.0
31	大便器	1.0	44	焦炭	5.0
32	瓷高低水箱	1.0	45	木柴	5.0
33	存水弯	0.5	46	红砖	4.0
34	小便槽冲洗管	2.0	47	水泥	10.0
35	水箱进水管	1.0	48	砂子	10.0
36	高低水箱配件	1.0	49	胶皮碗	10.0
37	冲洗管配件	1.0	50	油麻	5.0
38	钢管接头零件	1.0	51	线麻	5.0
39	型钢	5.0	52	漂白粉	5.0
40	单管卡子	5.0	53	油灰	4.0
41	带帽螺栓	3.0			

2. 通风、除尘工程

序号	项　目	损耗率（%）	备注	序号	项　目	损耗率（%）	备注
	钢板部分			13	双面送吸风口	16	$\delta = 0.7 \sim 0.9$
1	咬口通风管道	13.8	综合厚度	14	单双面送吸风口	8	$\delta = 1.0 \sim 1.5$
2	焊接通风管道	8	综合厚度	15	带调节板活动百叶送风口	13	综合厚度
3	圆形阀门	14	综合厚度	16	矩形空气分布器	14	综合厚度
4	方、矩形阀门	8	综合厚度	17	旋转吹风口	12	综合厚度
5	风管插板式风口	13	综合厚度	18	圆形、方形直片散流器	45	综合厚度
6	网式风口	13	综合厚度	19	流线型散流器	45	综合厚度
7	单、双、三层百叶窗	13	综合厚度	20	135 型单层双层百叶风口	13	综合厚度
8	连动百叶风口	13	综合厚度	21	135 型带导流片百叶风口	13	综合厚度
9	钢百叶窗	13	综合厚度	22	圆散形风帽	28	综合厚度
10	活动箅板式风口	13	综合厚度	23	锥形风帽	26	综合厚度
11	矩形风口	13	综合厚度	24	筒形风帽	14	综合厚度
12	单面送吸风口	20	$\delta = 0.7 \sim 0.9$	25	筒形风帽滴水盘	35	综合厚度

序号	项　目	损耗率（%）	备注	序号	项　目	损耗率（%）	备注
26	风帽泛水	42	综合厚度	36	皮带防护罩	18	$\delta = 4.0$
27	风帽筝绳	4	综合厚度	37	皮带防护罩	9.35	
28	升降式排气罩	18	综合厚度	38	电动机防雨罩	33	$\delta = 1.0 \sim 1.5$
29	上吸式侧吸罩	21	综合厚度	39	电动机防雨罩	10.6	$\delta = 4$ 以上
30	下吸式侧吸罩	22	综合厚度	40	中、小型零件焊接工作台排气罩	21	综合厚度
31	上、下吸式圆形回转罩	22	综合厚度	41	泥心烘炉排气罩	12.5	综合厚度
32	手锻炉排气罩	10	综合厚度	42	各式消声器	13	综合厚度
33	升降式回转排气罩	18	综合厚度	43	空调设备	13	$\delta = 1$ 以下
34	整体、分组、吹吸侧边侧吸罩	10.15	综合厚度	44	空调设备	8	$\delta = 1.5 \sim 3$
35	各种风罩调节阀	10.15	$\delta = 1.5$	45	设备支架	4	综合厚度

3. 型钢及其他材料损耗率表

序号	项　　目	损耗率（%）	序号	项　　目	损耗率（%）
1	型钢	4	16	管材	4
2	安装用螺栓（M12 以下）	4	17	镀锌铁丝网	20
3	安装用螺栓（M12 以上）	2	18	帆布	15
4	螺母	6	19	玻璃板	20
5	垫圈（φ12 以下）	6	20	玻璃棉、毛毡	5
6	自攻螺钉、木螺丝	4	21	泡沫塑料	5
7	铆钉	10	22	方木	5
8	开口销	6	23	玻璃丝布	15
9	橡胶板	15	24	矿棉、卡普隆纤维	5
10	石棉橡胶板	15	25	泡钉、鞋钉、圆钉	10
11	石棉板	15	26	胶液	5
12	电焊条	5	27	油毡	10
13	气焊条	2.5	28	铁丝	1
14	氧气	18	29	混凝土	5
15	乙炔气	18			

二、管道接头零件用量取定表

1. 室外镀锌钢管接头零件

材料名称	DN15	DN20	DN25	DN32	DN40	DN50
三　通	－	－	－	－	0.2	0.18
弯　头	0.75	0.75	0.75	0.75	0.81	0.75
管　箍	1.15	1.15	1.15	1.15	0.83	0.9
补　芯	－	0.02	0.02	0.02	0.02	0.02
合　计	1.9	1.92	1.92	1.92	1.86	1.85

材料名称	DN65	DN80	DN100	DN125	DN150
三　通	0.14	0.14	0.14	0.14	0.14
弯　头	0.7	0.65	0.51	0.45	0.31
管　箍	0.9	0.9	0.95	0.95	1
补　芯	0.02	0.03	0.03	0.05	0.06
合　计	1.76	1.72	1.63	1.59	1.51

2. 室内镀锌钢管接头零件

材料名称	DN15	DN20	DN25	DN32	DN40	DN50
三　通	3.17	3.82	3	2.19	1.37	1.85
弯　头	11	3.46	3.82	3	2.77	3.06
补　芯	-	2.77	1.51	1.28	1.4	0.59
管　箍	2.2	1.42	1.41	1.54	1.61	1
四　通	-	0.05	0.04	0.02	0.01	0.01
合　计	16.37	11.52	9.78	8.03	7.16	6.51

材料名称	DN65	DN80	DN100	DN125	DN150
三　通	1.62	0.71	1	0.4	0.4
弯　头	1.67	1.5	0.66	0.51	0.51
补　芯	0.37	0.16	0.2	0.25	0.25
管　箍	0.59	1.54	0.81	1.14	1.14
四　通	-	-	0.01	-	-
合　计	4.25	3.91	2.68	2.3	2.3

3. 室外焊接钢管接头零件

单位：个/10m

材料名称	DN15	DN20	DN25	DN32	DN40	DN50
三 通	–	–	–	–	0.2	0.18
弯 头	0.75	0.75	0.75	0.75	0.81	0.75
补 芯	–	0.02	0.02	0.02	0.02	0.02
管 箍	1.15	1.15	1.15	1.15	0.83	0.9
合 计	1.9	1.92	1.92	1.92	1.86	1.85

材料名称	DN65	DN80	DN100	DN125	DN150
三 通	0.14	0.14	0.14	0.14	0.14
弯 头	0.7	0.65	0.51	0.45	0.31
补 芯	0.02	0.03	0.03	0.05	0.06
管 箍	0.9	0.9	0.95	0.95	1
合 计	1.76	1.72	1.63	1.59	1.51

4. 室内焊接钢管接头零件

材料名称	DN15	DN20	DN25	DN32	DN40	DN50
三　通	0.83	2.5	3.29	3.14	2.14	1.58
弯　头	3.2	3	2.64	2.41	2.64	2.85
补　芯	–	0.83	2.46	2.02	0.96	0.59
管　箍	–	0.14	0.34	0.63	0.43	0.16
四　通	6.4	4.9	3.39	1.91	1.67	1.03
根　母	6.26	4.76	2.95	0.77	–	–
丝　堵	0.27	0.06	0.07	–	–	–
合　计	16.96	16.19	15.14	10.88	7.84	6.21

材料名称	DN65	DN80	DN100	DN125	DN150
三　通	1.63	1.08	1.02	0.7	0.7
弯　头	1.26	0.98	1.2	0.8	0.8
补　芯	0.58	0.45	0.33	0.2	0.2
管　箍	0.88	1.03	0.95	0.9	0.9
合　计	4.35	3.54	3.5	2.6	2.6

5. 排水铸铁管接头零件

材料名称	DN50	DN75	DN100	DN150	DN200
三　通	1.09	1.85	4.27	2.36	2.04
四　通	–	0.13	0.24	0.17	–
弯　头	5.28	1.52	3.93	1.27	1.71
扫除口	0.2	2.66	0.77	0.01	–
接　轮	–	2.72	1.04	0.92	–
异径管	–	0.16	0.3	0.34	–
合　计	6.57	9.04	10.55	5.07	3.75

6. 柔性抗震铸铁排水管接头零件

材料名称	DN50	DN75	DN100	DN150	DN200
柔性下水铸铁弯头	5.28	1.52	3.93	1.27	1.71
柔性下水铸铁三通	1.09	1.85	4.27	2.36	2.04
柔性下水铸铁四通	–	0.13	0.24	0.17	–
柔性下水铸铁接轮	–	2.72	1.04	0.92	–
柔性下水铸铁异径管	–	0.16	0.3	0.34	–
柔性下水铸铁检查口	0.2	2.66	0.77	0.01	–
合　计	6.57	9.04	10.55	5.07	3.75

三、国标通风部件标准重量表

名称	带调节板活动百叶风口		单层百叶风口		双层百叶风口		三层百叶风口	
图号	T202-1		T202-2		T202-2		T202-3	
序号	尺寸 $A \times B$	kg/个	尺寸 $A \times B$	kg/个	尺寸 $A \times B$	kg/个	尺寸 $A \times B$	kg/个
1	300×150	1.45	200×150	0.88	200×150	1.73	250×180	3.66
2	350×175	1.79	300×150	1.19	300×150	2.52	290×180	4.22
3	450×225	2.47	300×185	1.40	300×185	2.85	330×210	5.14
4	500×250	2.94	330×240	1.70	330×240	3.48	370×210	5.84
5	600×300	3.60	400×240	1.94	400×240	4.46	410×250	6.41
6	–	–	470×285	2.48	470×285	5.66	450×280	8.01
7	–	–	530×330	3.05	530×330	7.22	490×320	9.04
8	–	–	550×375	3.59	550×375	8.01	570×320	10.10

名称	连动百叶风口		矩形送风口		矩形空气分布器		地上矩形空气分布器	
图号	T202 – 4		T203		T206 – 1		T206 – 2	
序号	尺寸 $A \times B$	kg/个	尺寸 $A \times B$	kg/个	尺寸 $A \times B$	kg/个	尺寸 $A \times B$	kg/个
1	200 × 150	1.49	60 × 52	2.22	300 × 150	4.95	300 × 150	8.72
2	250 × 195	1.88	80 × 69	2.84	400 × 200	6.61	400 × 200	12.51
3	300 × 195	2.06	100 × 87	3.36	500 × 250	10.32	500 × 250	14.44
4	300 × 240	2.35	120 × 104	4.46	600 × 300	12.42	600 × 300	22.19
5	350 × 240	2.55	140 × 121	5.40	700 × 350	17.71	700 × 350	27.17
6	350 × 285	2.83	160 × 139	6.29	–	–	–	–
7	400 × 330	3.52	180 × 156	7.36	–	–	–	–
8	500 × 330	4.07	200 × 173	8.65	–	–	–	–
9	500 × 375	4.50	–	–	–	–	–	–

名称	风管插板式送吸风口				旋转吹风口		地上旋转吹风口	
图号	矩形 T208 - 1		圆形 T208 - 2		T209 - 1		T209 - 2	
序号	尺寸 $B \times C$	kg/个	尺寸 $B \times C$	kg/个	尺寸 $D = A$	kg/个	尺寸 $D = A$	kg/个
1	200 × 120	0.88	160 × 80	0.62	250	10.09	250	13.20
2	240 × 160	1.20	180 × 90	0.68	280	11.76	280	15.49
3	320 × 240	1.95	200 × 100	0.79	320	14.67	320	18.92
4	400 × 320	2.96	220 × 110	0.90	360	17.86	360	22.82
5	–	–	240 × 120	1.01	400	20.68	400	26.25
6	–	–	280 × 140	1.27	450	25.21	450	31.77
7	–	–	320 × 160	1.50	–	–	–	–
8	–	–	360 × 180	1.79	–	–	–	–
9	–	–	400 × 200	2.10	–	–	–	–
10	–	–	440 × 220	2.39	–	–	–	–
11	–	–	500 × 250	2.94	–	–	–	–
12	–	–	560 × 280	3.53	–	–	–	–

名称	圆形直片散流器		方形直片散流器		流线形散流器	
图号	CT211－1		CT211－2		CT211－4	
序号	尺寸	kg/个	尺寸	kg/个	尺寸	kg/个
	ϕ		$A \times A$		d	
1	120	3.01	120×120	2.34	160	3.97
2	140	3.29	160×160	2.73	200	5.45
3	180	4.39	200×200	3.91	250	7.94
4	220	5.02	250×250	5.29	320	10.28
5	250	5.54	320×320	7.43	－	－
6	280	7.42	400×400	8.89	－	－
7	320	8.22	500×500	12.23	－	－
8	360	9.04	－	－	－	－
9	400	10.88	－	－	－	－
10	450	11.98	－	－	－	－
11	500	13.07	－	－	－	－

名称	单面送吸风口				双面送吸风口			
图号	Ⅰ型 T212-1		Ⅱ型 T212-1		Ⅰ型 T212-2		Ⅱ型 T212-2	
序号	尺寸	kg/个	尺寸	kg/个	尺寸	kg/个	尺寸	kg/个
	$A \times A$		D		$A \times A$		D	
1	120×120	2.01	100	1.37	120×120	2.07	100	1.54
2	160×160	2.93	120	1.85	160×160	2.75	120	1.97
3	200×200	4.01	140	2.23	200×200	3.63	140	2.32
4	250×250	7.12	160	2.68	250×250	5.83	160	2.76
5	320×320	10.84	180	3.14	320×320	8.20	180	3.20
6	400×400	15.68	200	3.73	400×400	11.19	200	3.65
7	500×500	23.08	220	5.51	500×500	15.50	220	5.17
8	-	-	250	6.68	-	-	250	6.18
9	-	-	280	8.08	-	-	280	7.42
10	-	-	320	10.27	-	-	320	9.06
11	-	-	360	12.52	-	-	360	10.74
12	-	-	400	14.93	-	-	400	12.81
13	-	-	450	18.20	-	-	450	15.26
14	-	-	500	22.01	-	-	500	18.36

名称	活动箅板式回风口		网式风口				空气加热器上通阀	
图号	T216		三面 T262		矩形 T262		T101 – 1	
序号	尺寸 $A \times B$	kg/个	尺寸 $A \times B$	kg/个	尺寸 $A \times B$	kg/个	尺寸 $A \times B$	kg/个
1	235 × 200	1.06	250 × 200	5.27	200 × 150	0.56	650 × 250	13.00
2	325 × 200	1.39	300 × 200	5.95	250 × 200	0.73	1200 × 250	19.68
3	415 × 200	1.73	400 × 200	7.95	350 × 250	0.99	1100 × 300	19.71
4	415 × 250	1.97	500 × 250	10.97	450 × 300	1.27	1800 × 300	25.87
5	505 × 250	2.36	600 × 250	13.03	550 × 350	1.81	1200 × 400	23.16
6	595 × 250	2.71	620 × 300	14.19	600 × 400	2.05	1600 × 400	28.19
7	535 × 300	2.80	–	–	700 × 450	2.44	1800 × 400	33.78
8	655 × 300	3.35	–	–	800 × 500	2.83	–	–
9	775 × 300	3.70	–	–	–	–	–	–
10	655 × 400	4.08	–	–	–	–	–	–
11	775 × 400	4.75	–	–	–	–	–	–
12	895 × 400	5.42	–	–	–	–	–	–

名称	空气加热器旁通阀										
图号	T101－2										
序号	尺寸 SRZ		kg/个	尺寸 SRZ		kg/个	尺寸 SRZ		kg/个	尺寸 SRZ		kg/个
1	D 5×5Z X	1 型	11.32	D 10×6Z X	1 型	18.14	D 10×7Z X	1 型	18.14	D 15×10Z X	1 型	25.09
2		2 型	13.98		2 型	22.45		2 型	22.45		2 型	31.7
3		3 型	14.72		3 型	22.73		3 型	22.91		3 型	30.74
4		4 型	18.2		4 型	27.99		4 型	27.99		4 型	37.81
5	D 10×5Z X	1 型	18.14	D 15×6Z X	1 型	25.09	D 15×7Z X	1 型	25.09	D 17×10Z X	1 型	28.65
6		2 型	22.45		2 型	31.7		2 型	31.7		2 型	35.97
7		3 型	22.73		3 型	30.74		3 型	30.74		3 型	35.1
8		4 型	27.99		4 型	37.81		4 型	37.81		4 型	42.86
9	D 6×6Z X	1 型	12.42	D 7×7Z X	1 型	13.95	D 17×5Z X	1 型	28.65	D 12×6Z X	1 型	21.46
10		2 型	15.62		2 型	17.48		2 型	35.97		2 型	26.73
11		3 型	16.21		3 型	17.95		3 型	35.1		3 型	26.61
12		4 型	20.08		4 型	22.07		4 型	42.96		4 型	32.61

名称	圆形辫式启动阀				圆形蝶阀(拉链式)			
图号	T301-5				非保温 T302-1		保温 T302-2	
序号	尺寸	kg/个	尺寸	kg/个	尺寸	kg/个	尺寸	kg/个
	$\phi A1$		$\phi A1$		D		D	
1	400	15.06	900	54.80	200	3.63	200	3.85
2	420	16.02	910	53.25	220	3.93	220	4.17
3	450	17.59	1000	63.93	250	4.40	250	4.67
4	455	17.37	1040	65.48	280	4.90	280	5.22
5	500	20.23	1170	72.57	320	5.78	320	5.92
6	520	20.31	1200	82.68	360	6.53	360	6.68
7	550	22.23	1250	86.50	400	7.34	400	7.55
8	585	22.94	1300	89.16	450	8.37	450	8.51
9	600	29.67	–	–	500	13.22	500	11.32
10	620	28.35	–	–	560	16.07	560	13.78
11	650	30.21	–	–	630	18.55	630	15.65
12	715	35.37	–	–	700	22.54	700	19.32
13	750	38.29	–	–	800	26.62	800	22.49
14	780	41.55	–	–	900	32.91	900	28.12
15	800	42.38	–	–	1000	37.66	1000	31.77
16	840	43.21	–	–	1120	45.21	1120	38.42

名称	方形蝶阀(拉链式)				矩形蝶阀(拉链式)							
图号	非保温 T302－3		保温 T302－4		非保温 T302－5				保温 T302－6			
序号	尺寸 $A \times B$	kg/个	尺寸 $A \times B$	kg/个	尺寸 $A \times B$	kg/个	尺寸 $A \times B$	kg/个	尺寸 $A \times B$	kg/个	尺寸 $A \times B$	kg/个
1	120×120	3.04	120×120	3.20	200×250	5.17	320×630	17.44	200×250	5.33	320×630	15.55
2	160×160	3.78	160×160	3.97	200×320	5.85	320×800	22.43	200×320	6.03	320×800	20.07
3	200×200	4.54	200×200	4.78	200×400	6.68	400×500	15.74	200×400	6.87	400×500	13.95
4	250×250	5.68	250×250	5.86	200×500	9.74	400×630	19.27	200×500	9.96	400×630	17.09
5	320×320	7.25	320×320	7.44	250×320	6.45	400×800	24.58	250×320	6.64	400×800	21.91
6	400×400	10.07	400×400	10.28	250×400	7.31	500×630	21.56	250×400	7.51	500×630	18.97
7	500×500	19.14	500×500	16.70	250×500	10.58	500×800	27.40	250×500	10.81	500×800	24.20
8	630×630	27.08	630×630	23.63	250×630	13.29	630×800	30.87	250×630	13.53	630×800	27.12
9	800×800	37.75	800×800	32.67	320×400	12.46	－	－	320×400	11.19	－	－
10	1000×1000	49.55	1000×1000	42.42	320×500	14.18	－	－	320×500	12.64	－	－

名称	钢制蝶阀(手柄式)									
图号	圆形 T302-7				方形 T302-8		矩形 T302-9			
序号	尺寸 D	kg/个	尺寸 D	kg/个	尺寸 $A \times B$	kg/个	尺寸 $A \times B$	kg/个	尺寸 $A \times B$	kg/个
1	100	1.95	320	7.06	120×120	2.87	200×250	4.98	320×500	13.85
2	120	2.24	360	7.94	160×160	3.61	200×320	5.66	320×630	17.11
3	140	2.52	400	8.86	200×200	4.37	200×400	6.49	320×800	22.10
4	160	2.81	450	10.65	250×250	5.51	200×500	9.55	400×500	15.41
5	180	3.12	500	13.08	320×320	7.08	250×320	6.26	400×630	18.94
6	200	3.43	560	14.80	400×400	9.90	250×400	7.12	400×800	24.25
7	220	3.72	630	18.51	500×500	17.70	250×500	10.39	500×630	21.23
8	250	4.22	–	–	630×630	25.31	250×630	13.10	500×800	27.07
9	280	6.22	–	–	–	–	320×400	12.13	630×800	30.54

名称	圆形风管止回阀				方形风管止回阀				密闭式斜插板阀			
图号	垂直式 T303－1		水平式 T303－1		垂直式 T303－2		水平式 T303－2		T309			
序号	尺寸 D	kg/个	尺寸 D	kg/个	尺寸 A×A	kg/个	尺寸 A×A	kg/个	尺寸 D	kg/个	尺寸 D	kg/个
1	220	5.53	220	5.69	200×200	6.74	200×200	6.73	80	2.62	210	9.276
2	250	6.22	250	6.41	250×250	8.34	250×250	8.37	90	3.019	220	10.396
3	280	6.95	280	7.17	320×320	10.58	320×320	10.70	100	3.427	240	11.756
4	320	7.93	320	8.26	400×400	13.24	400×400	13.43	110	3.836	250	12.466
5	360	8.98	360	9.33	500×500	19.43	500×500	19.81	120	4.225	260	13.046
6	400	9.97	400	10.36	630×630	26.60	630×630	27.72	130	4.755	280	14.376
7	450	11.25	450	11.73	800×800	36.13	800×800	37.33	140	5.203	300	16.186
8	500	13.69	500	14.19	－	－	－	－	150	5.752	320	17.776
9	560	15.42	560	16.14	－	－	－	－	160	6.201	340	19.616
10	630	17.42	630	18.26	－	－	－	－	170	6.76	－	－
11	700	20.81	700	21.85	－	－	－	－	180	7.219	－	－
12	800	24.12	800	25.68	－	－	－	－	190	7.81	－	－
13	900	29.53	900	31.13	－	－	－	－	200	9.056	－	－

名称	手动密闭式对开多叶阀							
图号	T308－1							
序号	尺寸 $A \times B$	kg/个	尺寸 $A \times B$	kg/个	尺寸 $A \times B$	kg/个	尺寸 $A \times B$	kg/个
1	160×320	8.90	400×400	13.10	1000×500	25.90	1250×800	52.10
2	200×320	9.30	500×400	14.20	1250×500	31.60	1600×800	65.40
3	250×320	9.80	630×400	16.50	1600×500	50.80	2000×800	75.50
4	320×320	10.50	800×400	19.10	250×630	16.10	1000×1000	51.10
5	400×320	11.70	1000×400	22.40	630×630	22.80	1250×1000	61.40
6	500×320	12.70	1250×400	27.40	800×630	33.10	1600×1000	76.80
7	630×320	14.70	200×500	12.80	1000×630	37.90	2000×1000	88.10
8	800×320	17.30	250×500	13.40	1250×630	45.50	1600×1250	90.40
9	1000×320	20.20	500×500	16.70	1600×630	57.70	2000×1250	103.20
10	200×400	10.60	630×500	19.30	800×800	37.90	－	－
11	250×400	11.10	800×500	22.40	1000×800	43.10	－	－

名称	泥心烘炉排气罩		升降式回转排气罩		上吸式侧吸罩			下吸式侧吸罩		
图号	T407 – 1、2		T409		T401 – 1			T401 – 2		
序号	尺寸	kg/个	尺寸	kg/个	尺寸		kg/个	尺寸		kg/个
			D		$A \times \phi$			$A \times \phi$		
1	6m^2	191.41	400	18.71	600 × 200	I 型	21.73	600 × 200	I 型	29.31
2	1.3m^2	81.83	500	21.76	600 × 220	II 型	25.35	600 × 220	II 型	31.03
3	–	–	600	23.83	750 × 250	I 型	24.50	750 × 250	I 型	32.65
4	–	–	–	–	750 × 250	II 型	28.09	750 × 250	II 型	34.35
5	–	–	–	–	900 × 280	I 型	27.12	900 × 280	I 型	35.95
6			–	–	900 × 280	II 型	30.67	900 × 280	II 型	37.64

名称	中小型零件焊接台排气罩			整体槽边侧吸罩		分组槽边侧吸罩		分组侧吸罩调节阀	
图号	T401 – 3			T403 – 1		T403 – 1		T403 – 1	
序号	尺寸		kg/个	尺寸	kg/个	尺寸	kg/个	尺寸	kg/个
	$A \times B$			$B \times C$		$B \times C$		$B \times C$	
1	小型零件台	300×200	8.3	120×500	19.13	300×120	14.7	300×120	8.89
2		400×250	9.58	150×600	24.06	370×120	17.49	370×120	10.21
3		500×320	11.14	120×500	24.17	450×120	20.46	450×120	11.72
4	中型零件台		25.27	150×600	31.18	550×120	23.46	550×120	13.58
5	–			200×700	35.47	650×120	26.83	650×120	15.48
6	–			150×600	35.72	300×140	15.52	300×140	9.19
7	–			200×700	42.19	370×140	18.41	370×140	10.57
8	–			150×600	41.48	450×140	21.39	450×140	12.11
9	–			200×700	49.43	550×140	24.6	550×140	14.03
10	–			200×600	50.36	650×140	27.86	650×140	15.96
11	–			200×700	59.47	300×160	16.18	300×160	9.69
12	–			–	–	370×160	19.1	370×160	11.16
13	–			–	–	450×160	22.06	450×160	12.72
14	–			–	–	550×160	25.37	550×160	14.68
15	–			–	–	650×160	28.59	650×160	16.66

名称	槽边吹风罩		槽边吸风罩					
图号	T403－2		T403－2					
序号	尺寸	kg/个	尺寸	kg/个	尺寸	kg/个	尺寸	kg/个
	$B \times C$		$B \times C$		$B \times C$		$B \times C$	
1	300×100	12.73	300×100	14.05	370×400	46.30	550×200	37.07
2	300×120	13.61	300×120	16.28	370×500	56.63	550×300	47.70
3	370×100	15.30	300×150	19.27	450×100	19.82	550×400	59.64
4	370×120	16.30	300×200	23.25	450×120	22.73	550×500	72.53
5	450×100	17.81	300×300	30.45	450×150	26.46	650×100	26.17
6	450×120	18.84	300×400	38.20	450×200	31.85	650×120	29.76
7	550×100	20.88	300×500	46.76	450×300	40.88	650×150	34.35
8	550×120	22.04	3370×100	17.02	450×400	51.08	650×200	40.91
9	650×100	23.79	370×120	19.71	450×500	62.09	650×300	52.10
10	650×120	24.98	370×150	23.06	450×100	23.16	650×400	64.57
11	－	－	370×200	28.22	550×120	26.48	650×500	78.04
12	－	－	370×300	36.91	550×150	30.93	－	－

名称	槽边吸风罩调节阀						槽边吹风罩调节阀	
图号	T403 - 2						T403 - 2	
序号	尺寸 $B \times C$	kg/个	尺寸 $B \times C$	kg/个	尺寸 $B \times C$	kg/个	尺寸 $B \times C$	kg/个
1	300×100	8.43	370×400	16.86	550×200	15.77	300×100	8.43
2	300×120	8.89	370×500	19.22	550×300	17.97	300×120	8.89
3	300×150	9.55	450×100	11.12	550×400	21.24	370×100	9.72
4	300×200	10.69	450×120	11.71	550×500	24.09	370×120	10.21
5	300×300	12.80	450×150	12.47	650×100	14.89	450×100	11.22
6	300×400	14.98	450×200	13.73	650×120	15.49	450×120	11.71
7	300×500	17.36	450×300	16.26	650×150	16.39	550×100	13.06
8	370×100	9.70	450×400	18.82	650×200	17.81	550×120	13.60
9	370×120	10.21	450×500	21.35	650×300	20.74	650×100	14.89
10	370×150	10.92	550×100	13.06	650×400	23.68	650×120	15.48
11	370×200	12.10	550×120	13.60	650×500	26.98	–	–
12	370×300	14.48	550×150	14.47	–	–	–	–

名称	条缝槽边抽风罩							
图号	单侧Ⅰ型 86T414				单侧Ⅱ型 86T414			
序号	尺寸 $A \times E \times F$	kg/个	尺寸 $A \times E \times F$	kg/个	尺寸 $A \times E \times F$	kg/个	尺寸 $A \times E \times F$	kg/个
1	$400 \times 120 \times 120$	9.44	$600 \times 140 \times 140$	19.37	$400 \times 120 \times 120$	8.01	$600 \times 140 \times 140$	13.42
2	$400 \times 140 \times 120$	11.55	$600 \times 170 \times 140$	21.12	$400 \times 140 \times 120$	9.21	$600 \times 170 \times 140$	14.82
3	$400 \times 140 \times 120$	11.55	$800 \times 120 \times 160$	18.74	$400 \times 140 \times 120$	9.21	$800 \times 120 \times 160$	14.88
4	$400 \times 170 \times 120$	12.51	$800 \times 140 \times 160$	23.41	$400 \times 170 \times 120$	10.16	$800 \times 140 \times 160$	16.70
5	$500 \times 120 \times 140$	11.65	$800 \times 140 \times 160$	27.63	$500 \times 120 \times 140$	9.84	$800 \times 140 \times 160$	17.59
6	$500 \times 140 \times 140$	14.04	$800 \times 170 \times 160$	29.76	$500 \times 140 \times 140$	11.09	$800 \times 170 \times 160$	19.27
7	$500 \times 140 \times 140$	15.08	$1000 \times 120 \times 180$	23.51	$500 \times 140 \times 140$	11.41	$1000 \times 120 \times 180$	18.71
8	$500 \times 170 \times 140$	16.64	$1000 \times 140 \times 180$	28.96	$500 \times 170 \times 140$	12.67	$1000 \times 140 \times 180$	20.66
9	$600 \times 120 \times 140$	14.37	$1000 \times 160 \times 180$	33.90	$600 \times 120 \times 140$	11.44	$1000 \times 140 \times 180$	21.48
10	$600 \times 140 \times 140$	17.04	$1000 \times 170 \times 180$	38.09	$600 \times 140 \times 140$	12.78	$1000 \times 170 \times 180$	23.74

名称	条缝槽边抽风罩							
图号	双侧 I 型 86T414				双侧 II 型 86T414			
序号	尺寸 $A \times E \times F$	kg/个	尺寸 $A \times E \times F$	kg/个	尺寸 $A \times E \times F$	kg/个	尺寸 $A \times E \times F$	kg/个
1	$600 \times 500 \times 140$	27.30	$1200 \times 600 \times 140$	59.73	$600 \times 500 \times 140$	36.97	$1200 \times 600 \times 140$	64.77
2	$600 \times 600 \times 140$	30.54	$1200 \times 700 \times 170$	60.46	$600 \times 600 \times 140$	38.14	$1200 \times 700 \times 170$	75.95
3	$600 \times 700 \times 170$	36.42	$1200 \times 800 \times 170$	67.35	$600 \times 700 \times 170$	45.21	$1200 \times 800 \times 170$	79.01
4	$800 \times 500 \times 140$	38.07	$1200 \times 1000 \times 200$	82.78	$800 \times 500 \times 140$	46.62	$1200 \times 1000 \times 200$	92.74
5	$800 \times 600 \times 140$	39.23	$1200 \times 1200 \times 200$	76.92	$800 \times 600 \times 140$	47.80	$1200 \times 1200 \times 200$	101.26
6	$800 \times 700 \times 170$	44.06	$1500 \times 700 \times 170$	77.76	$800 \times 700 \times 170$	56.04	$1500 \times 700 \times 170$	88.43
7	$800 \times 800 \times 170$	45.12	$1500 \times 800 \times 170$	80.23	$800 \times 800 \times 170$	58.84	$1500 \times 800 \times 170$	91.02
8	$1000 \times 500 \times 140$	44.26	$1500 \times 1000 \times 200$	97.08	$1000 \times 500 \times 140$	59.11	$1500 \times 1000 \times 200$	107.34
9	$1000 \times 600 \times 140$	46.42	$1500 \times 1200 \times 200$	104.47	$1000 \times 600 \times 140$	60.05	$1500 \times 1200 \times 200$	116.16
10	$1000 \times 700 \times 170$	54.70	$2000 \times 700 \times 170$	102.93	$1000 \times 700 \times 170$	69.47	$2000 \times 700 \times 170$	95.57
11	$1000 \times 800 \times 170$	60.62	$2000 \times 800 \times 170$	110.97	$1000 \times 800 \times 170$	71.82	$2000 \times 800 \times 170$	101.68
12	$1000 \times 1000 \times 200$	70.41	$2000 \times 1000 \times 200$	123.82	$1000 \times 1000 \times 200$	84.66	$2000 \times 1000 \times 200$	118.64
13	$1000 \times 500 \times 140$	50.80	$2000 \times 1200 \times 200$	127.83	$1200 \times 500 \times 140$	63.83	$2000 \times 1200 \times 200$	125.46

名称	上吸式圆回转罩		下吸式圆回转罩		升降式排气罩		手锻炉排气罩	
图号	T410－1(墙上、钢柱上)		T410－2(墙上、混凝土柱上)		T412		T413	
序号	尺寸 D	kg/个	尺寸 D	kg/个	尺寸 $\phi 0$	kg/个	尺寸 D	kg/个
1	320	189.11	320	214.16	400	72.23	400	116
2	400	215.94	400	259.78	600	104	450	118
3	450	241.74	450	265.75	800	131	500	120
4	560	335.15	560	338.37	1000	169	560	184
5	630	394.30	630	385.46	1200	204	630	188
6	－	－	－	－	1500	299	700	189
7	－	－	－	－	2000	449	－	－

名称	LWP 滤尘器支架			LWP 滤尘器安装(框架)				风机减振台座	
图号	T521 – 1、5			立式、匣式 T521 – 2		人字式 T521 – 3		CG327	
序号	尺寸		kg/个	尺寸 $A \times H$	kg/个	尺寸 $A \times H$	kg/个	尺寸	kg/个
1	清洗槽		53.11	528×588	8.99	1400×1100	49.25	2.8A	25.20
2	油槽		33.70	528×1111	12.90	2100×1100	73.71	3.2A	28.60
3	晾干架	Ⅰ型	59.02	528×1634	16.12	2800×1100	98.38	3.6A	30.40
4		Ⅱ型	83.95	528×2157	19.35	1400×1633	62.04	4A	34.00
5		Ⅲ型	105.32	1051×1111	22.03	2100×1633	92.85	4.5A	39.60
6	–		–	1051×1634	26.07	2800×1633	123.81	5A	47.80
7	–		–	1051×2157	31.32	1400×2156	73.57	6C	211.10
8	–		–	1574×1634	33.01	2100×2156	110.14	6D	188.80
9	–		–	1574×2157	37.64	2800×2156	146.90	8C	291.30
10	–		–	2108×2157	57.47	3500×2156	183.45	8D	310.10
11	–		–	2642×2157	78.79	3500×2679	215.33	10C	399.50
12	–		–	–	–	–	–	10D	310.10
13	–		–	–	–	–	–	12C	600.30
14	–		–	–	–	–	–	12D	415.70
15	–		–	–	–	–	–	16B	693.50

名称	滤水器及溢流盘			风管检查孔		圆伞形风帽		锥形风帽	
图号	T704 – 11			T614		T609		T610	
序号	尺寸		kg/个	尺寸	kg/个	尺寸	kg/个	尺寸	kg/个
	DN			B×D		D		D	
1	滤水器	70 Ⅰ 型	11.11	270×230	1.68	200	3.17	200	11.23
2		100 Ⅱ 型	13.68	370×340	2.89	220	3.59	220	12.86
3		150 Ⅲ 型	17.56	520×480	4.95	250	4.28	250	15.17
4	溢水器	150 Ⅰ 型	14.76	–	–	280	5.09	280	17.93
5		200 Ⅱ 型	21.69	–	–	320	6.27	320	21.96
6		250 Ⅲ 型	26.79	–	–	360	7.66	360	26.28
7		–		–	–	400	9.03	400	31.27
8		–		–	–	450	11.79	450	40.71
9		–		–	–	500	13.97	500	48.26
10		–		–	–	560	16.92	560	58.63
11		–		–	–	630	21.32	630	73.09
12		–		–	–	700	25.54	700	87.68
13		–		–	–	800	40.83	800	114.77
14		–		–	–	900	50.55	900	142.56
15		–		–	–	1000	60.62	1000	172.05
16		–		–	–	1120	75.51	1120	212.98
17		–		–	–	1250	92.4	1250	260.51

名称	筒形风帽		筒形风帽滴水盘		片式消声器		矿棉管式消声器	
图号	T611		T611-1		T701-1		T701-2	
序号	尺寸	kg/个	尺寸	kg/个	尺寸	kg/个	尺寸	kg/个
	D		D		A		$A \times B$	
1	200	8.93	200	4.16	900	972	320×320	32.98
2	280	14.74	280	5.66	1300	1365	320×420	38.91
3	400	26.54	400	7.14	1700	1758	320×520	44.88
4	500	53.68	500	12.97	2500	2544	370×370	38.91
5	630	78.75	630	16.03	–	–	370×495	46.5
6	700	94.00	700	18.48	–	–	370×620	53.91
7	800	103.75	800	26.24	–	–	420×420	44.89
8	900	159.54	900	29.64	–	–	420×570	53.91
9	1000	191.33	1000	33.33	–	–	420×720	62.88

名称	聚酯泡沫管式消声器		卡普隆管式消声器		弧形声流式消声器		阻抗复合式消声器	
图号	T701 – 3		T701 – 4		T701 – 5		T701 – 6	
序号	尺寸 $A \times B$	kg/个	尺寸 $A \times B$	kg/个	尺寸 $A \times B$	kg/个	尺寸 $A \times B$	kg/个
1	300 × 300	17	360 × 360	28.44	800 × 800	629	800 × 500	82.68
2	300 × 400	20	360 × 460	32.93	1200 × 800	874	800 × 600	96.08
3	300 × 500	23	360 × 560	37.83	–	–	1000 × 600	120.56
4	350 × 350	20	410 × 410	32.93	–	–	1000 × 800	134.62
5	350 × 475	23	410 × 535	39.04	–	–	1200 × 800	111.2
6	350 × 600	27	410 × 660	45.01	–	–	1200 × 1000	124.19
7	400 × 400	23	460 × 460	37.83	–	–	1500 × 1000	155.10
8	400 × 550	27	460 × 610	45.01	–	–	1500 × 1400	214.82
9	400 × 700	31	460 × 760	52.10	–	–	1800 × 1330	252.54
10	–	–	–	–	–	–	2000 × 1500	347.65

四、除尘设备重量表

名称	CLG 多管除尘器		CLS 水膜除尘器		CLT/A 旋风式除尘器			
图号	T501		T503		T505			
序号	尺寸	kg/个	尺寸 φ	kg/个	尺寸 φ	kg/个	尺寸 φ	kg/个
1	9 管	300	315	83	300 单筒	106	450 三筒	927
2	12 管	400	443	110	300 双筒	216	450 四筒	1053
3	16 管	500	570	190	350 单筒	132	450 六筒	1749
4	–	–	634	227	350 双筒	280	500 单筒	276
5	–	–	730	288	350 三筒	540	500 双筒	584
6	–	–	793	337	350 四筒	615	500 三筒	1160
7	–	–	888	398	400 单筒	175	500 四筒	1320
8	–	–	–	–	400 双筒	358	500 六筒	2154
9	–	–	–	–	400 三筒	688	550 单筒	339
10	–	–	–	–	400 四筒	805	550 双筒	718
11	–	–	–	–	400 六筒	1428	550 三筒	1394
12	–	–	–	–	450 单筒	213	550 四筒	1603
13	–	–	–	–	450 双筒	449	550 六筒	2672

名称	CLT/A 旋风式除尘器				XLP 旋风式除尘器			卧式旋风 水膜除尘器	
图号	T505				84T513			CT531	
序号	尺寸	kg/个	尺寸	kg/个	尺寸	X 型	Y 型	尺寸	kg/个
	ϕ		ϕ		ϕ	kg/个	kg/个	L/型号	
1	600 单筒	432	750 单筒	645	300A 型	52	41	1420/1	193
2	600 双筒	887	750 双筒	1456	300B 型	46	35	1430/2	231
3	600 三筒	1706	750 三筒	2708	420A 型	94	76	1680/3	310
4	600 四筒	2059	750 四筒	3626	420B 型	83	65	1980/4	405
5	600 六筒	3524	750 六筒	5577	540A 型	151	122	2285/5	503
6	650 单筒	500	800 单筒	878	540B 型	134	105	2620/6	621
7	650 双筒	1062	800 双筒	1915	700A 型	252	203	3140/7	969
8	650 三筒	2050	800 三筒	3356	700B 型	222	173	3850/8	1224
9	650 四筒	2609	800 四筒	4411	820A 型	346	278	4115/9	1604
10	650 六筒	4156	800 六筒	6462	820B 型	309	342	4740/10	2481
11	700 单筒	564	–	–	940A 型	450	366	5320/11	2926
12	700 双筒	1244	–	–	940B 型	397	312	3150/7	893
13	700 三筒	2400	–	–	1060A 型	601	460	3820/8	1125
14	700 四筒	3189	–	–	1060B 型	498	393	4235/9	1504
15	700 六筒	4883	–	–	–	–	–	4760/10	2264
16								5200/11	2636

名称	CLK 扩散式除尘器		CCJ/A 机组式除尘器		MC 脉冲袋式除尘器	
图号	CT533		CT534		CT536	
序号	尺寸 D	kg/个	型号	kg/个	型号	kg/个
1	150	31	CCJ/A – 5	791	24 – Ⅰ	904
2	200	49	CCJ/A – 7	956	36 – Ⅰ	1172
3	250	71	CCJ/A – 10	1196	48 – Ⅰ	1328
4	300	98	CCJ/A – 14	2426	60 – Ⅰ	1633
5	350	136	CCJ/A – 20	3277	72 – Ⅰ	1850
6	400	214	CCJ/A – 30	3954	84 – Ⅰ	2106
7	450	266	CCJ/A – 40	4989	96 – Ⅰ	2264
8	500	330	CCJ/A – 60	6764	120 – Ⅰ	2702
9	600	583	–	–	–	–
10	700	780	–	–	–	–

名称	XCX 型旋风除尘器		XNX 型旋风除尘器		XP 型旋风除尘器	
图号	CT537		CT538		CT501	
序号	尺寸	kg/个	尺寸	kg/个	尺寸	kg/个
	ϕ		ϕ		ϕ	
1	200	20	400	62	200	20
2	300	36	500	95	300	39
3	400	63	600	135	400	66
4	500	97	700	180	500	102
5	600	139	800	230	600	141
6	700	184	900	288	700	193
7	800	234	1000	456	800	250
8	900	292	1100	546	900	307
9	1000	464	1200	646	1000	379
10	1100	553	–	–	–	–
11	1200	633	–	–	–	–
12	1300	761	–	–	–	–

注:1. 除尘器均不包括支架重量。

2. 除尘器中分 X 型、Y 型、Ⅰ 型、Ⅱ 型者,其重量按同一型号计算,不再细分。